Adobe XD CC 2019
经典教程 彩色版

［美］布莱恩·伍德（Brian Wood）著

武传海 译

人民邮电出版社
北京

图书在版编目（CIP）数据

Adobe XD CC 2019经典教程：彩色版 /（美）布莱恩·伍德（Brain Wood）著；武传海译. -- 北京：人民邮电出版社，2020.4
ISBN 978-7-115-53241-1

Ⅰ. ①A… Ⅱ. ①布… ②武… Ⅲ. ①网页制作工具—教材 Ⅳ. ①TP393.092.2

中国版本图书馆CIP数据核字(2020)第001084号

版权声明

◆ 著　　　　[美] 布莱恩•伍德（Brain Wood）
　　译　　　　武传海
　　责任编辑　傅道坤
　　责任印制　王 郁　焦志炜

◆ 人民邮电出版社出版发行　　北京市丰台区成寿寺路 11 号
　　邮编　100164　　电子邮件　315@ptpress.com.cn
　　网址　http://www.ptpress.com.cn
　　北京博海升彩色印刷有限公司印刷

◆ 开本：800×1000　1/16
　　印张：21
　　字数：494 千字　　　　　　　2020 年 4 月第 1 版
　　印数：1 - 2400 册　　　　　　2020 年 4 月北京第 1 次印刷

著作权合同登记号　图字：01-2019-6244 号

定价：109.00 元
读者服务热线：**(010)81055410**　印装质量热线：**(010)81055316**
反盗版热线：**(010)81055315**
广告经营许可证：京东工商广登字 20170147 号

内容提要

本书由 Adobe 公司的专家编写，是 Adobe XD CC 软件的官方指定培训教材。

本书共分为 11 课，每一课首先介绍重要的知识点，然后借助具体的示例进行讲解，步骤详细、重点明确，手把手教你如何进行实际操作。本书是一个有机的整体，涵盖了 Adobe XD CC 简介，使用 XD CC 创建一个项目，创建和导入图形，添加图像和文本，组织内容，使用资源和 CC 库，使用效果、重复网络、响应式调整大小，创建原型，预览原型，分享文档、原型、设计规范，导出与集成等内容，并在适当的地方穿插介绍了 Adobe XD CC 版本中的最新功能。

本书语言通俗易懂，并配以大量图示，特别适合 Adobe XD CC 新手阅读；有一定使用经验的用户也可以从本书中学到大量高级功能和 Adobe XD CC 的新增功能。本书也适合作为相关培训班的教材。

开始

　　Adobe XD CC 是一款用于网站及移动应用程序设计和原型制作的全功能跨平台工具。无论您是普通设计师、网页设计师、UX（用户体验）设计师，还是 UI（用户界面）设计师，Adobe XD CC 都能为您获得专业的效果提供所需的工具。

关于经典教程

　　本书是 Adobe 图形和出版软件系列官方培训教材中的一本，由 Adobe 产品专家指导撰写。本书涉及的功能和练习基于 Adobe XD CC（2019 年 2 月版）。

　　本书中的课程设计有利于读者掌握学习进度。如果您刚接触 Adobe XD CC，可以先了解其基本概念和需要掌握的软件功能。如果您已经是 Adobe XD CC 的老手，将发现本书还介绍了许多高级功能，包括该软件最新版本提供的技巧和技术。

　　虽然本书各课提供按部就班的操作指南，用于创建特定项目，但您仍可以自由地探索和体验。您既可以按书中的课程顺序从头到尾阅读，也可以只阅读感兴趣或需要的课程。各课都包含一个复习小节，对该课内容进行总结。

必备知识

　　在开始本书的学习之前，您应该具备计算机及其操作系统的相关知识，确保知道如何使用鼠标、标准菜单、命令，以及如何打开、保存和关闭文件。如果您需要了解这些技术，请参阅 macOS 或 Windows 的纸质或在线文档。

 注意： 相关命令因所在平台不同而会有所不同，本书将首先出现 macOS 命令，然后再出现 Windows 命令，所在平台用括号标出。例如，"按住 Option（macOS）或 Alt（Windows）键，单击图形之外的区域"。

安装程序

　　在开始学习本课程之前，请确保系统设置正确并且已安装所需的软件和硬件。

　　用户必须单独购买 Adobe XD CC 软件。有关安装软件的完整说明，请访问 Adobe 官方网站。用户必须将 Adobe Creative Cloud 中的 Adobe XD CC 安装到硬盘上。请按照屏幕上的说明进行操作。

最低系统要求

对于 macOS：macOS X 10.12 或更高版本，并具有以下最低配置。

- Intel 1.4 GHz 多核处理器（支持 64 位）。
- 内存：4GB RAM。
- 非 Retina 屏（推荐使用 Retina 屏）。
- 对软件激活、订阅验证以及访问在线服务来说都必不可少的 Internet 链接和注册。

对于 Windows：Windows 10 Creators Updates（64 位）- 版本 1703（内部版本 10.0.15063）或更高版本，并具有以下最低配置。

- Intel 1.4 GHz 多核处理器（支持 64 位）。
- 4GB RAM。
- 2GB 可用硬盘空间用于安装；安装期间还需要额外的可用空间。
- 显示器：1280×800 像素的分辨率。
- 显卡：最低为 Direct 3D DDI Feature Set：10。对于 Intel GPU，应该使用 2014 年或之后发布的驱动程序。如需查找此信息，可从"运行"菜单中启动 dxdiag 并选择"显示"选项卡。
- 在 Windows 10 上，XD 支持 Windows 原生触控笔和触控功能。

您可以使用触控输入与 XD 工具进行交互，比如在画布上创建图稿，在图层间导航，与组件交互，连接原型，更改"属性检查器"中的形状属性，滚动浏览预览窗口，将图像拖到画布上，创建重复网格等。

推荐的课程顺序

本书旨在为用户讲解与应用程序和网站设计相关的初级、中级知识。每个新课程都以之前课程中的练习为基础，使用创建的文件和资源来设计和制作应用程序的原形。为了获得满意的结果，以及对 Adobe XD 设计的各方面有全面的理解，理想的学习场景是从第 1 课开始，按照章节顺序学习每一个课程，直到最后一课。由于每一个课程都为下一课程构建了必要的文件和内容，因此不建议跳过任何课程或个别练习。虽然这种方法很理想化，但是不见得对所有人都适用。

快速学习

如果您没有足够的时间或意愿按顺序学习本书中的每一个课程，或者在学习某一课程时有困难，那么可以使用快速学习法（jumpstart）来学习个别课程。每个课程文件夹（必要时）都包含了最终完成的文件和阶段性文件（在课程的某个时间点完成的文件）。

如果要快速学习，请遵循以下步骤。

1. 通过异步社区的本书页面下载本书用到的课程资源。
2. 打开 Adobe XD CC。

3. 在 Adobe XD 没有打开任何文件的情况下，依次选择"文件">"从您的计算机中打开"（macOS）或按 Ctrl+O 组合键（Windows），并导航到硬盘上的 Lessons 文件夹，然后找到想要学习的特定课程文件夹。例如，如果准备学习第 7 课，则导航到 Lessons>Lesson07 文件夹并打开名为 L7_start.xd 的文件。

注意： 创建课程文件时使用的是 macOS 的默认字体（Helvetica Neue）。打开这些课程文件时，Windows 用户会在"资源"面板下看到缺失字体列表。Adobe XD 会使用 Windows 下的默认字体（Segoe UI）代替 Helvetica Neue 字体。大多数课程还会用到 Apple San Francisco 字体，它是 Apple UI Design Resources Kit 的一部分。

　　所有用于快速学习的课程文件的名称都以"_start"为后缀。不管您想快速学习哪一课，都需要重复这些简单的步骤。但是，如果选择了快速学习的方法，则不必在随后的所有课程中继续使用这些文件。例如，如果在快速学习第 6 课后，也可以按照常规方式学习第 7 课，以此类推。

　　在 XD 中打开文件后，如果您的计算机中没有安装文件中用到的字体，则可以在左侧"资源"面板下的缺失字体列表中看到它们。如果 Adobe 字体库中包含缺失字体，XD 会自动把它们激活并安装到计算机中。如果"资源"面板处于打开状态，可以单击程序窗口左下角的"资源"按钮（□），将其隐藏起来。

资源与支持

本书由异步社区出品，社区（https://www.epubit.com/）为您提供相关资源和后续服务。

配套资源

本书提供如下资源：

* 完成本课程所需的素材文件

要获得以上配套资源，请在异步社区本书页面中单击 配套资源 ，跳转到下载界面，按提示进行操作即可。注意：为保证购书读者的权益，该操作会给出相关提示，要求输入提取码进行验证。

如果您是教师，希望获得教学配套资源，请在社区本书页面中直接联系本书的责任编辑。

提交勘误

作者和编辑会尽最大努力来确保书中内容的准确性，但难免存在疏漏。欢迎您将发现的问题反馈给我们，帮助我们提升图书的质量。

当您发现错误时，请登录异步社区，按书名搜索，进入本书页面，单击"提交勘误"，输入勘误信息，单击"提交"按钮即可，如下图所示。本书的作者和编辑会对您提交的勘误进行审核，确认并接受后，您将获赠异步社区的 100 积分。积分可用于在异步社区兑换优惠券、样书或奖品。

扫码关注本书

扫描下方二维码，您将会在异步社区微信服务号中看到本书信息及相关的服务提示。

与我们联系

我们的联系邮箱是 contact@epubit.com.cn。

如果您对本书有任何疑问或建议，请您发邮件给我们，并请在邮件标题中注明本书书名，以便我们更高效地做出反馈。

如果您有兴趣出版图书、录制教学视频，或者参与图书翻译、技术审校等工作，可以发邮件给我们；有意出版图书的作者也可以到异步社区在线投稿（直接访问 www.epubit.com/selfpublish/submission 即可）。

如果您所在的学校、培训机构或企业，想批量购买本书或异步社区出版的其他图书，也可以发邮件给我们。

如果您在网上发现有针对异步社区出品图书的各种形式的盗版行为，包括对图书全部或部分内容的非授权传播，请您将怀疑有侵权行为的链接发邮件给我们。您的这一举动是对作者权益的保护，也是我们持续为您提供有价值内容的动力之源。

关于异步社区和异步图书

"异步社区"是人民邮电出版社旗下 IT 专业图书社区，致力于出版精品 IT 技术图书和相关学习产品，为作译者提供优质出版服务。异步社区创办于 2015 年 8 月，提供大量精品 IT 技术图书和电子书，以及高品质技术文章和视频课程。更多详情请访问异步社区官网 https://www.epubit.com。

"异步图书"是由异步社区编辑团队策划出版的精品 IT 专业图书的品牌，依托于人民邮电出版社近 30 年的计算机图书出版积累和专业编辑团队，相关图书在封面上印有异步图书的 LOGO。异步图书的出版领域包括软件开发、大数据、AI、测试、前端、网络技术等。

异步社区

微信服务号

目 录

第1课　Adobe XD CC简介

本课概述

本课介绍的内容包括：

- Adobe XD CC 是什么；
- 典型的 Adobe XD CC 工作流程；
- 如何打开 Adobe XD CC 文件；
- 如何使用工具和面板；
- 如何缩放、移动画板，以及在多个画板间切换；
- 如何预览项目；
- 如何分享你的项目。

本课大约要用 30 分钟完成。开始之前，请先将本书的课程资源下载到本地硬盘中，并进行解压。在学习本课时，将覆盖相应的课程文件。建议先做好原始课程文件的备份工作，以免后期用到这些原始文件时，还需重新下载。

本课将介绍一个典型的 Adobe XD
设计工作流程，并探索工作区的不同
部分。

1.1 Adobe XD CC 介绍

Adobe XD CC 提供了一套完整的端到端解决方案，可以为移动应用、网站等设计用户体验。借助于 Adobe XD CC 这个工具，可以设计、预览、分享你的作品，以及为你的设计构建原型（见图 1.1）。

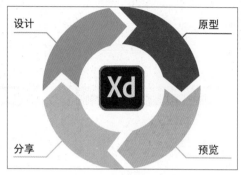

图 1.1

在 Adobe XD 中，你可以在单个 Adobe XD 文件中设计所有屏幕或页面来为网站或应用创建原型。可以添加指定屏幕大小的多个画板，并在它们之间定义交互性，把用户在多个屏幕或页面之间导航切换的过程可视化出来。然后，你可以在本地或设备上测试创建的原型，轻松地与他人分享原型，并通过评论或注解来收集他们反馈的意见。接着，你可以把收集到的反馈意见融入到设计之中。最后，你可以把设计规范、实现设计所需资源发送给开发人员，以供他们在 Adobe XD 之外创建移动应用或网站。

Adobe XD CC 是一款强大的工具，你可以使用它快速、高效地为 Web 和移动应用的开发进行设计和构建原型。

1.2 典型的 UX 设计工作流程

在 Web 早期，设计师为网站创建的用户体验（UX）针对的是台式机，他们要做的是优化网站在台式机上的用户体验，确保网站在不同浏览器、不同版本的浏览器，以及不同操作系统上都拥有良好的用户体验。

随着 Apple iPhone 等触摸屏设备的兴起，设计师必须全面考虑应用程序与网站在各种设备上的用户体验。现如今，随着屏幕尺寸和设备、操作系统、屏幕像素密度（比如视网膜屏或 hiDPI）等因素的多样化，创造一致而愉悦的用户体验已经成为 Web 或应用程序设计过程中不可或缺的一部分。为了让我们的产品按时、按预算投放市场，并赢得和留住用户，我们需要快速、高效地工作。

一个典型的 Web 或应用程序设计的工作流程包含图 1.2 中所示的几个阶段。

图 1.2

上面这个设计工作流程是最常见、最通用的，受项目范围、预算、大小和类型的影响，你的设计工作流程有可能和这里不一样。

首先，我们通过调研收集信息。这可以通过简单地向客户和潜在目标受众提问、与"焦点小组"合作、查阅已有的分析等方式实现。

然后，我们开始设计，设计可以是低精度的手绘草图（又叫低精度线框图），也可以是高精度的设计，如图 1.3 所示。在移动 Web 出现的早期，设计过程包括绘制草图、线框图和设计三部分。而到了今天，则变成了设计、构建原型和协作（共享）三部分。

> **Xd** **注意：**低精度线框图是一种用来确定页面或屏幕功能元素的方法，使用它时不必深入研究颜色和字体等设计细节。这是一种快速探查应用程序或网站的基本结构，以及其内容或信息之间关系的方法。

为了测试用户体验，我们要在设计过程中的某个时刻创建一个交互原型。借助于原型这个工具，我们可以收集很多反馈意见，借以判断我们的设计是否具备可行性和可用性。在图 1.4 中，你会看到在一个高精度设计中为交互性构建原型的例子。

低精度线框图　　高精度设计

图 1.3

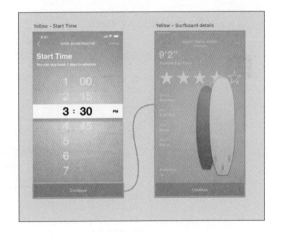

图 1.4

> **Xd** **注意：**左侧画板底部的小块蓝色区域（里面有 Continue 按钮）代表一个热点或者一个交互区域，用户可以单击它。右侧较大的蓝色区域表示用户单击之后所显示的结果画面。蓝色连线表示热点和结果画面之间存在着关联。

在过去，完成上面过程需要用到好几个工具。而现在，只用一个 Adobe XD CC 就可以搞定。如前所言，Adobe XD CC 是一个跨平台的多功能工具，你可以使用它为网站、移动应用进行设计并构建原型。

1.3 启动 Adobe XD 并打开一个文件

在正式使用 Adobe XD 之前，我们有必要先打开一个文档，了解一下 XD 的工作区。在 Adobe XD 中，我们会使用各种面板、工具箱、窗口等来创建和操纵设计内容，而这些面板、工具箱、窗口等就组成了所谓的"工作区"。

> **Xd** **注意**：如果你尚未把本课的项目文件下载到本地计算机，请先阅读本书前言，查找相关文件的下载方法。

1.3.1 "主页"界面

首次启动 Adobe XD 时，会显示"主页"界面。通过"主页"界面，你可以轻松访问预设、最近打开的文件、附加组件、资源、快速入门教程等。不管是否有文件打开，只要你新建文件，"主页"界面就会出现。在某个文档处于打开的状态下，单击程序窗口左上角的"主页"按钮（🏠），也可以打开"主页"界面。

1. 启动 Adobe XD CC。
2. 在"主页"界面的左侧区域中，单击"您的计算机"（见图 1.5），在"打开"对话框中，转到 Lessons > Lesson01 文件夹下，选择 L1_start.xd 文件，单击"打开"按钮。

> **Xd** **注意**：你看到的"主页"界面有可能和这里不太一样，这可能是因为你之前使用 Adobe XD CC 打开过文件。

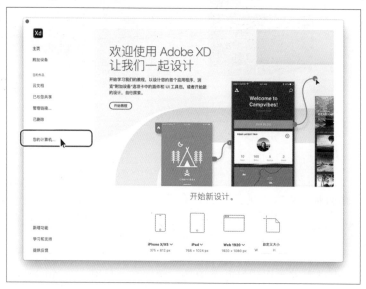

图 1.5

在 XD 中打开文件后，如果文件中用到的字体尚未在你的系统中安装，则 Adobe XD 会在左侧"资源"面板的"缺失字体"下把缺失的字体列出来。若 Adobe Fonts 库中存在这些缺失字体，XD 会自动激活它们，并把它们安装到你的计算机中。有关缺失字体的内容，我们将在第 3 课中讲解。如果"资源"面板处于打开状态，你可以单击程序窗口左下角的"资源"面板按钮（▢），将其隐藏起来。

Xd 注意：为了最大化 Adobe XD 程序窗口，留出更大工作空间，你可以按住 Option 键，单击程序窗口左上角的绿色最大化按钮（macOS），或者单击程序窗口右上角的最大化按钮（Windows）。

接下来，我们将使用 L1_start.xd 文件了解 Adobe XD 中的文档和工作区，并学习如何在 Adobe XD 文档中进行导航、缩放等操作。

1.4 了解工作区（macOS）

在 macOS 系统下，在 Adobe XD 中打开 L1_start.xd 项目文件之后，你会看到 XD 的默认工作区，如图 1.6 所示。如果你用的是 Windows 系统，请阅读下一节内容。

• 选择"视图">"缩放以容纳全部"，查看所有内容。

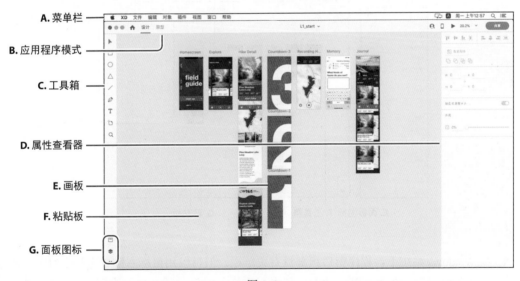

图 1.6

Xd 注意：在 Windows 版的 Adobe XD 界面中，左上角有一个菜单图标（≡），你可以单击它显示其下子菜单。有关内容，请阅读 1.5 节。

A. "菜单栏"位于程序窗口顶部，通过它，你可以访问 Adobe XD（macOS）中的各种命令。
B. "应用程序模式"包含"设计"和"原型"两种模式，你可以在这两种模式之间灵活切换。
C. "工具箱"中包含各种工具，用于选择、绘画、编辑形状、路径和画板。

D. "属性检查器"位于程序窗口右侧。Adobe XD 把最常用的属性选项放入属性检查器中。"属性检查器"中显示的属性都是上下文相关的，也就是说，它们会根据文档中选择的内容而发生变化。

E. Adobe XD 使用"画板"表示显示应用或网站的屏幕。

F. "粘贴板"指"画板"周围的灰色区域，你可以在"粘贴板"中放置与现有"画板"无关的内容。"粘贴板"和"画板"都存在于文档窗口之中。

G. "图层"面板和"资源"面板位于程序窗口的左下角。

macOS 系统的用户可以跳过 1.5 节的内容，直接阅读 1.6 节。

1.5　了解工作区（Windows）

在 Windows 系统下，在 Adobe XD 中打开 L1_start.xd 项目文件，你会看到默认的工作区，如图 1.7 所示。

· 按 Ctrl+0（数字 0）组合键，查看所有内容。

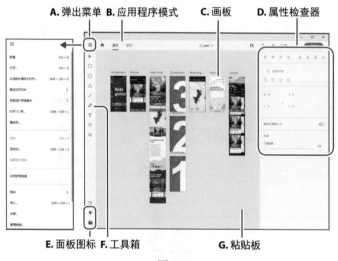

图 1.7

A. 在 Windows 系统下，程序窗口顶部没有菜单栏，但可以用鼠标右键单击某个对象，使用上下文菜单代替。在程序窗口的左上角有一个形似汉堡包的"菜单"图标（≡），可以使用这个菜单下的命令创建、打开、保存文件，以及导出资源等。

B. "应用程序模式"包含"设计"和"原型"两种模式，你可以在这两种模式之间灵活切换。

C. Adobe XD 使用"画板"表示显示应用或网站的屏幕。

D. "属性检查器"位于程序窗口右侧。Adobe XD 把最常用的属性选项放入属性检查器中。"属性检查器"中显示的属性都是上下文相关的，也就是说，它们会根据文档中选择的内容而发生变化。

E. "图层"面板和"资源"面板位于程序窗口的左下角。

F. "工具箱"中包含各种工具，用于选择、绘画、编辑形状、路径和画板。

G. "粘贴板"指画板周围的灰色区域，你可以在"粘贴板"中放置与现有"画板"无关的内容。"粘贴板"和"画板"都存在于文档窗口之中。

1.6 "设计"模式

在 macOS 和 Windows 系统下，当在 Adobe XD 中处理项目时，有两种模式供你选用："设计"模式和"原型"模式。从两种模式中选择一种，与之相对应的功能和工具就在程序窗口中变为可用状态。每种模式代表设计过程中的一个阶段。

当你在 Adobe XD 中打开一个文件时，默认会进入"设计"模式之下。在"设计"模式之下，你可以创建、编辑"画板"，以及向"画板"中添加设计内容。

1.6.1 认识"设计"模式下的工具

在"设计"模式之下，工作区左侧的"工具箱"中包含的工具有"选择"工具、"绘图"工具、"文本"工具、"画板"工具、"缩放"工具（见图 1.8）。随着学习的深入，我们会逐个用到这些工具。

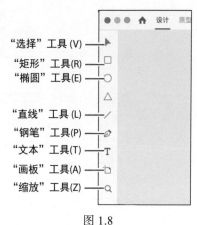

图 1.8

- 移动鼠标到"工具箱"中的"选择"工具（▶）之上（见图 1.9），会出现一个工具提示框，里面有这个工具的名称（选择）及其对应的键盘快捷键（V）。

开发 Adobe XD 这款软件时，开发者们充分考虑到了操作的快捷性。为此，他们为每个工具关联了一个键盘快捷键，你可以使用这些快捷键在各个工具之间快速切换，这大大提高了工作效率。例如，按键盘上的 Z 键，可以切换成"缩放"工具，按 V 键，又切换回"选择"工具。

图 1.9

1.6.2 使用"属性检查器"

"属性检查器"位于工作区右侧。借助它，你可以快速访问到与当前所选内容相关的属性和命令。此外，你还可以在"属性检查器"中为大部分内容设置外观属性。

1. 在"工具箱"中，选择"选择"工具（▶），在名为 Hike Detail 的画板上单击图像，如图 1.10 所示。

图 1.10

此时，所选内容的属性就会出现在程序窗口右侧的"属性检查器"中，包括颜色、边框、效果等。

2. 在"属性检查器"中，单击"填充"左侧的复选框，取消其选择，即关闭所选内容的填充属性。此时，所选图像消失。再次单击"填充"左侧的复选框，把图像显示出来，如图 1.11 所示。

"属性检查器"中的大部分属性都会随着所选内容的不同而发生相应的变化。未选择任何内容时，"属性检查器"中的属性选项处于灰色不可用状态。

3. 单击"画板"之外的灰色"粘贴板"区域，或者依次选择"编辑">"全部取消选择"（macOS），此时选择"画板"中的所有内容将取消选择。

图 1.11

Xd 提示：还可以按 Command+Shift+A（macOS）或 Ctrl+Shift+A（Windows）组合键。

1.6.3　使用面板

除了"属性检查器"之外，Adobe XD 还提供了两种主要面板："图层"面板和"资源"面板。你可以单击工作区左下角的"资源"或"图层"按钮，将它们分别打开。默认情况下，这些面板都停放在程序窗口左侧，方便你快速打开。接下来，我们尝试打开和关闭这些面板。

1. 在程序窗口左下方有一个"图层"面板按钮（◆）。若当前图层面板处于收起状态，单击"图层"面板按钮，即可将其展开，如图 1.12 所示。

> **Xd** **提示**：还可以按 Command+Y（macOS）或 Ctrl+Y（Windows）组合键来打开或关闭"图层"面板。在 macOS 系统下，你还可以选择"视图">"图层"来开关"图层"面板。

当文档窗口中什么都没选中时，"图层"面板会列出文档中的所有画板。你可以把画板想象成 Web 设计中的一个页面或 App 设计中的一屏。本课后面我们会讲解更多有关画板的内容，包括如何在它们之间导航浏览。

2. 使用工具箱中的"选择"工具（▶），单击 Hike Detail 画板中的图像，前面我们曾经选择过这个图像，如图 1.13 所示。

图 1.12

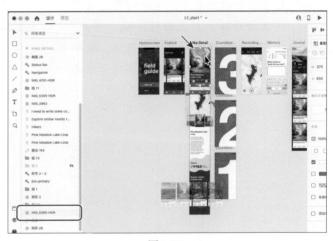

图 1.13

当选择画板上的内容时，"图层"面板会把画板中的所有内容列出来。而且"图层"面板是与上下文相关的，也就是说，根据所选内容的不同，它显示的内容也不一样。

3. 单击工作区左下角的"资源"面板按钮（▢），打开"资源"面板，如图 1.14 所示。

> **Xd** **提示**：还可以按 Command+Shift+Y（macOS）或 Ctrl+Shift+Y（Windows）组合键来打开或关闭"资源"面板。在 macOS 系统下，你还可以选择"视图">"资源"来开关"资源"面板。

图 1.14

在"资源"面板中，你可以看到当前文档中保存的内容，比如颜色、字符样式、组件等。第 6 课会讲解有关"资源"面板中资源的更多内容。

4. 再次单击工作区左下角的"资源"面板按钮（□），把"资源"面板隐藏起来。

调整面板大小

在"图层"面板或"资源"面板处于打开的状态下，可以向右拖动面板的右边缘，扩大面板区域。当然，还可以向左拖动面板的右边缘，缩小面板区域，当面板变为最小时，你将无法继续拖动（见图 1.15）。

图 1.15

1.7 "原型"模式

设计过程中，你可能希望把画板（屏幕）彼此连接起来，将用户在 App 各屏或网站各页之间导航的路径可视化出来。使用 Adobe XD，你可以在"原型"模式下创建交互式原型，把各屏或线框图之间的交互刻画出来。你可以预览交互过程，验证用户体验，不断做迭代设计，从而节约开发时间。你还可以记录下交互过程，并将其分享给相关人员，收集他们的反馈意见。

接下来，我们简单了解一下"原型"模式。有关"原型"模式的更多内容，将在第 8 课讲解。

1. 按 Command+0（macOS）或 Ctrl+0（Windows）组合键，确保你能看到所有设计内容。

2. 选择"编辑">"全部取消选择"（macOS），或者单击灰色粘贴板中的空白区域，取消所有选择。

3. 单击程序窗口左上角的"原型",进入"原型"模式,如图 1.16 所示。

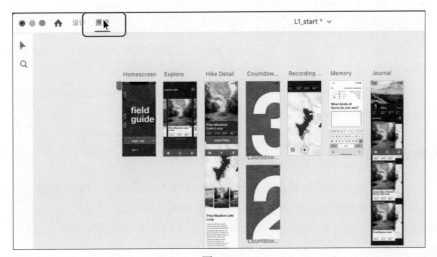

图 1.16

> **提示**:在 macOS 系统中,在"设计"模式下,选择"视图">"切换工作区",可以在不同模式之间进行切换。此外,还可以按 Control+Tab(macOS)或 Ctrl+Tab(Windows)组合键,在"设计"模式和"原型"模式之间切换。

在"原型"模式下,工具箱中只有"选择"和"缩放"两个工具可用,右侧的"属性检查器"也处于隐藏状态。"原型"模式的主要用途是向设计中添加交互。例如,为了把一个屏幕向另一个屏幕的过渡方式展现出来,你可以在这些屏幕之间添加交互性。

4. 按 Command+A(macOS)或 Ctrl+A(Windows)组合键,选择文档中的所有内容,如图 1.17 所示。

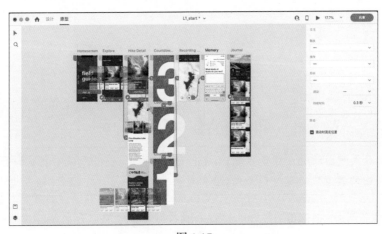

图 1.17

在当前打开的课程文件（L1_start.xd）中，画板之间添加了交互性，并且使用了蓝色的连线表示出来。默认情况下，当你创建一个设计时，并不存在交互性。你可以选择一个画板或对象，并在它和另外一个画板之间创建连接。在第 8 课中，我们会讲解如何创建交互原型。

向设计中添加好交互之后，你可以在 Adobe XD 的桌面版本中或安装有 Adobe XD 应用的移动设备上对交互性进行测试。

5. 选择"编辑">"全部取消选择"（macOS），或者按 Command+Shift+A（macOS）或 Ctrl+Shift+A（Windows）组合键，取消选择画板。

1.8　更改画板视图

在设计过程中，可能需要不时地调整缩放级别，并在各个画板之间来回切换。在程序窗口的右上角可以看到当前的缩放级别，其范围是 2.5%～6400%。

在 Adobe XD 中更改缩放级别的方法有多种，本节介绍几种最常用的方法。

使用 macOS 或 Windows 系统缩放命令

在 macOS 系统下，可以使用滚轮、秒控鼠标、触控板执行缩放。在 Windows10（或更高版本）系统下，可以使用滚轮或触控板执行缩放操作。这种方式利用了操作系统的缩放命令，它是 XD 中最简单的缩放方式，具体操作方法如下。

- 放大：Option+ 滚轮（macOS）或 Ctrl+ 滚轮（Windows）、Option+ 滑动（秒控鼠标）或双手指外滑（触控板）。
- 缩小：Option+ 滚轮（macOS）或 Ctrl+ 滚轮（Windows）、Option+ 滑动（秒控鼠标）或双手指捏合（触控板）。
- 平移：双手指滑动（触控板）。

1.8.1　使用"视图"菜单

可以使用"视图"菜单来放大或缩小视图，具体操作如下。

1. 单击程序窗口左上角的"设计"按钮，进入"设计"模式。
2. 依次选择"视图">"放大"（macOS），或者打开程序窗口右上角的"缩放"菜单，从中选择"放大"（Windows），即可放大视图，如图 1.18 所示。

> **Xd** 提示：放大视图的键盘快捷键是 Command + 加号（macOS）或 Ctrl + 加号（Windows）；缩小视图的键盘快捷键是 Command + 减号（Windows）或 Ctrl + 减号（Windows）。

3. 依次选择"视图">"缩小"（macOS），或者打开程序窗口右上角的"缩放"菜单，从中选择"缩小"（Windows），即可缩小视图。

在"缩放"菜单（位于程序窗口右上角）下，可以看到各个缩放级别，单击百分号右侧的向下箭头，即可展开"缩放"菜单。

4. 从"缩放"菜单（位于程序窗口右上角）中选择"150%"，如图 1.19 所示。

图 1.18

macOS　　　　Windows

图 1.19

相比于 macOS 系统，在 Windows 系统下，在"缩放"菜单中看到的菜单项会更多，比如放大、缩小。不管在哪个平台下，你都可以在"缩放"文本框中输入一个缩放值，然后按 Return 或 Enter 键，以不同尺寸查看文档内容。

5. 选择"视图">"缩放以容纳全部"（macOS），或从"缩放"菜单中，选择"缩放以容纳全部"（Windows）。

由于灰色粘贴板（画板之外的区域）向两个方向可以扩展到 50000 个像素，所以你的设计内容很容易"跑出"视线之外。通过选择"缩放以容纳全部"菜单，可以确保所有内容都在文档窗口中显示出来（位于文档窗口中间）。

6. 使用工具箱中的"选择"工具（▶），单击"Hike Detail"画板中的图像，这个图像我们在前面选过。

7. 选择"视图" > "缩放至选区"（macOS），或者从"缩放"菜单（位于程序窗口右上角）中选择"缩放至选区"（Windows），放大所选内容，并使其位于文档窗口中间，如图 1.20 所示。

图 1.20

这个缩放命令非常有用，你可能会经常使用它。"缩放至选区"的键盘快捷键是 Command+3（macOS）或 Ctrl+3（Windows），可以使用快捷键快速执行该命令。

8. 按 Command+0（macOS）或 Ctrl+0（Windows）组合键，执行"缩放以容纳全部"命令，把所有画板在文档窗口中显示出来。

1.8.2 使用"缩放"工具

除了"缩放"菜单之外，还可以使用"缩放"工具（🔍）把视图放大或缩小到预定义的级别。如果你熟悉 Adobe 其他软件中的缩放工具，使用 XD 中的缩放工具时也会得心应手。

1. 在程序窗口左侧的工具箱中选择"缩放"工具（🔍），然后移动鼠标到文档窗口中。
此时，鼠标指针变成一个放大镜形状，中心有一个"+"。

2. 把"缩放"工具移动到大大的白色数字 3 上，单击几次，将其放大，如图 1.21 所示。

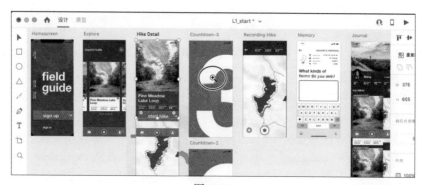

图 1.21

使用"缩放"工具时，每次单击的放大倍数不一样，单击次数越多，放大倍数越大。

3. 移动"缩放"工具到文档的另一部分，再单击几次。注意，你单击的区域会被放大。

4. 在"缩放"工具仍处于选中的状态下，把"缩放"工具移动到文档的另一部分，按住 Option（macOS）或 Alt（Windows）键，此时，位于放大镜的中心图标由"+"变为"–"。在 Option（macOS）或 Alt（Windows）键处于按下的状态下，在文档窗口中单击两次，缩小视图，如图 1.22 所示。

图 1.22

设计期间，你会经常使用"缩放"工具来放大或缩小视图。因此，Adobe XD 允许你随时使用键盘快捷键从当前使用的工具暂时切换为"缩放"工具，而不需要先取消选择当前工具。在当前选择其他工具的状态下，执行如下操作。

- 要使用键盘访问"缩放"工具，请先按空格键，再按 Command（macOS），或者按 Ctrl+空格键（Windows），然后单击或拖动进行放大。
- 按 Option+Command + 空格（macOS）或 Ctrl+Alt+ 空格（Windows）组合键，再单击进行缩小。

5. 再次按 Command+0（macOS）或 Ctrl+0（Windows）组合键，显示所有设计内容。

6. 在"缩放"工具处于选中的状态下，按下鼠标左键，从左到右拖动，对拖选区域进行放大，如图 1.23 所示。

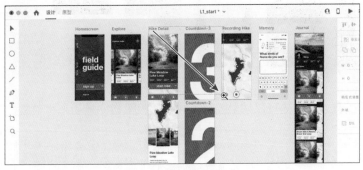

图 1.23

按下鼠标左键拖动会产生一个拖选框，该拖选框中的区域即为待放大的区域。可以沿着任意方向拖选，创建要放大的区域。

> **Xd** **注意**：在"缩放"工具处于选中的状态下，按下 Option（macOS）或 Alt（Windows）键，进行拖动，执行的是缩小操作。这与在"缩放"工具处于选中的状态下，按下 Option（macOS）或 Alt（Windows）键单击所产生的效果一样。

1.8.3　拖移文档

在 Adobe XD 中，可以使用手形工具（🖐）拖移文档，使之显示不同区域。使用手形工具，可以把文档移来移去，就像移动桌子上的一张纸一样。本节将学习一下手形工具的用法，并了解它是如何工作的。

> **Xd** **提示**：在 Illustrator、InDesign 等 Adobe 应用程序中，手形工具的键盘快捷键都是一样的。

1. 在工具箱中，单击选择任意一个工具，移动鼠标到文档窗口中。
2. 按下空格键，此时光标变成手形工具，然后在文档窗口中，沿着任意方向拖动文档。拖动完成后，释放空格键，如图 1.24 所示。

> **Xd** **注意**：当你在工具箱中选择"文本"工具（T），并且在文档中创建了文本输入框之后，再按空格键将无法切换成手形工具（🖐）。当光标处于文本框中时，你可以按 Esc 键（或许要按好几次）选择文本对象而非文本。然后，再按空格键，把光标切换为手形工具。

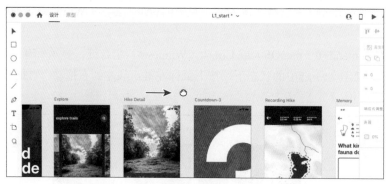

图 1.24

除了使用手形工具之外，还可以在触控板上放置两根手指并拖动来移动文档窗口中的文档。

> **Xd** **注意**：使用手形工具时，Windows 用户可能需要按住空格键，同时按下并松开另一个键（比如 Alt 键）。然后，在空格键处于按下的状态下，在文档窗口中平移文档。

1.8.4 浏览多个画板

画板代表的是 App 设计中的某一屏，或者 Web 设计中的某一页。Adobe XD 中的画板与 Adobe Illustrator 或 Adobe Photoshop 中的画板类似，它们显示在灰色的粘贴板区域中。一个 Adobe XD 文档可以包含任意多个画板，在 Adobe XD 中创建的大多数文档最初都只有一个画板。创建文档之后，你可以轻松地添加、删除、编辑画板。

有关使用画板的内容，将在第 2 课进行讲解。本节将学习如何高效地浏览当前文档中包含的画板。

1. 选择"视图">"缩放以容纳全部"（macOS），或者从"缩放"菜单中选择"缩放以容纳全部"（Windows），再次查看所有设计内容。

文档中的画板有可能是按照任意顺序或方向排列的，它们的大小也可能不一样，甚至有可能发生重叠。假设你要创建一个四屏的简单 App，或者设计一个显示屏幕大小（不同屏幕大小表示不同设备）的网站。你可以为每一屏创建不同的画板，它们拥有相同（或不同）的尺寸和方向。

2. 在"选择"工具（▶）处于选中的状态下，单击画板之外的灰色粘贴板区域，确保没有任何设计作品处于选中状态。

3. 在程序窗口的左下角有一个"图层"面板按钮（◈），单击它，打开"图层"面板，如图 1.25 所示。

图 1.25

"图层"面板中显示的内容是上下文相关的，也就是说，文档中选择的内容不同，其显示的内容也不同。若当前未选中任何内容，"图层"面板中显示的是将是打开的文档中的所有画板。当你选择某个设计元素时，该元素所在的画板将变为活动画板，此时图层中显示的是该画板中的各个元素。在粘贴板中，活动画板周围会出现蓝色的轮廓线。在"图层"面板中，你可以切换不同画板，重命名画板，复制、删除画板等。

4. 在"图层"面板中，单击一个画板，即选中该画板。此时，你可以在文档窗口看到该画板周围出现了蓝色边框，如图 1.26 所示。

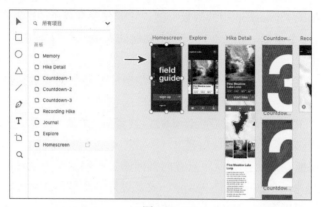

图 1.26

提示：在文档窗口中，你还可以单击画板名称来选择画板。有关选择画板的内容将在第 2 课讲解。

你可以轻松地判断出当前哪个画板处于选中状态，因为选中的画板名称高亮显示为蓝色，并且周围有蓝色边框。

5. 在"图层"面板中，在画板名称 Explore 的左侧有一个画板图标（▢），双击它，如图 1.27 所示。

注意：在"图层"面板中双击画板名称（注意不是画板图标（▢）），或者在文档窗口中双击画板上方的名称，之后就可以更改画板的名称了。

图 1.27

此时，名为 Explore 的画板出现在了文档窗口中间，同时，"图层"面板中显示的内容也发生了变化，它显示的不再是各个画板，而是 Explore 画板中的内容，如图 1.28 所示。

Xd | **注意**：此外，单击某个画板中的内容，"图层"面板也会把该画板中的内容显示出来。

6. 按 Command+Y（macOS）或 Ctrl+Y（Windows）组合键，收起"图层"面板。

图 1.28

1.9 预览设计

可以在桌面版的 Adobe XD 中，或者在 iOS、Android 设备上的 Adobe XD App 中测试设计的原型。下面我们了解一下如何在 XD 中预览设计。

1. 按 Command+0（macOS）或 Ctrl+0（Windows）组合键，再次显示所有设计内容。
2. 单击画板之外的灰色粘贴板区域，取消所有内容。
3. 在没有内容处于选中的状态下，单击程序窗口右上角的"桌面预览"按钮（▶），打开"预览"窗口，如图 1.29 所示。

图 1.29

提示：此外，还可以选择"窗口 > 预览"菜单（macOS），或者按 Command+Return（macOS）或 Ctrl+Enter（Windows）组合键，打开"预览"窗口。

在"预览"窗口中，看到的应该是名为 Homescreen 的主画板，当未选择任何画板时，"预览"窗口中显示的就是第一个画板。通常，"预览"窗口中显示的是你选择的画板。"预览"窗口的大小由你选择的画板或第一个画板（未选择任何画板时）决定。

注意：在 Windows 触控设备（比如 Microsoft Surface Pro）上，"预览"窗口可能会以分屏的形式出现。拖动两屏之间的分隔线可以隐藏"预览"窗口。

4. 在"预览"窗口中单击 Sign Up 按钮，如图 1.30 所示。

图 1.30

构建原型期间，在"预览"窗口中单击界面中的交互元素，可以测试各屏之间的切换是否正常。

5. 单击"预览"窗口中的红色按钮（macOS）或"×"按钮（Windows），关闭预览窗口。

1.10 分享设计

在设计过程中的某个时刻，你可能希望把自己的设计文档分享给合作者，以便收集反馈意见，把字体大小和颜色等设计规范发送给开发人员等。在分享整个项目或部分画板时，你可以向别人提供一个网页链接，他们在网页浏览器中打开这个链接，即可看到原型或设计规范。

注意：关于分享整个项目或部分画板的内容将在第 10 课中讲解。

接下来，我们一起快速了解一下如何在 Adobe XD 中分享设计以及这样做的意义。第 10 课会详细讲解与他人分享原型和设计规范的内容。

1. 单击程序窗口右上角的"共享"按钮，如图 1.31 所示。

在"共享"菜单下，可以选择"邀请编辑"（项目文件的云端版本）、"共享以审阅"（分享指向原型的链接）、"共享以开发"（分享设计规范）这三个选项中的一个。选定分享方式之后，可以从几个共享选项中进行选择。修改设计之后，可以更新共享文档、原型、设计规范或基于当前设计创建新版本。

图 1.31

2. 按 Esc 键或在"共享"菜单之外单击隐藏它。

在不同文档之间切换

使用 Adobe XD 时，可以同时打开多个文档。要在多个打开的文档之间切换，需要先打开另外一个文件，也就是打开另外一个要用的文档。

- 在 macOS 系统下，选择"文件">"打开或从您的计算机中打开"，或者在 Windows 系统下，单击菜单图标（≡），选择"打开"或"从您的计算机中打开"，找到要打开的文件，将其在 Adobe XD 中打开。

文档将在一个独立的程序窗口中打开。

- 在 macOS 系统下，请选择"窗口">"[文件名]"，在 Windows 系统下，按 Alt+Tab 组合键，即可在打开的文档之间进行切换。

1.11 查找使用 Adobe XD 的资源

要获取完整且最新的使用 Adobe XD 的信息，请选择"帮助">"学习和支持"（macOS），或者在 Windows 平台下，当某个文档处于打开状态时，单击菜单图标（≡），选择"帮助">"学习和支持"，在打开的页面中可以看到大量有关 Adobe XD 的教程、项目与文章，如图 1.32 所示。

图 1.32

注意：你看到的页面很可能与这里展示的不一样，这很正常。

- 选择"文件">"关闭"（macOS），或者单击程序窗口右上角的"×"图标（Windows），
  关闭 L1_start.xd 文件，不保存任何改动。

1.12 复习题

1. Adobe XD 是什么？
2. 什么是低精度线框图？
3. 更改文档视图的两种方式是什么？
4. 原型有什么用？
5. 预览原型的两种方法是什么？
6. 分享的目的是什么？

1.13 复习题答案

1. Adobe XD CC 提供了一个完整的端到端的解决方案，用来为网站、移动应用设计用户体验。借助它，你可以使用同样的工具进行设计、预览、构建原型、分享设计等。
2. 低精度线框图用来确定页面或屏幕的功能元素，它不会深究颜色、字体等设计规范。你可以使用这种快速方法，通过粗略的图形和布局来了解应用或网站内容之间的基本结构和关系。
3. 要更改文档的缩放级别，可以从"视图"（macOS）或"缩放"（macOS、Windows）菜单中，选择相应的命令。还可以使用工具箱中的"缩放"工具（ Q ），在文档中单击或拖动来放大或缩小视图。另外，还可以使用键盘快捷键来放大或缩小画板视图。
4. 可以使用交互原型测试设计、收集反馈意见，以判断设计的可行性和可用性。
5. 目前，预览（测试）原型的两个主要方法是使用 Adobe XD 中的"桌面预览"和 iOS、Android 设备中的 Adobe XD App。
6. 分享保存到云端的文档、原型、设计规范有助于多人合作、测试原型、收集反馈意见，以及共享设计规范等。

第2课 创建项目

本课概述

本课介绍的内容包括：

- 创建与保存新文档；
- 了解云文档；
- 创建并编辑画板；
- 向画板中添加网格；
- 使用多个画板；
- 使用"图层"面板管理画板。

本课大约要用45分钟完成。开始之前，请先将本书的课程资源下载到本地硬盘中，并进行解压。在学习本课时，将覆盖相应的课程文件。建议先做好原始课程文件的备份工作，以免后期用到这些原始文件时，还需重新下载。

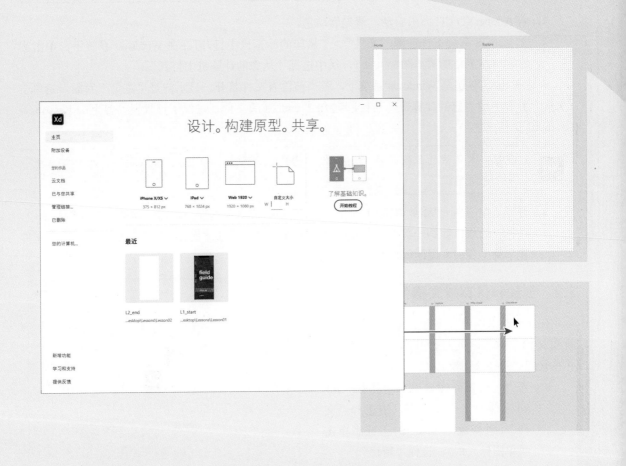

本课中，我们会启动一个新项目，学习
创建与管理画板的方法，每个画板都是你的
App 或网页设计项目中的一屏或一页。

2.1 开始课程

本课中，我们将在 Adobe XD CC 中创建第一个项目，为徒步旅行 App 设计界面、构建原型，以及将其分享出去。开始之前，请大家先打开最终文件，大致了解一下我们本课要做什么。

 注意： 如果你尚未把本课的项目文件下载到本地计算机，请先阅读本书前言，查找相关文件的下载方法。

1. 若 Adobe XD CC 尚未启动，请先启动它。
2. 在 macOS 系统下，选择"文件">"从您的计算机中打开"；在 Windows 系统下，单击程序窗口左上角的菜单图标（≡），从中选择"从您的计算机中打开"。

不论在 macOS 还是 Windows 系统下，若当前没有文件打开，显示的是"主页"界面，请单击"主页"界面中的"您的计算机"。打开名为 L2_end.xd 的文件，它位于计算机硬盘上的 Lessons > Lesson02 文件夹之中。

 注意： 本课中的配图是在 Windows 平台下的截取的。在 macOS 系统下，程序窗口上方会有菜单栏。

3. 选择"视图">"缩放以容纳全部"（macOS），或者从程序窗口右上角的"缩放"菜单中，选择"缩放以容纳全部"（Windows），保持文件处于打开状态，以便用作参考。这个文件显示的是我们本课要创建的内容，如图 2.1 所示。

2.2 创建和保存新文档

在 Adobe XD 中，设计 App 的第一步是新建文档。你可以同时打开多个项目文件，并在它们之间轻松切换。

1. 若"主页"界面未显示，且 L2_end. xd 文件处于打开状态，请选择"文件">"新建"（macOS），或者单击菜单图标（≡），选择"新建"。

Adobe XD 可以创建多种屏幕尺寸的文档。在打开的"主页"界面中，你会看到一

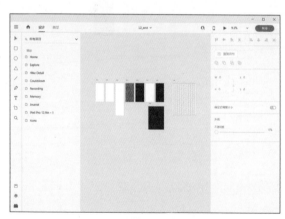

图 2.1

行图标，它们代表 App 设计、网页设计中常见设备的屏幕尺寸，从左到右分别是手机、平板、网页、自定义屏幕尺寸。在 Adobe XD 中，使用画板代表设备屏幕。不管开始时你选择的是哪种屏幕尺寸，后面都是可以再次修改的。

 提示： 在有文档处于打开的状态下，你还可以单击程序窗口左上角的"主页"按钮（🏠）打开"主页"界面。

2. 在"主页"界面中，单击"iPhone X/XS"打开子菜单，从中选择"iPhone X/XS（375×812）"。此时，会打开一个新文档，其中包含一个画板，如图2.2所示。

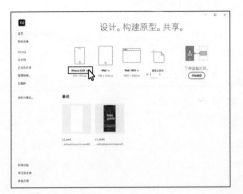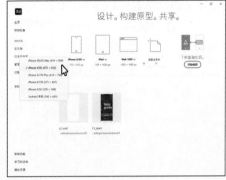

图 2.2

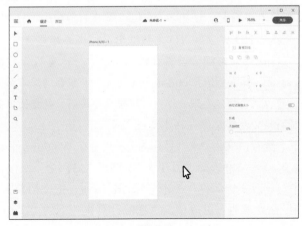

提示： 在"主页"界面中，可以单击"自定义大小"图标（不是 W 与 H 输入框），新建一个不包含任何画板的文档。

提示： 在"主页"界面中，选择的设备尺寸会成为那款设备（手机、平板、网页、自定义大小）的默认值。

注意： 你在"主页"界面中看到的屏幕尺寸可能和这里不一样，这很正常。"主页"中显示的设备屏幕尺寸反映的是最常用的设备，其中列出的屏幕尺寸可能会随着时间发生变化。

此时打开的文件就是工作文件，其中会包含所有屏幕（画板）、图像、颜色，以及其他组成项目的元素，如图2.3所示。

图 2.3

Adobe XD 和 Retina 屏（HiDPI）

默认情况下，Adobe XD 中画板的尺寸都是 1x，或非 Retina 屏（非 HiDPI）。如果想在 2x 或 Retina 屏（HiDPI）下做设计，需要自行把画板尺寸设置为默认画板尺寸的 2 倍。

例如，默认情况下，Adobe XD 中 iPhone 6/7/8 画板的尺寸为 375×667。要在 Retina 屏（HiDPI）尺寸下做设计，就需要把画板尺寸更改为 750×1334。

此外，导入的栅格图像也需要符合像素密度要求，相关内容将在第 4 课中介绍。导出内容（相关内容将在第 11 课讲解）时，不管你是在 1x 还是 2x（视网膜屏）下做的设计，都可以更改"用此大小进行设计"选项，以此获得正确的导出尺寸。

Xd | **注意：** 第 9 课、第 10 课将讲解有关云文档的内容。

新建文档之后，Adobe XD 默认会把文档保存到云端。观察文档上方的标题，会看到一个云朵图标（☁）、"未命名 -1"（也有可能是"未命名 -2"），如图 2.4 所示。

云文档的存储和管理在 Creative Cloud 中进行，你保存的每个文档都会占去云空间的一部分。如果在离线状态下处理了云文档，上线之后，你对文档所做的处理会自动同步到云端。

图 2.4

云文档和本地 XD 文档完全兼容 XD。保存为云文档，有以下几个好处：自动保存、轻松与人分享、离线和在线模式下跨设备访问。

相比于保存在本地的 XD 文档，把文档保存到云端有许多好处，如下所示。

- 自动保存：在把文档保存到 Creative Cloud 时，自动保存功能可以确保你的文档得到快速更新，保证你的工作不会丢失。
- 快速分享：可以直接从 XD 中分享 XD 文档给他人，这样能够获得更快、更稳定的体验。
- 访问所有作品：可以使用云文档管理器直接从 XD 中快速查找你的所有文档和别人分享给你的文档。访问 assets.adobe.com/cloud-documents，即可看到保存的所有云文档。
- 跨设备访问文档：可以把文档保存到云端，实现跨设备访问，包括使用 XD 移动 App 进行预览。

本书学习过程中所用到的文档都是保存在本地硬盘而非云端的。

3. 在 macOS 平台下，选择"文件">"另存为"，或者在 Windows 平台下，单击程序窗口左上角的菜单图标（≡），从中选择"另存为"，打开"另存为"面板。

在"另存为"面板中，修改文档名称，单击"保存"按钮，把文档作为云文档保存到 Creative Cloud。如果你想把文档保存到本地，可以单击"您的计算机"下的"文档"，在打开的"选择文件夹"对话框中，转到要保存文档的位置。

4. 输入文档名称 Travel_Design，单击"您的计算机"下的"文档"按钮，打开"选择文件夹"对话框，如图 2.5 所示。

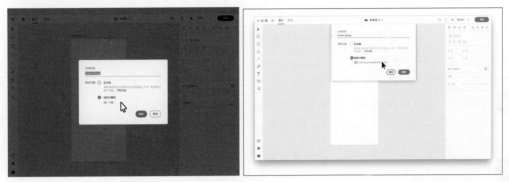

图 2.5

5. 在"选择文件夹"对话框中，转到你的计算机中的 Lessons 文件夹下，单击"保存"按钮，把 XD 文档保存到本地。

在第 9 课与第 10 课中，将讲解如何在 Adobe XD 中把文档保存到云端，你可以把云文档分享给其他人。

2.3　创建与编辑画板

当在 Adobe XD 中首次创建好一个文档之后，XD 通常会先使用你选择的屏幕尺寸创建一个画板。然后，你就可以根据需要向文档中添加任意数量的画板，这些画板的尺寸与方向一不一样都可以。每个画板代表 App 应用中的一屏、一个 Web 页面或一页幻灯片。例如，设计 Web 页面的过程中，可以为移动设备、平板、桌面计算机创建不同的画板。又或者，在创建 App 时，可以为 App 中每一屏创建一个单独的文件，每个文件中包含一个画板。

XD 中的画板为设计提供了基础，设计中的大部分时间你都在使用画板，也就是说，大部分设计工作都是在画板中进行的。接下来，我们将使用几种创建和编辑画板的方法来设计徒步旅行 App。

2.3.1　使用"画板"工具创建画板

下面我们先介绍使用"画板"工具（🗂）创建画板的方法，然后再介绍快速创建画板的方法，包括复制现有画板。

1. 在 Travel_Design 文档处于打开的状态下，按 Command+0（macOS）或 Ctrl+0（Windows）组合键，把画板设置到文档窗口中间。

2. 选择"选择"工具（▶），双击画板名称（iPhone X/XS‐1），把画板名称更改为 Home，然后按 Return 或 Enter 键，使修改生效，如图 2.6 所示。

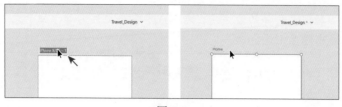

图 2.6

为画板起个好名字有助于在编辑设计内容时快速找到目标"屏幕",也有助于在原型制作期间为特定的画板指定交互操作等。

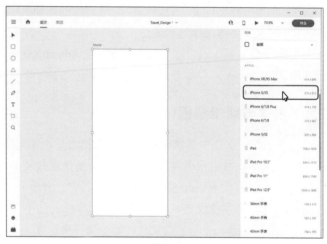

图 2.7

> **XD** 提示:你可以按键盘上的 A 键,快速切换到"画板"工具。

> **XD** 注意:在使用"画板"工具双击画板名称时,需要格外小心。搞不好,你就会创建出一个新画板。

3. 在左侧工具箱中,选择"画板"工具(⌐)。

此时,在工作区右侧的"属性检查器"中会显示出各种屏幕尺寸,这些预设是按照设备平台组织的——Apple、Google 等。

你可能需要拖动"属性检查器"右侧的滚动条,才能看全所有内容。

4. 在"属性检查器"中,单击"iPhone X/XS",向文档中添加一个尺寸为 375×782 的新画板,如图 2.7 所示。

> **XD** 注意:选择"画板"工具后,在文档中没有内容处于选中的状态下,"属性检查器"中显示的才是默认画板尺寸。选中 Home 画板后,"属性检查器"中显示的是与之相关属性。

由于技术不断变化,你看到的预设屏幕大小可能和这里的不太一样,这没有关系。默认情况下,XD 会把新画板添加到当前所选画板的右侧。如果当前所选画板右侧存在其他画板,那么新画板会被添加到最右侧。

5. 选择"视图">"缩小"(macOS),或者按 Command+ 减号(macOS)或按 Ctrl+ 减号(Windows)组合键,多按几次,把视图缩小。

6. 双击新画板上方的画板名称（iPhone X/XS‑1），将其改为 Explore，按 Return 或 Enter 键，使修改生效，如图 2.8 所示。

> **Xd** **提示**：要删除一个画板，只要先单击画板名称选中它，然后按键盘上的 Delete 键或 Backspace 键即可。删除一个画板后，与之相关的所有内容都会一起被删除。

在"画板"工具处于选中的状态下，单击画板名称才能将其选中。当然，除此之外，还有其他选择画板的方法，后面我们会介绍给大家。

7. 使用"画板"工具，在 Home 画板左侧单击，添加一个新画板，如图 2.9 所示。双击新画板的名称，将其改为 Countdown，按 Return 或 Enter 键，使修改生效。

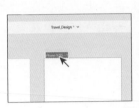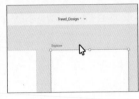
图 2.8

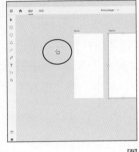
图 2.9

8. 在"画板"工具处于选中的状态下，按几次 Command+ 减号（macOS）或 Ctrl + 减号（Windows）键，把视图缩小。

9. 在 Explore 画板中单击，在其右侧添加另外一个画板，如图 2.10 所示。

从这一步可以看出，如果所选画板（Countdown）右侧存在其他画板，新画板会被添加到其他所有画板的最右侧。

10. 把新画板名称更改为 Hike Detail，这个画板用来呈现徒步旅行的详细信息。

添加画板的方法有很多，包括绘制自定义大小的画板，接下来，我们绘制画板。

11. 把鼠标移动到 Hike Detail 画板右侧，放到与 Hike Detail 画板上边缘对齐的位置上。此时，出现一条浅绿色参考线，告知鼠标的当前位置已经与现有画板的上边缘对齐了。按下鼠标左键，并向右下方拖动，绘制画板。拖动时，你会在"属性检查器"中看到画板的宽度和高度在不断地发生变化。当画板尺寸与图 2.11 中右侧的尺寸大体一致时，释放鼠标左键。

> **Xd** **注意**：可能需要滚动"属性检查器"右侧的滚动条，才能看到宽度和高度值。

你几乎可以绘制任意尺寸和方向的画板，并且画板也是可以重叠的。

> **Xd** **提示**：绘制画板时，同时按住 Option（macOS）或 Alt（Windows）键，绘制的画板将以鼠标所在的位置为中心。同时按住 Shift 键，绘制正方形画板。绘制完成后，请先释放鼠标左键，再释放功能键。

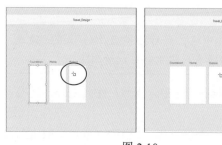
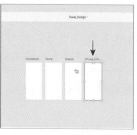

图 2.10

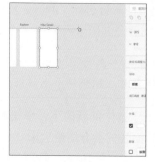
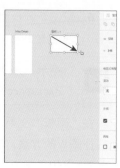

图 2.11

12. 把新画板名称更改为 Icons，按 Return 或 Enter 键，使修改生效。

你可以使用许多不同的方法创建画板，比如在项目一开始就创建所需尺寸的画板，或者复制含有内容的现存画板，并调整设计内容和画板大小，以适配不同的屏幕尺寸。

13. 选择"文件">"保存"菜单（macOS），或者在 Windows 系统下，单击程序窗口左上角的菜单图标（≡），从中选择"保存"菜单。

2.3.2 编辑画板

设计过程中，你很可能需要调整画板的位置、更改画板的尺寸等。本节中，我们将学习如何调整画板的位置、更改画板尺寸、复制画板，以及为画板设置属性等内容。

1. 在 Icons 画板处于选中的状态下，在工作区右侧的"属性检查器"中，你会看到该画板的相关属性。在"属性检查器"中，把"宽度"（W）修改为 700，"高度"（H）修改为 1000，按 Return 或 Enter 键，使修改生效。

> **Xd** 提示：在修改尺寸之前，你可以单击"锁定长宽比"图标（🔒），这样画板的宽度和高度会等比例改变。

2. 确保"纵向"选项（▯）处于选中状态。当前"纵向"选项应该处于选中状态（见图 2.12），因为刚刚输入的画板尺寸改变了画板的方向。

你可以同时为一个或多个选中的画板修改宽度、高度等属性。更改画板的尺寸和方向不会影响到画板中的内容。

3. 按 Command+0（macOS）或 Ctrl+0（Windows）组合键，把所有画板在文档窗口中显示出来，并把它们放到窗口中央。

4. 在工具箱中，选择"选择"工具（▶），单击 Hike Detail 画板，将其选中。把控制框底边中点向下拖动，增加画板高度，如图 2.13 所示。

可以使用"选择"工具或"画板"工具调整任何现有画板的尺寸。你会发现，当画板高度大于原始尺寸时，画板上会出现一条虚线和一个拖动控制块，它们表示画板的原始高度和可滚动内容的起点，相关内容将在第 5 课讲解。

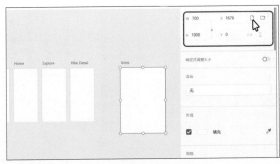

图 2.12

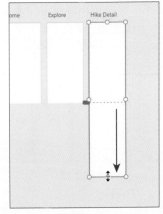

图 2.13

5. 在"选择"工具仍处于选中的状态下，把 Icons 画板拖动到较小画板之下。当前，不必在意它的确切位置，如图 2.14 所示。

使用"选择"工具，选择画板的方法有 3 种：单击画板名称；在画板中单击（当画板为空时）；拖选整个画板。可以根据项目和作业流程的需要自行安排各个画板的位置。

接下来，我们将按照 App 中各屏的顺序来排列画板，并进行复制以创建新的画板。这个过程中，你既可以使用"画板"工具，也可以使用"选择"工具。

6. 把 Countdown 画板拖动到最右侧，当紫色间隔提示为 70，并且出现浅绿色水平参考线时（表示该面板已经与其他面板对齐），释放鼠标左键。

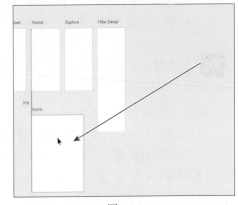

图 2.14

当对象之间的间隔一样时，在这些对象（这里是画板）之间就会出现紫色间隔带，如图 2.15 所示。

7. 按下 Option（macOS）或 Alt（Windows）键，从 Countdown 画板内部开始向右拖动，当紫色间隔提示为 70，并且出现浅绿色水平参考线时（表示该面板已经与其他面板对齐），释放鼠标左键，再释放功能键，如图 2.16 所示。

> **XD** | **注意**：在"画板"工具处于选中的状态下，需要拖动画板名称才能复制该画板，而非从画板内部拖动复制。

8. 把新画板名称更改为 Recording，按 Return 或 Enter 键，使修改生效。

按住 Option 或 Alt 键，拖动画板是复制画板及其内容的一种非常好的方法，你可以把复制出的画板放到任何指定的位置上。在 Adobe XD 中，有很多创建画板的方法。如果只想在同一行中添加画板副本，可以使用键盘命令来复制它们。

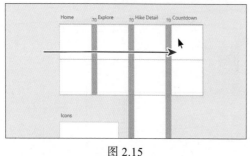

图 2.15

图 2.16

> **Xd** 提示：此外，还可以使用"复制""粘贴"命令来创建画板。

9. 在 Recording 画板处于选中的状态下，按 Command+D（macOS）或 Ctrl+D（Windows）组合键，在其右侧新建一个画板。

> **Xd** 注意：如果你把视图缩小得非常小，画板名称就有可能被截断。

10. 把新画板的名称由 Recording - 1 更改为 Memory，按 Return 或 Enter 键，使修改生效。
11. 在画板 Memory 处于选中的状态下，按 Command+D（macOS）或 Ctrl+D（Windows）组合键，在其右侧新建一个画板，新画板的名称（Memory - 1）暂且保持不变，如图 2.17 所示。
12. 选择"文件">"保存"（macOS）菜单，或者在 Windows 系统下，单击程序窗口左上角的菜单图标（≡），从中选择"保存"命令。

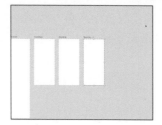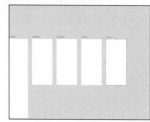

图 2.17

2.3.3 更改画板外观

可以为文档中的每个画板修改一些属性，包括背景颜色、尺寸、网格等。修改背景颜色会非常有用，例如，通过修改背景颜色，你可以在黑色背景上显示白色图标，或者预览带有黑色背景的屏幕。下面我们将学习如何修改一个画板的外观。

> **Xd** 提示：可以同时选中多个画板，同时修改它们的背景颜色。

1. 按 Command+0（macOS）或 Ctrl+0（Windows）组合键，在文档窗口中显示出所有画板。

2. 在"选择"工具（▶）处于选中的状态下，单击 Countdown 画板，将其选中。

3. 在右侧的"属性检查器"中，取消勾选"填充"选项，如图 2.18 所示。

此时，画板的默认填充已经消失了，但是画板的轮廓线仍然可见。

> **提示：** 输入十六进制颜色值时，可以使用"简写法"。可以输入任意一个十六进制值，而后使之重复成六个十六进制值。例如，输入一个字符（比如 f），按 Return 或 Enter 键使之重复六次，得到六个十六进制值（#ffffff）；输入两个字符，比如 ab，经过重复得到 #ababab；输入三个字符，比如 123，按顺序重复每一个字符，得到 #112233。

4. 在"属性检查器"中，勾选"填充"选项，重新开启默认的白色填充。单击填充颜色框，打开"拾色器"面板。在颜色菜单中，确保当前选择的是"Hex"，然后输入颜色值 FF491E，再按 Return 或 Enter 键，使修改生效，如图 2.19 所示。

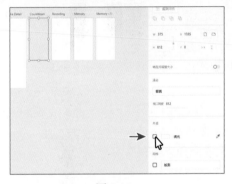
图 2.18

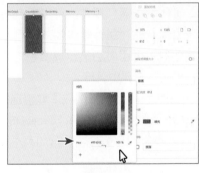
图 2.19

Adobe XD 为我们提供了多种编辑颜色的方式，其中就包括上面这种可视化方式。

5. 按 Esc 键，或单击"拾色器"面板之外的任意地方，隐藏拾色器。

2.3.4 同时修改多个画板的属性

在 Adobe XD 中，你可以同时修改多个画板的背景颜色、尺寸等属性，这可以大大加快你的设计流程。下面我们学习如何同时修改多个画板的背景颜色。

1. 在"选择"工具（▶）处于选中的状态下，单击 Recording 画板，将其选中。然后按住 Shift 键，单击 Memory‑1 画板，把它也选中。

接下来，我们为 Recording 与 Memory‑1 画板设置背景颜色，使 App 屏幕的背景是蓝色的。设置颜色时，我们将使用 HSB 颜色值来设置。

2. 在"属性检查器"中，单击"填充"颜色框，在"拾色器"面板中，从颜色菜单中，选择"HSB"，然后设置 H=205、S=88、B=35，按 Return 或 Enter 键，使修改生效，如图 2.20 所示。

3. 按 Esc 键，把"拾色器"面板隐藏起来。

4. 选择"文件">"保存"（macOS），在 Windows
   系统下，单击程序窗口左上角的菜单图标（≡），
   从中选择"保存"。

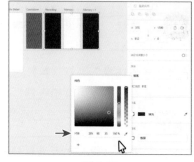

图 2.20

2.3.5 对齐面板

在 Adobe XD 中，可以轻松地选择多个画板，然后把
它们对齐，或让它们之间保持一定距离，使其在视觉上
更具组织性。拖动画板时，可以借助对齐参考线和间距
参考线更轻松地对齐它们。此外，你还可以使用"属性检查器"中的对齐控件来对齐和排列画板。
下面我们将把 Icons 画板与 Memory‐1 画板进行对齐，让 Icons 画板离那组画板更近一些。

1. 单击 Icons 画板，然后，按住 Shift 键，单击 Memory‐1 画板，把两个画板同时选中。

2. 单击"属性检查器"顶部的"右对齐"图标（■），
   把 Icons 画板的右边缘与 Memory‐1 画板的右边缘
   对齐，如图 2.21 所示。

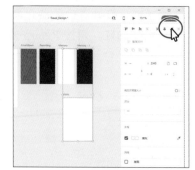

在"属性检查器"顶部，可以看到各种对齐控件，这些
控件会一直显示在"属性检查器"顶部，而且是与上下文相
关的，当它们不可用时会显示成灰色。有关对齐和画板的内
容，我们将在第 5 课中讲解。

3. 单击灰色的粘贴板区域，取消选择所有画板。

4. 选择"文件">"保存"（macOS），在 Windows 系统
   下，单击程序窗口左上角的菜单图标（≡），从中选择"保存"。

图 2.21

XD | **注意**：有关响应式调整大小的内容将在第 7 课讲解。

画板与响应式布局

现在，我们在设计适用于多款设备的应用时，都要充分考虑手机、平板电脑、
桌面型电脑等各种设备的屏幕尺寸。由于并非所有设计人员都使用一样的设备，所
以设计人员需要考虑内容如何在不同尺寸的屏幕上正常显示出来。

为了解决这个问题，Adobe XD 为我们提供了一个名为"响应式调整大小"的
功能。借助它，可以重新调整对象的大小，同时保证对象在不同尺寸下拥有相同的
空间关系，以便适配多种屏幕尺寸。

—— 摘自 Adobe XD 帮助

2.4 · 向画板中添加网格

Adobe XD 可以把内容轻松地对齐到像素网格上。Adobe XD 为画板提供了两种类型的网格：方形网格与版面网格。

>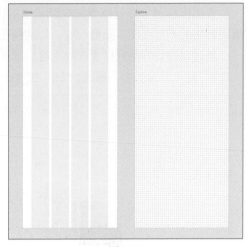
>
> **注意**：在 Adobe XD 中，度量尺寸和区分字体大小时大都使用虚拟像素，它与 CSS 中的"像素"（iOS 中的基本度量单位）这一度量单位是一样的。一个虚拟像素大致对应于 72 dpi 显示器上的一个物理像素。不能在 Adobe XD 中改变度量单位。

方形网格由水平参考线和垂直参考线组成，借助于这些参考线，可以把内容轻松对齐到指定位置上。做绘图或对象变换时，当对象边缘位于网格的捕获区域内部时，对象会自动对齐到网格上。使用方形网格不仅有助于对齐对象，还有助于设计时把握尺寸大小。设计 App 时，经常使用方形网格。

版面网格可以用来定义每个画板上的列。可以借助版面网格定义设计的底层结构，以及在响应式设计（Web 设计）中定义每个组件对不同"断点"的响应方式。借助于响应式调整大小，可以重新调整对象的大小，同时保证对象在不同尺寸下拥有相同的空间关系，以便适配多种屏幕尺寸。相关内容，我们将在第 7 课中学习。

在图 2.22 中，左侧画板上应用了版面网格，右侧画板上应用了方形网格。

图 2.22

2.4.1 使用方形网格

本节中，我们学习如何为画板打开方形网格并改变网格外观。前面提到过，方形网格由水平参考线和垂直参考线组成，你可以很方便地把内容对齐到网格上。此外，使用网格对于判断对象的大小很有帮助。

1. 在"选择"工具（▶）处于选中的状态下，单击 Home 画板，将其选中。按 Command+3（macOS）或 Ctrl+3（Windows）组合键，把画板缩放至选区。

2. 从"属性检查器"的网格菜单中选择"方形"。请注意，勾选左侧的复选框（图 2.23 中的箭头所指的位置），才能为选中的画板打开默认的方形网格。

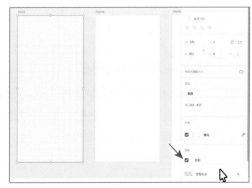

图 2.23

打开方形网格之后，你可以进一步设置网格的颜色、大小。

3. 在"属性检查器"中，单击"方形大小"左侧的颜色框，打开"拾色器"，选择相应颜色即可更改网格线的颜色。在"拾色器"中，向下拖动"不透明度"滑块（位于拾色器最右侧），让网格变得更透明一些，如图 2.24 所示。至于选择何种颜色，你自己决定。

版面网格和方形网格叠加在画板中的设计内容之上。在向这些画板中添加内容之前，建议把版面网格的不透明度多降低一些，让网格更透明一些，以便把注意力放到内容而非网格上。

通过勾选或取消网格复选框，可以把网格显示或隐藏起来。后续课程中，我们会经常这样做。

4. 把"方形大小"修改为 20，按 Return 或 Enter 键，使修改生效，如图 2.25 所示。

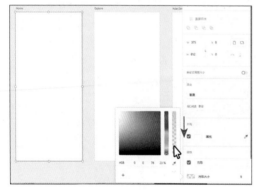

图 2.24

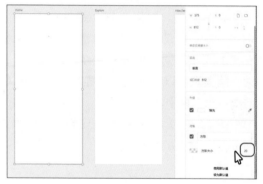

图 2.25

你会发现，"方形大小"设置得越小，网格越密集；设置得越大，网格越稀疏。"方形大小"的默认设置值为 8pt，这是一个相对标准的数值。建议你把"方形大小"设置为 8 的倍数。

5. 把"方形大小"恢复成原来的 8pt。

Adobe XD 中的单位

Adobe XD 中没有单位，它关注的是元素之间的关系。例如，如果你设计的 iPhone 6/7 画板的尺寸是 375×667 个单位，并且它使用 10 个单位字体大小的文本，那么无论你把设计缩放到多少，这个关系都保持不变。

——摘自 XD 帮助

6. 单击"设为默认值"，把方形网格的这些设置保存为默认值，以便以后使用，如图 2.26 所示。

接下来，我们选择多个画板，把新的默认方形网格同时应用到所选的画板。

7. 按 Command+0（macOS）或 Ctrl+0（Windows）组合键，把所有画板在文档窗口中显示出来。

8. 把鼠标移动到 Explore 画板的左上角之外，按下鼠标左键，向右下方拖动，直到蓝色选框框住整个画板。在 Explore 画板处于高亮显示的状态（即选中状态）下，沿水平方向向右拖动，让蓝色选区经过右侧所有画板，释放鼠标左键，把选区经过的画板全部选中。整个操作如图 2.27 所示。请注意，不要选择 Icons 画板。

图 2.26

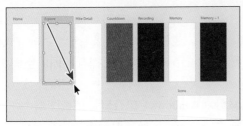 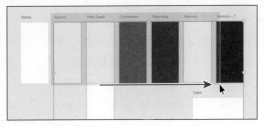

图 2.27

Xd 提示：拖选多个画板时，必须确保至少有一个画板被蓝色选区完全包裹。

9. 在"属性检查器"中，从"网格"菜单中，选择"方形"。

选中多个画板之后，还可以修改"属性检查器"中的其他属性值，比如填充、宽度（W）、高度（H）等。首先选中多个画板，然后修改宽度（W）、高度（H）等属性，可以确保所选画板具有一致性（见图 2.28）。

10. 在"属性检查器"中，单击"使用默认值"，把默认方形网格应用到所选画板上，如图 2.29 所示。

此时，在所选画板中，每一个画板上的方形网格与你在 Home 画板中设置的默认方形网格一样。

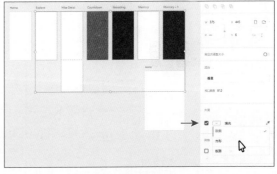

图 2.28

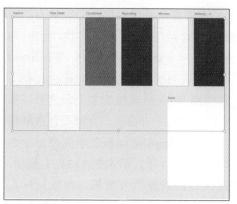

图 2.29

2.4.2　使用版面网格

下面我们创建一个 iPad Pro 画板，并将其应用版面网格。我们将在第 7 课中学习"响应式调整大小"，借助它，你可以重新调整对象的大小，同时保证对象在不同尺寸下拥有相同的空间关系，以便适配多种屏幕尺寸。

1. 按几次 Command + 减号（macOS）或 Ctrl+ 减号（Windows）组合键，把视图缩小。
2. 在"选择"工具处于选中的状态下，单击画板之外的灰色区域，取消选择所有画板。
3. 在工具箱中，选择"画板"工具（🗍），然后在右侧的"属性检查器"中，单击"iPad Pro 12.9"，如图 2.30 所示。如果没有看到这个尺寸，请选择其他尺寸。
4. 按 V 键，选择"选择"工具，把新建的 iPad 画板向右挪动一点。按 Command+3（macOS）或 Ctrl+3（Windows）组合键，把视图缩放到所选画板。
5. 在右侧"属性检查器"中，从"网格"菜单中，选择"版面"，勾选复选框，为 iPad 画板打开默认网格，如图 2.31 所示。

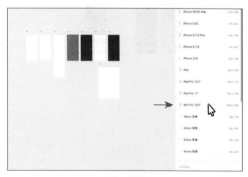
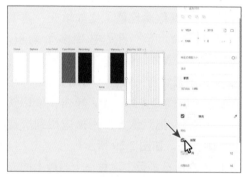

图 2.30　　　　　　　　　　　　　　　　图 2.31

> **Xd** 提示：*此外，还可以选择"视图">"显示布局网格"（macOS），或者按 Shift+ Command+'（macOS）或 Shift+Ctrl+'（Windows）组合键，为所选画板打开或关闭版面网格。*

XD 会根据画板大小显示列数和宽度。例如，相比于表示桌面电脑屏幕的画板，在表示手机屏幕的画板上，在默认版面网格下，XD 显示出的列数更少，宽度也更窄。调整画板尺寸时，版面网格中的列宽也会随之发生变化，以便适应新的画板尺寸。你可以根据设计需要更改网格属性。下面我们尝试修改一下。

6. 在"属性检查器"的"网格"区域中，单击"各边边距不同"按钮（▣），把上边距、右边距、下边距、左边距的值依次修改为 0、28、0、28，如图 2.32 所示。修改完成后，按 Return 或 Enter 键，使修改生效。你可能需要拖动"属性检查器"右侧的滚动条，才能看到这几个边距值。

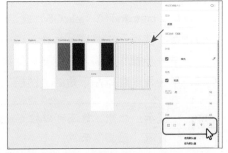

图 2.32

XD | **注意**：可能需要更改"间隔宽度"和"列宽"，才能调整出这些边距值。

XD | **注意**：许多设计师会根据他们的设计来创建网格。可以在纸上快速绘制一下你的版面，以此了解一下所需要的列数。很多流行框架使用的都是 12 个列的网格系统，这种网格系统不仅容易划分，而且还能为版面设计带来很大的灵活性。

Adobe XD 会根据画板尺寸、列数和边距值自动计算"间隔宽度"和"列宽"。"间隔宽度"指的是列与列之间的距离，"列宽"指的是每个列的宽度。你可以根据自己的设计需要更改"间隔宽度"或"列宽"。"属性检查器"的"网格"区域中显示的值是由 XD 自动计算出来的。保持列数（12）不变。

XD 提供了两种边距设置方法："左 / 右链接边距"（▣）和"各边边距不同"（▣）。如果你需要为画板的任意一个边设置不同的边距，则需要选择"各边边距不同"，然后修改各个边距值。

7. 选择"文件" > "保存"（macOS），或单击程序窗口左上角的菜单图标（≡），从中选择"保存"（Windows）。

版面网格

大家更喜欢使用轮廓线风格的版面网格？在"拾色器"中，把版面网格的"不透明度"值设置为 0，即可以轮廓线风格显示版面网格，如图 2.33 所示。

——Elaine Chao

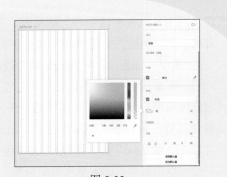

图 2.33

2.5 使用"图层"面板管理画板

第1课介绍了"图层"面板，演示了如何使用它在文档的多个画板之间切换。本节我们讲解如何使用"图层"面板来创建和管理你的画板。在后面课程的学习中，我们会用到本节的知识。

1. 按 Command+0（macOS）或 Ctrl+0（Windows）组合键，查看文档中的所有设计内容。
2. 在"选择"工具（▶）处于选中的状态下，单击灰色粘贴板区域，取消所有选择。在执行下一步操作之前，一定要确保没有任何内容处于选中状态。
3. 单击程序窗口左下角的"图层"面板按钮（◆），把"图层"面板打开。

> **Xd** **提示：** 此外，你还可以按 Command+Y（macOS）或 Ctrl+Y（Windows）组合键来打开、关闭"图层"面板。

在没有选择任何内容的状态下，"图层"面板中显示的是文档中的所有画板，并且画板是按照创建顺序列出的，创建的最后一个画板位于列表的最顶层。

4. 在"图层"面板中单击 Home 画板，如图 2.34 所示。

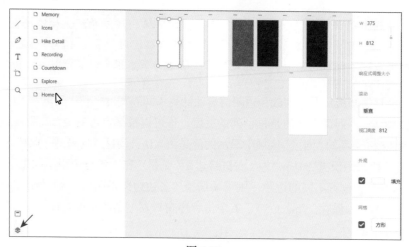

图 2.34

当在"图层"面板中选中一个画板时，文档中相应的画板也会被选中，这在第1课中已经讲过了。有时，在"图层"面板中选择画板会更容易。

5. 在"图层"面板中，把 Home 画板拖动到列表的最顶层。当看到有一条蓝色线条出现在列表最顶部（即"iPad Pro 12.9 – 1"之上）时，释放鼠标左键，如图 2.35 所示。

我习惯按照用户使用 App 时的屏幕顺序来安排画板顺序。例如，在一个 App 中，用户首先见到的是登录屏幕，用户输入登录信息后，出现的是主屏幕。也就是说，主屏幕画板要跟在登录屏幕画板之后（一般是从左到右排列）。这样组织画板方便我们以后查找画板，建议你也这样做。不过，你完全可以根据自己的习惯来组织画板。

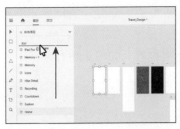

图 2.35

6. 参考图 2.36，调整画板顺序，这是按照 App 中屏幕出现的顺序排列的。

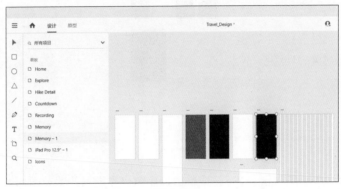

图 2.36

7. 在"图层"面板中，双击画板名称"Memory－1"，将其更改为 Journal，然后按 Return 键或 Enter 键，使修改生效，如图 2.37 所示。

8. 在"图层"面板中，使用鼠标右键单击 Journal 画板，在弹出菜单中选择"复制"。

在使用鼠标右键单击后出现的上下文菜单中，会看到一系列命令，比如"复制""删除""粘贴"等。这些命令只应用到你选中的画板上。有时，在"图层"面板中执行这些命令的速度会更快，尤其是在同时处理多个画板时。

9. 在"图层"面板中，使用鼠标右键单击 Icons 画板，从弹出菜单中选择"粘贴外观"，把蓝色填充应用到 Icons 画板，如图 2.38 所示。

图 2.37   图 2.38

请注意，由于 Journal 画板上的方形网格不是外观的一部分，所以它不会被粘贴到 Icons 画板上。

10. 单击文档中的灰色粘贴板区域，取消选择所有内容，如图 2.39 所示。

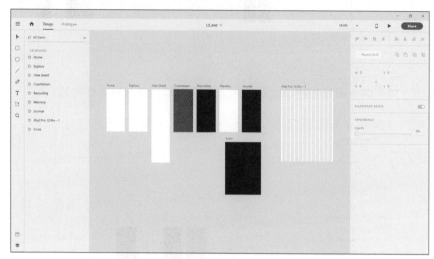

图 2.39

11. 选择"文件">"保存"（macOS），或单击程序窗口左上角的菜单图标（≡），从中选择"保存"（Windows）。

12. 如果你想继续学习下一课，可以不关闭 Travel_Design.xd 文件。因为在下一课的学习中，我们会继续使用 Travel_Design.xd 这个文件。否则，对于每个打开的文档，我们都应该选择"文件">"关闭"（macOS），或者单击程序窗口右上角的"×"按钮（Windows），将其关闭。

2.6　复习题

1. 在 Adobe XD 中，画板代表什么？
2. 默认情况下，当你把画板调高时，画板上会出现一条虚线，这条虚线代表什么？
3. 在一个文档处于打开的状态下，要查看 Adobe XD 的预设画板尺寸，必须选择什么工具？
4. 画板网格有什么用？
5. 在"图层"面板中，至少可以对画板做哪两件事？

2.7　复习题答案

1. 在 Adobe XD 中，画板代表设计中的一屏（App）或一个页面（网站）。每个 Adobe XD 文件中可以包含多个画板，这些画板的尺寸和方向可以相同，也可以不同。
2. 把画板调高后，画板上出现的虚线表示画板的原始高度和可滚动内容的起点。虚线有助于我们判断设备上最初的可见内容。
3. 在一个文档处于打开的状态下，要查看 Adobe XD 中的预置画板尺寸，必须选择"画板"工具（□）。
4. 在 Adobe XD 中，每个画板可以包含一个版面网格或一个方形网格，使用这些网格有助于对齐设计内容。网格不仅有助于对齐对象，还有助于快速判断设计的大致尺寸。
5. 在"图层"面板中，可以更改画板名称，重排画板顺序，复制画板、删除画板（及其内容），选择并缩放至画板等。

第3课　创建和导入图形

本课概述

本课介绍的内容包括：

- 创建和编辑形状；
- 更改内容的填充和边框；
- 使用布尔操作合并图形；
- 使用钢笔工具绘制图形；
- 使用钢笔工具编辑路径和形状；
- 使用 UI 套件。

本课大约要用 60 分钟完成。开始之前，请先将本书的课程资源下载到本地硬盘中，并进行解压。在学习本课时，将覆盖相应的课程文件。建议先做好原始课程文件的备份工作，以免后期用到这些原始文件时，还需重新下载。

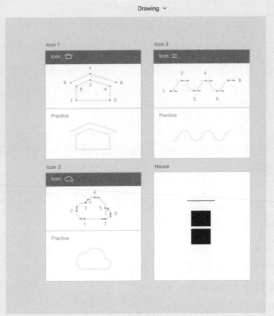

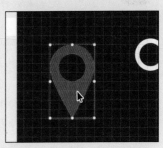

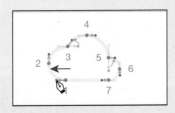
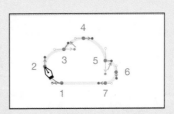
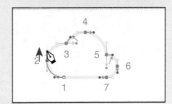

　　在 Adobe XD 中，除了使用"形状"工具创建图形之外，你还可以使用"钢笔"工具来绘制图形。使用这些工具可以精确地绘制直线、曲线，以及更复杂的形状。

3.1 开始课程

本课中，我们将学习使用各种工具来绘制矢量图形，包括按钮、图标，以及其他图形元素。正式学习之前，先打开最终课程文件，大致了解一下本课我们要做什么。

> **Xd** **注意：**如果你尚未把本课的项目文件下载到本地计算机，请先阅读本书前言，查找相关文件的下载方法。

1. 若 Adobe XD CC 尚未启动，请先启动它。

2. 在 macOS 系统下，依次选择"文件">"从您的计算机中打开"菜单；在 Windows 系统下，单击程序窗口左上角的菜单图标（≡），从弹出菜单中选择"从您的计算机中打开"。

不论在 macOS 还是 Windows 系统下，如果显示的"主页"界面中没有文件打开，请单击"主页"界面中的"您的计算机"。在"打开"文件对话框中，转到硬盘上的 Lessons > Lesson03 文件夹，打开名为 L3_end.xd 的文件。

> **Xd** **注意：**本课屏幕截图是在 macOS 系统下截取的。在 Windows 系统下，可以单击"汉堡包"菜单来选择相关菜单。

在 XD 中打开 L3_end.xd 文件之后，若文件中用到的字体在你的系统中不可用，在左侧的"资源"面板中会显示缺失字体列表。使用鼠标右键单击任意一个缺失字体，在弹出菜单中，可以选择"替换字体"（使用系统中已经安装的字体替换缺失字体）或"画布高亮显示"（把文档中使用缺失字体的位置高亮显示出来），如图 3.1 所示。

图 3.1

若 Adobe Fonts 库中存在缺失字体，则 XD 会自动激活它们，并把它们安装到你的计算机中。

> **Xd** **注意：**在本书即将出版之际，XD 新增了一项功能。当一个 XD 文档中用到的字体在你的系统中不可用时，缺失字体会出现在"资源"面板中。若 Adobe Fonts 库中存在任意一个缺失字体，则 XD 会自动激活它们，并把它们安装到计算机中。可以使用鼠标右键在"资源"面板中单击缺失字体，从弹出菜单中选择"画布高亮显示"或"替换字体"。

3. 在"资源"面板处于打开的状态下，可以单击程序窗口左下角的"资源"面板按钮（▭），将其隐藏起来。

4. 依次选择"视图">"缩放以容纳全部"（macOS），或者从程序窗口右上角的"缩放"菜单中选择"缩放以容纳全部"（Windows），结果如图 3.2 所示。请不要关闭文件，将其用作参考。

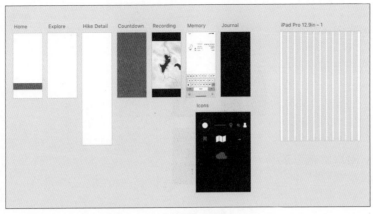

图 3.2

通过 L3_end.xd 文件可以看到我们将在本课中创建什么。

3.2 图形和 Adobe XD

在 Adobe XD 中，可以创建和使用矢量图形（有时叫矢量形状或矢量元素）。矢量图形由直线和曲线组成，它们由称为"矢量"的数学对象所定义。你可以在 Adobe XD 或 Adobe Illustrator 等程序中创建矢量图形。在 Adobe XD 中，可以使用各种方法和工具来移动或修改你创建的形状或路径，包括图标、按钮，以及其他设计元素。

在 Adobe XD 中，你还可以使用位图图像（栅格图像），这种图像由方形像素点组成，每个像素都有特定的位置和颜色值。可以使用 Adobe Photoshop 这样的程序来创建栅格图像。第 4 课将学习如何把不同类型的图像导入 Adobe XD 并使用它们。

3.2.1 创建与编辑形状

Adobe XD 为我们提供了多种绘图工具，借助这些工具可以轻松地绘制矢量图形。如果用过 Adobe 公司的其他软件，你会发现 Adobe XD 中的绘图工具更加简单、高效，并且有一些不同的地方。如果想制作更加复杂的矢量图形，可以使用 Adobe Illustrator 等软件，制作好图像之后，再把它们导入到 XD 中。

1. 选择"文件">"从您的计算机中打开"（macOS），或者单击程序窗口左上角的菜单图标（≡），从弹出菜单中，选择"从您的计算机中打开"（Windows），从 Lessons 文件夹中打开 Travel_Design.xd 文档。

 注意： 如果使用前言中提到的"快速学习法"学习这部分内容，请打开 Lessons > Lesson03 文件夹中的 L3_start.xd 文件来学习本课内容。

2. 按 Command+0（macOS）或 Ctrl+0（Windows）组合键，查看所有内容，如图 3.3 所示。

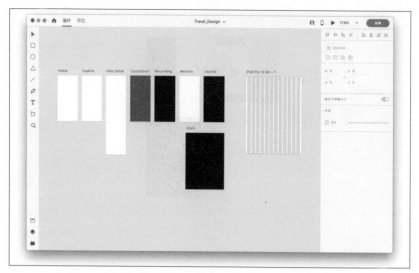

图 3.3

3. 在文档窗口中，单击画板名称 Home，把画板选中。按 Command+3（macOS）或 Ctrl+3（Windows）组合键，缩放到 Home 画板。

4. 选择"选择"工具（▶），单击画板之外的灰色区域，取消选择所有内容。

3.2.2 使用"形状"工具创建形状

本节中，我们将学习使用"形状"工具创建各种形状的方法，这些形状可以是按钮，以及其他图形元素。

> **Xd** 提示：绘制形状时，同时按下 Option（macOS）或 Alt（Windows）键，将以当前鼠标所在位置为中心绘制形状；同时按下 Shift 键，将开启比例约束，使绘制出的形状具有相同的长宽比。例如，使用矩形工具绘制矩形时，同时按下 Shift 键，会绘制出正方形。

> **Xd** 提示：可以按键盘上的 R 键来选择"矩形"工具。

1. 从工具箱中选择"矩形"工具（□）。在靠近 Home 画板底部的地方，把鼠标移动到画板左边缘上，此时画板左边缘呈现浅绿色，这表示即将绘制的形状将对齐到画板左边缘。按下鼠标左键向右下方拖动绘制矩形，当到达画板的右边缘时，会出现对齐参考线，此时释放鼠标左键，如图 3.4 所示。矩形高度可以自行确定。

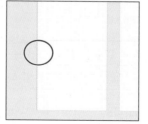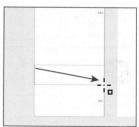

图 3.4

在 Adobe XD 中，对齐参考线总是启用的，它们在对齐、捕捉、调整间距等操作中非常有用。

Xd **注意**：绘制好一个形状之后，使用的"形状"工具仍处于选中状态。在做大小、圆角变换时，不需要再切换工具了。

---

2. 在"矩形"工具处于选中的状态下，向上或向下拖动矩形上边缘中间的控制点，直到"属性检查器"中矩形的高度值为 80，停止拖动，如图 3.5 所示。

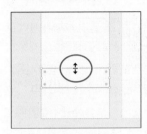 

拖动以调整矩形大小　　　"属性检查器"中显示的数值

图 3.5

与编辑画板一样，当绘制或编辑形状时，"属性检查器"中的"宽度"（W）和"高度"（H）值也会随之发生变化，用以指示当前所选内容的尺寸。

3. 按 Command+Shift+A（macOS）或 Ctrl+Shift+A（Windows）组合键，取消选择所有内容，这样可以在"图层"面板中看到所有画板。

4. 若"图层"面板还未打开，单击左下角的"图层"面板按钮（◈）（或者按 Command+Y[macOS] 或 Ctrl+Y [Windows] 组合键），将其打开。在"图层"面板中，双击画板名称 Icons 左侧的画板图标（▢），把 Icons 画板放大到文档窗口，如图 3.6 所示。

在本书中，你会学到多种切换画板的方法，其中一种方法就是使用"图层"面板，相关内容已经在第 1 课学过了。

5. 在"属性检查器"中，从"网格"菜单中，选择"方形"，打开方形网格。单击"使用默认值"按钮，应用之前创建的默认方形网格，如图 3.7 所示。

 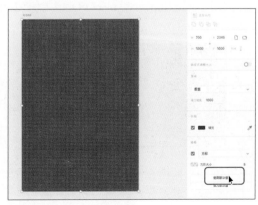

图 3.6　　　　　　　　　　　　图 3.7

接下来，创建一个录制按钮，该按钮会在 Recording 画板中用到。

Xd **注意**：如果使用的是 L3_start.xd 文件，看到的默认网格可能和这里的不一样。请确保"方形大小"为 8，单击左侧的颜色框，在"拾色器"面板中，把"不透明度"值调整为 30%。

Xd **提示**：可以按 Command+'（macOS）或 Ctrl+'（Windows）组合键，为选择的一个或多个画板显示或隐藏方形网格。

6. 从工具箱中选择"椭圆"工具（或者按 E 键选择"椭圆"工具）。按下 Shift 键，在画板上拖绘出一个圆形。拖绘时，请注意观察"属性检查器"中的"宽度"（W）和"高度"（H）。当宽度和高度变为 152 时，释放鼠标左键，再释放功能键，如图 3.8 所示。

图 3.8

Xd **注意**：在拖绘圆形时可能注意到，在"属性检查器"中，宽度和高度值的变化都是以 8 为步长，这是因为你把方形网格的大小设成了 8。

7. 使用鼠标右键单击圆形，在弹出菜单中，选择"复制"。然后再单击鼠标右键，从弹出菜单中，选择"粘贴"，把圆形副本直接粘贴到原圆形之上。

8. 为了把新圆形的尺寸减半，把圆形一角朝中心拖动。拖动时，同时按下 Option+Shift（macOS）或 Alt+Shift（Windows）组合键，保持当前圆心不变，等比例缩小圆形。缩小到指定尺寸后，释放鼠标左键，再释放功能键，如图 3.9 所示。

9. 按 Command+Shift+A（macOS）或 Ctrl+Shift+A（Windows）组合键，取消所有选择。

10. 按 Command+0（macOS）或 Ctrl+0（Windows）组合键，查看所有内容。

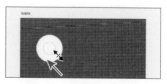

图 3.9

3.2.3 更改填充和边框

绘制好几个形状之后，接下来，我们就可以修改这些形状的外观属性了。

1. 从工具箱中，选择"选择"工具（▶）。单击在 Home 画板底部绘制的矩形，将其选中。

2. 按 I 键，选择填充吸管工具，使用它吸取颜色并把吸取的颜色填充到所选形状中，如图 3.10 所示。移动鼠标到 Countdown 画板中的橙红色上，单击吸取颜色。

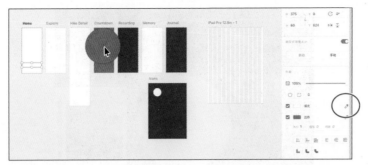

图 3.10

3. 在"属性检查器"中，单击"填充"颜色框，在"拾色器"底部，单击"+"图标，即可把当前颜色保存下来，如图 3.11 所示。单击 Esc 键，隐藏"拾色器"面板。

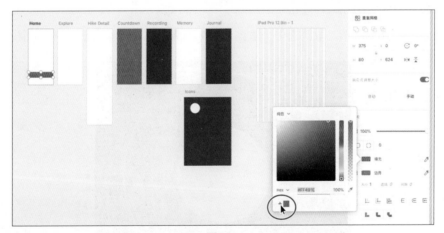

图 3.11

4. 单击"边界"左侧的复选框，取消所选矩形的边框，如图 3.12 所示。

5. 在 Icons 画板中，单击较大的圆形，将其选中。按 Command+3（macOS）或 Ctrl+3（Windows）组合键，把视图缩放到所选圆形。

6. 在"属性检查器"中，取消"填充"左侧的复选框，删除填充颜色。

7. 单击边界颜色框，打开"拾色器"面板，把"饱和度"和"亮度"降为 0，即把边框颜色变为白色，如图 3.13 所示。

图 3.12

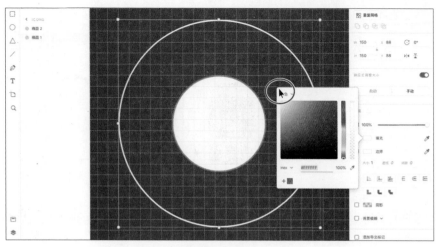

图 3.13

8. 在"拾色器"面板底部，单击"+"图标，保存白色。

可以使用这种方式保存自己创建的填充颜色和边框颜色，但这样保存的颜色只能显示在当前文档的"拾色器"面板中，并且无法被命名。

> **Xd** 提示：要删除保存的颜色，只要把它从"拾色器"窗口中拖走即可。

9. 单击选择较小的圆形，取消选中"边界"左侧的复选框，去除圆形边框，如图 3.14 所示。

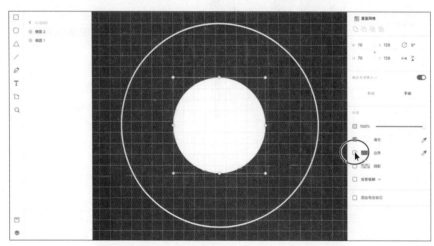

图 3.14

10. 拖选两个圆形，选择"对象">"组"（macOS），或者单击鼠标右键，从弹出菜单中选择"组"（Windows），把两个圆形编入同一个组中。

11. 按 Command+S（macOS）或 Ctrl+S（Windows）组合键，保存文件。

3.2.4 绘制虚线

除了更改图形的颜色、边框粗细之外，还可以修改线型、边框对齐等属性。本节将讲解绘制虚线的方法，后面创建幻灯片时会用到虚线。

1. 按几次 Command+ 减号（macOS）或 Ctrl+ 减号（Windows）组合键，把视图缩小。

 提示：此外，还可以使用触控板动作（两指内滑或外滑），或者按下 Option（macOS）或 Alt（Windows）键滚动鼠标滚轮来缩放视图。

2. 从工具箱中，选择"直线"工具（／）。按下 Shift 键，拖动鼠标，绘制一条水平直线。拖绘直线时，注意观察"属性检查器"中的"宽度"（W）值。当"宽度"值为 144 时，停止拖动，释放鼠标左键，再释放 Shift 键，如图 3.15 所示。

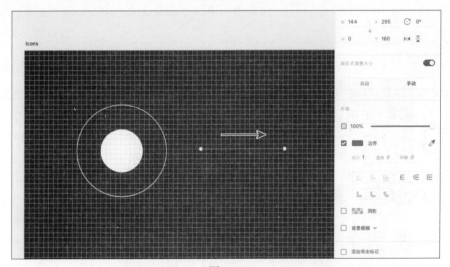

图 3.15

 提示：如果不想让直线对齐到网格，请先选择画板，再在"属性检查器"中关闭方形网格。

在这里，由于绘制的是一条水平直线，"属性检查器"中的"宽度"指的就是直线的长度。宽度值的变化是以 8 为步长的，这是因为直线会自动对齐到画板中的方形网格上。

3. 单击"边框"颜色框，打开"拾色器"面板。单击之前保存的白颜色，将其应用到直线上，如图 3.16 所示。然后按 Esc 键，把"拾色器"面板隐藏起来。

使用"直线"工具绘制的水平直线不支持填充颜色，但支持边框颜色。

4. 把"大小"修改为 3，按 Return（macOS）或 Enter（Windows）键，使修改生效，如图 3.17 所示。

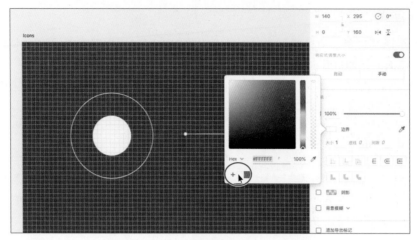

图 3.16

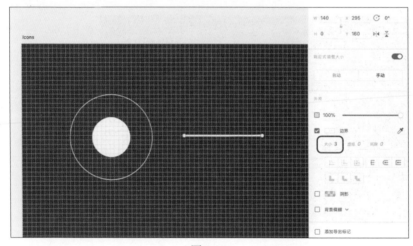

图 3.17

接下来，修改"虚线"和"间隙"值，把实心直线变成虚线。

5. 按 Command+3（macOS）或 Ctrl+3（Windows）组合键，把视图放大到直线。

注意：如果这个组合键不起作用，可以使用触控板动作（双指内滑或外滑），或者选择"缩放"工具来放大视图。

6. 在"属性检查器"中，把"虚线"值更改为 16，把"间隙"更改为 8，按 Return（macOS）或 Enter（Windows）键，使修改生效，如图 3.18 所示。

"虚线"值控制着直线上每个虚线段的长度，"间隙"值控制着虚线段之间的间距。

如果发现直线上某个虚线段的长度与其他虚线段不一样，可以拖动直线末端使直线变长或变短，以便把虚线段完整地显示出来，或者隐藏一个或多个虚线段，如图 3.19 所示。

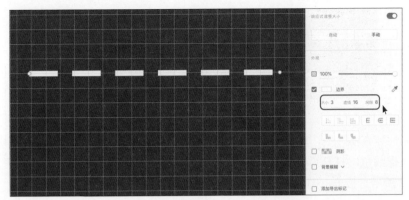

图 3.18

7. 为了把虚线段的两端变成圆头，在"属性检查器"中，单击"虚线"属性之下的"圆头端点"按钮（⊂），如图 3.20 所示。

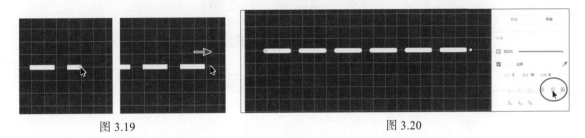

图 3.19　　　　　　　　　　　　　　　　　　图 3.20

8. 按 Command+S（macOS）或 Ctrl+S（Windows）组合键，保存文件。

3.2.5　使用描边选项

接下来，我们要制作一个放大镜图标，制作过程中我们更改了描边对齐方式和线头类型。

1. 按 Command+ 减号（macOS）或 Ctrl+ 减号（Windows）组合键，把视图缩小一些。

2. 按住空格键，向左拖动视图，把直线右侧的更大区域显露出来。此外，你还可以把双指按在触控板上，然后滑动来移动文档窗口。

3. 选择"视图"＞"隐藏方形网格"（macOS），或者使用鼠标右键单击画板，从弹出菜单中选择"隐藏方形网格"（Windows）。

这样一来，绘制图形时，图形就不会对齐到方形网格上。

> **提示**：按 Command+'（macOS）或 Ctrl+'（Windows）组合键，可以为选中的一个或多个画板显示或隐藏方形网格。

4. 从工具箱中选择"椭圆"工具（○）。按住 Shift 键，在直线右侧拖动绘制一个圆形。拖绘过程中，请注意观察"属性检查器"中的"宽度"（W）和"高度"（H），当"宽度"（W）和"高度"（H）都为 20 时，释放鼠标左键，再释放 Shift 键，如图 3.21 所示。

图 3.21

5. 在"属性检查器"中，取消选中"填充"左侧的复选框，取消填充。

6. 单击边框颜色，打开"拾色器"面板，单击你之前保存的白颜色，将其应用到边框上，如图 3.22 所示。按 Esc 键，把"拾色器"面板隐藏起来。

图 3.22

7. 把"大小"（描边宽度）设置为 4，按 Return 或 Enter 键，使修改生效。

8. 单击"外部描边"按钮（⌐），把描边移动到形状外部，如图 3.23 所示。

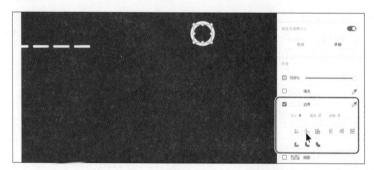

图 3.23

在 Adobe XD 中，默认情况下，描边位于路径内部。接下来，我们绘制放大镜的手柄。

9. 按 Command+Shift+A（macOS）或 Ctrl+Shift+A（Windows）组合键，取消所有选择。

10. 在工具箱中选择"直线"工具，按住 Shift 键向右下方拖动，绘制一条斜线，如图 3.24 所示。

图 3.24

这条斜线就是放大镜的手柄。

11. 把线条颜色修改为白色，"大小"（描边宽度）改为 4，按 Return 或 Enter 键，使修改生效。单击"圆头端点"按钮（ ⊆ ），使直线两端变成圆形，如图 3.25 所示。

图 3.25

12. 在"选择"工具处于选中的状态下，拖选两个对象，按 Command+G（macOS）或 Ctrl+G（Windows）组合键，把它们编入同一个组中。

Xd 注意：在编组之前，可以调整直线的位置，使其成为放大镜的手柄。

3.2.6 创建圆角

在 Adobe XD 中绘制矩形时，可以轻松把矩形的四个角同时变成圆角，或者仅把某一个角变成圆角。本节中，我们会创建一个圆角矩形，它是某个图标的一部分。

1. 在"选择"工具（▶）处于选中的状态下，按 Command+ 减号（macOS）或 Ctrl+ 减号（Windows）组合键，缩小视图。

此外，还可以使用触控板手势（双指内滑或外滑）或者按住 Option 或 Alt 键滚动鼠标滚轮来缩放视图。

2. 在工具箱中选择"矩形"工具（□），按住 Shift 键，在刚刚创建的放大镜右侧拖绘出一个正方形，边拖绘边观察"属性检查器"中的"宽度"（W）和"高度"（H）值，当它们变成 30 时停止拖动，释放鼠标左键，再释放 Shift 键，如图 3.26 所示。

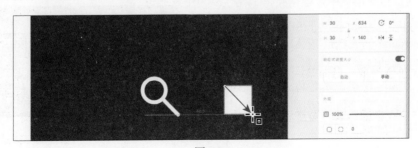

图 3.26

3. 在"属性检查器"中，取消选择"边界"，去除边框。

做下一步操作之前，先放大视图，以便看清圆角半径控件。

4. 把任意一个圆角半径控件（◎）朝形状中心拖动，把矩形的四个角全部变成圆角。把控件最大限度地拖向形状中心，会得到一个圆形，如图 3.27 所示。

图 3.27

 提示： 当把任意一个圆角控件沿着远离形状中心的方向拖动时，形状的圆角半径会越来越小，直至消失。

接下来，我们复制一个形状，然后根据需要调整各个圆角。

5. 按 Command+D（macOS）或 Ctrl+D（Windows）组合键，复制一个圆形，复制出的圆形位于原圆形之上。

6. 按 V 键，选择"选择"工具，沿垂直方向，向下拖动复制出的圆形，使其远离原圆形，如图 3.28 所示。

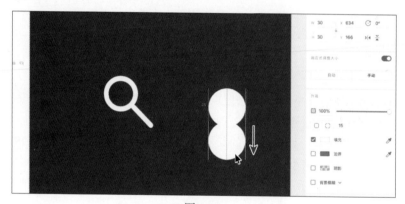

图 3.28

7. 按住 Option 键（macOS）或 Alt 键（Windows），向右拖动控制框（裹在圆形外部的蓝色线框）右边框的中点，让圆形向左右两侧伸展变宽，如图 3.29 所示。

8. 在"属性检查器"中，把"圆角半径"改为 0，取消圆形副本上的圆角，如图 3.30 所示。

9. 按住 Option（macOS）或 Alt（Windows）键，把左上角的圆角半径控件（◎）拖向形状中心，边拖边观察"属性检查器"中的"左上圆角半径"，当其值变成 30 时停止拖动，如图 3.31 所示。

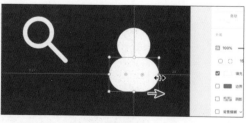

图 3.29

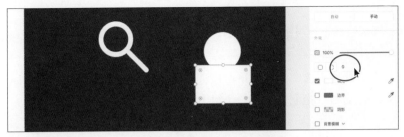

图 3.30

图 3.31

拖动时，同时按住 Option 或 Alt 键，可以单独修改某一个角的圆度。当你按住 Option 或 Alt 键并拖动，修改了某一个角的圆度后，在"属性检查器"中，"每个圆角的半径不同"选项（▣）就变为选择状态，这表示你可以分别修改各个角的圆度。

10.在"属性检查器"中，把"左上圆角半径"、"右上圆角半径"、"右下圆角半径"、"左下圆角半径"分别修改为 50、50、30、30（或者类似的值），按 Return 或 Enter 键，使修改生效，如图 3.32 所示。保持形状处于选中状态。

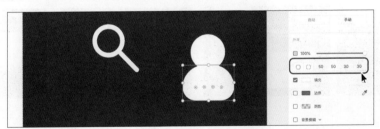

图 3.32

11. 在"选择"工具处于选中的状态下，拖选两个对象，按 Command+G（macOS）或 Ctrl+G（Windows）组合键，把它们编入一个组中。

3.2.7 编辑形状

如果在 Adobe Illustrator 等软件中编辑过形状，那么你可能习惯于切换各种工具来完成形状编辑工作。在 Adobe XD 中，只需要使用"选择"工具，就能轻松地完成形状编辑工作。本节，我们将制作一个地图图标，并对它进行编辑。

1. 选择"视图">"显示方形网格"（macOS），或者使用鼠标右键单击画板，从弹出菜单中选择"显示方形网格"（Windows）。

2. 从工具箱中，选择"矩形"工具（□），从方形网格的一个交点开始，向右下方向拖动，绘制一个宽度大于高度的矩形，并确保矩形的右边缘对齐到方形网格上，如图 3.33 所示，图中矩形的宽度与高度分别为 72、40。

从上面过程中可以看到，绘制形状时方形网格非常有用，它可以确保形状的宽度和高度是整数值。在选中的状态下，创建的每个形状外面都包裹着一个蓝色控制框，方便使用不同方法对形状进行变形。

3. 选择"选择"工具（▶），双击所选矩形。

双击一个对象会进入路径编辑模式，在这种模式之下，可以编辑对象的锚点。也就是说，可以选中对象上现有的锚点，编辑或删除它们，或者添加新锚点，但是不能移动或调整整个形状。

4. 拖选上边缘的两个锚点，把它们同时选中。还可以按住 Shift 键，分别单击上边缘上的两个锚点，同时选中它们。锚点被选中后会变成实心点。

5. 沿水平方向向左拖动锚点，把锚点对齐到方形网格，确保锚点的新位置与原来位置在一条直线上，如图 3.34 所示。

 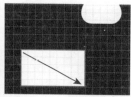 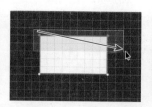 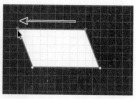

图 3.33   图 3.34

6. 按 Esc 键，退出路径编辑模式。此时，蓝色控制框再次显示出来，同时锚点也隐藏了起来。

7. 在形状仍处于选中的状态下，把鼠标移动到蓝色控制框的一个顶点之外。当鼠标变成旋转图标（↻）时，按住 Shift 键沿顺时针方向拖动，旋转形状。当"属性检查器"中的"旋转"为 90° 时，停止拖动，释放鼠标左键，再释放 Shift 键，如图 3.35 所示。

8. 在"选择"工具（▶）和形状仍处于选中的状态下，按 Command+D（macOS）或 Ctrl+D（Windows）组合键，在原形状上方复制出一个形状。

接下来，把形状副本水平翻转。

9. 在"属性检查器"中，单击"水平翻转"按钮（◁▷），把形状副本水平翻转，如图 3.36 所示。

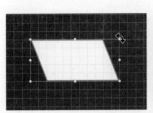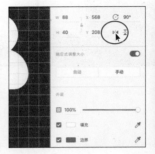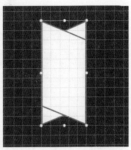

图 3.35　　　　　　　　　　　　　　　　图 3.36

10. 把刚刚翻转的形状向右拖动，当两个形状之间出现间隙时停止拖动，释放鼠标按键。拖动过程中，出现浅绿色对齐参考线表示两个形状在水平方向上是对齐的。

11. 按住 Option 键（macOS）或 Alt 键（Windows），把左侧形状向右拖动，创建出一个副本。当看起来如图 3.37 所示时，释放鼠标左键，再释放功能键。

> **Xd** **注意：** 在图 3.37 中，间隙显示为 3。如果形状对齐到了方形网格，并且间隙值为 8，可以尝试把视图放大一些。放大视图后，形状会对齐到像素网格和方形网格。

12. 拖选三个形状，按 Command+G（macOS）或 Ctrl+G（Windows）组合键，把它们编入一个组，创建地图图标。

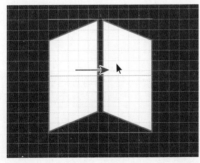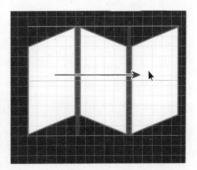

图 3.37

13. 在"属性检查器"中，取消选中"边界"复选框，去除形状边框，如图 3.38 所示。

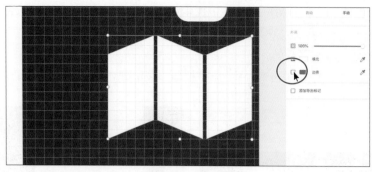

图 3.38

3.2.8　组合形状

与其他许多绘图程序一样，Adobe XD 为我们提供了 4 种布尔运算，包括添加、减去、交叉、排除重叠。借助这些布尔运算，我们能够以不同方式组合形状，尤其是在使用简单形状创建复杂形状时非常有用。在 Adobe XD 中使用布尔运算组合形状最棒的地方在于，能单独编辑每个形状，即便组合了多个形状也可以这样做。接下来，我们通过形状组合来制作一个地图标记图标。

1. 按 Command+ 减号（macOS）或 Ctrl+ 减号（Windows）组合键，把视图稍微缩小一点。
2. 从工具箱中，选择"椭圆"工具（○）。在画板空白区域中，按住 Shift 键，拖绘出一个圆形。圆形大小随意，但尽量大一些，方便后续使用。圆形绘制完成后，先释放鼠标左键，再释放 Shift 键。
3. 在"选择"工具（▶）和形状仍处于选中的状态下，按 Command+D（macOS）或 Ctrl+D（Windows）组合键，在圆形之上再创建一个圆形。
4. 按住 Option+Shift（macOS）或 Alt+Shift（Windows）组合键，向内拖动一个角控制点，把圆形缩小一些，如图 3.39 所示。
5. 单击较大的圆形，将其选中。双击它，进入路径编辑模式，你会看到圆形上的锚点，如图 3.40（左）所示。

XD　**注意：** 在选择较大的圆形之前，可能需要先取消选择较小的圆形。

---

6. 单击圆形底部的锚点，将其选中。此时，在底部锚点上出现一个方向手柄，它控制着锚点两侧的路径，如图 3.40 所示。

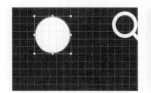 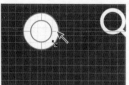  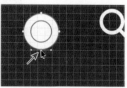

图 3.39　　　　　　　　　　　　　　　　　　图 3.40

Xd 注意：本课后面将进一步讲解有关锚点编辑的内容。

Xd 提示：双击锚点，可以把它转换成尖角点。

7. 向下拖动底部锚点，调整圆形形状。拖动时，当底部锚点与顶部锚点位于同一条竖直线上时，就会出现一条浅绿色的对齐参考线。得到想要的形状后，停止拖动。

Xd 注意：如果没有看见浅绿色的对齐参考线，可以尝试把视图放大一些。

8. 双击底部锚点，将其转换成一个锐角点（非平滑曲线上的一点），如图3.41所示。

在Adobe XD中，可以轻松地编辑现有形状，同时不必从"选择"工具切换成其他工具。在3.4节中，我们将讲解使用"钢笔"工具和"选择"工具创建和编辑路径的内容。

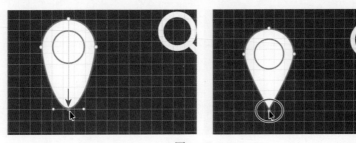

图3.41

9. 按Esc键，退出路径编辑模式。现在，在形状上看到的应该是蓝色控制框，而非锚点。拖选两个形状，把它们选中。

10. 在"属性检查器"中，单击"减去"按钮（⬚），从底部形状中减去小圆形，如图3.42所示。

图3.42

观察"属性检查器"，可以看到当前"减去"选项处于开启状态。后面你可以关闭"减去"等布尔操作，把形状恢复成原来两个独立的形状。

11. 在"属性检查器"中，取消选择"边界"，去除形状边框。

12. 在"属性检查器"中，单击填充颜色框，在打开的"拾色器"面板中，单击之前保存的橙红色，将其应用到形状上，如图 3.43 所示。

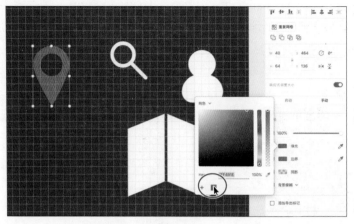

图 3.43

Xd 提示：第 6 课会讲解更多保存颜色和提高效率的小技巧。

3.2.9 编辑组合形状

组合形状时，不论使用的是哪一种布尔操作，都可以编辑最开始的形状。下面，我们将编辑组成地图标记图标的两个形状。

1. 双击新制作好的地图标记图标，进入编辑模式。

2. 单击中心位置的较小圆形，将其选中。

此时，在整个图标之外包裹着蓝色框线。当双击组合形状时，蓝色框线就会出现，指出当前正在编辑的是组合形状，如图 3.44（中）所示。

3. 按住 Option+Shift（macOS）或 Alt+Shift（Windows）组合键，向内拖动控制点，把圆形调小一些。调整完毕后，释放鼠标左键，再释放功能键。最终的结果如图 3.44 所示。

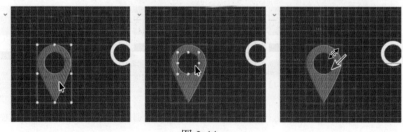

图 3.44

4. 按 Esc 键，停止编辑各个形状，选择整个图标。

5. 选择"对象">"路径">"转换为路径"（macOS），或者单击鼠标右键，在弹出菜单中选择"路径">"转换为路径"（Windows）。

使用"转换为路径"命令不但可以把路径组合永久保留下来（不能再编辑各个路径），还可以编辑组合路径的锚点。

6. 按 Command+S（macOS）或 Ctrl+S（Windows）组合键，保存文件。

3.2.10　对齐内容到像素网格

不论在 Adobe XD 中创建的矢量图形，还是从外部导入的矢量图形，最后在导出时都要确保图像是足够清晰的。为了创建像素级精度的设计，可以使用"对齐到像素网格"选项把设计内容对齐到像素网格。像素网格是一个不可见的网格，每英尺有 72 个方形像素。"对齐到像素网格"是一个对象级别的属性，用来把一个对象的垂直与水平路径对齐到像素网格。下面我们绘制一个箭头图标，并把它对齐到像素网格。

1. 选择"视图">"隐藏方形网格"（macOS），或者使用鼠标右键单击画板，从弹出菜单中选择"隐藏方形网格"（Windows）。

隐藏方形网格之后，创建的内容就不再对齐到网格了。

2. 从工具箱中选择"直线"工具（／），按住 Shift 键，拖绘出一条水平线，如图 3.45 所示。然后依次释放鼠标左键和 Shift 键。

3. 按 Command+3（macOS）或 Ctrl+3（Windows）组合键，把视图放大至直线。

图 3.45

Xd **注意**：若上面的缩放命令不起作用，可以使用触控板手势（双指外滑）或"缩放"工具来放大视图。

---

4. 按 Esc 键，取消选择直线。

接下来，绘制箭头部分。

5. 在"直线"工具处于选中的状态下，按下 Shift 键，从直线右端点开始，向左上方拖动，绘制一条倾角为 45° 的线条，如图 3.46 所示。

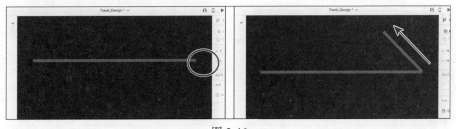

图 3.46

6. 按 Command+D（macOS）或 Ctrl+D（Windows）组合键，原位复制刚刚绘制的线条。在"属性检查器"中，单击"水平翻转"按钮（◁▷）。

7. 选择"选择"工具，把翻转之后的线条沿竖直方向向下拖动，参照浅绿色对齐参考线进行对齐，如图 3.47 所示。

8. 拖选三条线段，单击鼠标右键，在弹出菜单中选择"组"。

9. 在"属性检查器"中，把边界颜色修改成白色，"大小"（描边宽度）修改为 4，按 Return 或 Enter 键，使修改生效。单击"圆头端点"按钮（ ⌒ ），把线条端点变为圆形。

10. 按住 Shift 键，拖动角控制点，缩小箭头大小。在"属性检查器"中，当"宽度"（W）变为 24 左右时，停止拖动，然后依次释放鼠标左键和 Shift 键，如图 3.48 所示。

观察"属性检查器"，会看到箭头的"宽度"（W）和"高度"（H）值不是整数，当把箭头对齐到像素网格后，它们就会变成整数值。

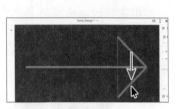 

图 3.47 　　　　　　　　　　　　　　　　　图 3.48

> **注意：** 要在"属性检查器"中查看"高度"（H）和"宽度"（W）值的变化，请先在箭头之前单击一下，然后再单击箭头，将其选中。

11. 选择"对象">"对齐像素网格"（macOS），或者在箭头上单击鼠标右键，在弹出菜单中选择"对齐到像素网格"。

大家可能已经注意到，当箭头对齐到像素网格时，箭头会发生轻微的变化。请参考图 3.49，了解一下刚刚发生了什么。左图是箭头在导出为 PNG 之前未对齐到像素网格的情形，右图是对齐到像素网格的情形。在水平和垂直路径上，可以看到两者之间存在明显的差别。

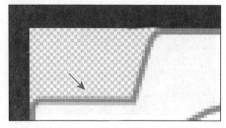 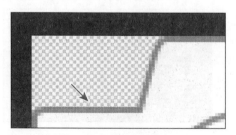

导出为 PNG 之前未对齐到像素网格　　　　　　　导出为 PNG 之前对齐到像素网格

图 3.49

12. 按 Command+0（macOS）或 Ctrl+0（Windows）组合键，查看所有画板。

13. 单击空白的灰色粘贴板区域，取消选择所有内容。

3.3 从 Adobe Illustrator 导入内容

从 Adobe Illustrator 导入内容到 Adobe XD 中的方法有好几种：在 Adobe XD 中直接打开 Illustrator 文件，把内容从 Illustrator 复制、粘贴到 XD 中，从 Illustrator 导出资源，添加 Illustrator 文件到 Creative Cloud 库并导入到 XD 中。本节中，我们将直接在 XD 中打开一个 Illustrator 文档（.ai）。

1. 在 Adobe XD 中，选择"文件">"从您的计算机中打开"（macOS），或者单击程序窗口左上角的菜单图标（≡），从中选择"从您的计算机中打开"（Windows），在"打开"对话框中，转到 Lessons > Lesson03 > links 文件夹下，选择 artwork.ai 文件，单击"打开"按钮。

可以把 Illustrator 文件中的内容纳入 Adobe XD 中的设计之中。在 Illustrator 文档（artwork.ai）中包含两个画板，可以在 XD 中打开的文档中看到它们，其中包含的矢量图形和文本都是可编辑的。现在，可以把文档内容复制、粘贴（或拖放）到其他项目中。

2. 按 Command+0（macOS）或 Ctrl+0（Windows）组合键，查看所有内容。

左侧画板中包含一个旗帜图标和其他内容，右侧画板中包含一个地形地图插画。接下来，我们把这些内容复制到 Travel_Design.xd 文档中。

3. 按 Command+A（macOS）或 Ctrl+A（Windows）组合键，选中所有内容。

4. 在选中的内容上，单击鼠标右键，从弹出菜单中选择"复制"，复制所选内容，如图 3.50 所示。

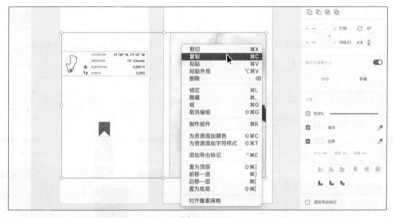

图 3.50

5. 选择"文件">"关闭"菜单（macOS），或者单击程序窗口左上角的菜单图标（≡），从中选择"关闭"菜单（Windows）。请不要保存文件，XD 把 Illustrator 文档转换成了一个新的 XD 文件，而这个文件并不需要保存。

6. 在 Travel_Design.xd 文档中，单击灰色粘贴区域，取消所有选择。按 Command+V（macOS）或 Ctrl+V（Windows），粘贴复制的内容。把粘贴的内容拖出到画板之外，防止它们影响到画板，如图 3.51 所示。

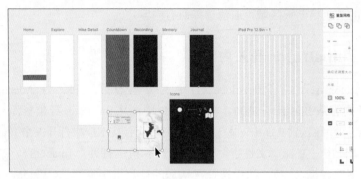

图 3.51

7. 在画板之外单击，取消选择。拖选地形插图将其选中，然后将其拖入 Recording 画板中，如图 3.52 所示。

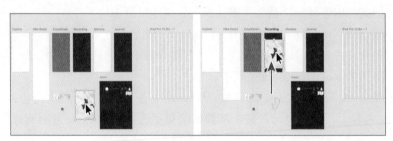

图 3.52

XD 注意：如果有些画板消失不见了，即便地形插图没有碰到这些画板，它们还是不见了，此时，请重启 XD，重新打开文件，再次尝试。

8. 从另一个粘贴内容中，把 Location、Weather、Elevation、Steps 文本（不包括橙红色旗帜图标）拖入到 Memory 画板之中。

9. 把橙红色旗帜图标拖入到 Icons 画板中，如图 3.53 所示。

10. 按 Command+S（macOS）或 Ctrl+S（Windows）组合键，保存文件。

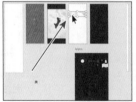 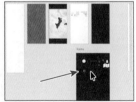

图 3.53

3.4 使用"钢笔"工具绘图

在 Adobe XD 中，另一种创建图形的方法是使用"钢笔"工具。使用"钢笔"工具不仅可以编辑现有形状，还可以自由地创建出更精确的形状。本节通过使用直线和曲线绘制图形来了解"钢笔"工具，然后学习使用"钢笔"工具和"选择"工具编辑形状的方法。

首先，打开一个现有文件，并使用"钢笔"工具绘制一些图标。

1. 选择"文件">"从您的计算机中打开"（macOS），
或者单击程序窗口左上角的菜单图标（≡），从
中选择"从您的计算机中打开"（Windows），在
"打开"对话框中，转到 Lessons > Lesson03 文件
夹下，选择 Drawing.xd 文件，单击"打开"，结
果如图 3.54 所示。

这个文档中包含了本节要创建的三个图标，还包含
了绘制这些图标的引导路径。首先，我们根据引导路径
来绘制图标，掌握了"钢笔"工具的用法之后，就可以自
己练习使用"钢笔"工具绘制各种形状了。

2. 在"图层"面板中，双击画板名称"Icon 1"左
侧的画板图标（▢），放大 Icon 1 画板，使其适
合文档窗口。

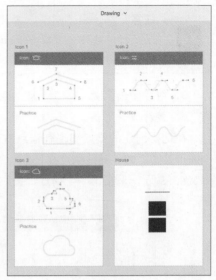

图 3.54

3.4.1　画直线

你可能在 Illustrator 或 Photoshop 等程序中有过使用"钢笔"工具的经历。Adobe XD 也为我们
提供了类似的"钢笔"工具，但是在 XD 中，使用"钢笔"工具创建路径更容易、更直观。首先
我们使用"钢笔"工具绘制一个小房子图标。

1. 从工具箱中，选择"钢笔"工具（✐）。把鼠标移动到第一个点上，单击创建一个锚点，
然后释放鼠标左键。释放鼠标左
键之后，把鼠标从刚刚创建的锚
点处移开，不论你把鼠标移动到
何处，都能在鼠标和锚点之间看
到一条连线，方便预览接下来要
绘制的线段，如图 3.55 所示。

图 3.55

Xd ┃ 提示：按键盘上的 P 键，可以快速选择"钢笔"工具。

这在绘制曲线路径时非常有用，它使绘制过程变得更容易，因为可以事先预览曲线路径的样子。

2. 把鼠标移动到第 2 个点上，当第 1 个点和第 2 个点在同一条垂直线上时，两个点之间的连
线会变成浅绿色，表示它们已经对齐了。此时，单击第 2 个点，创建第 2 个锚点。整个操
作如图 3.56 所示。

我们刚刚绘制了一条简单路径，它由两个锚点和锚点之间的连线组成。你可以通过锚点来控
制连线的方向、长度和曲度。

3. 继续单击第 3、4、5 个点，绘制出小房子，每次单击创建好一个锚点之后，都要把鼠标左键释放一下。

在把要创建的锚点和现有锚点对齐时，浅绿色的对齐参考线非常有用。请注意，只有最后一个锚点是实心的（其他锚点都是空心的），这表示它当前处于选中状态。

4. 最后，单击第一个锚点，关闭路径，停止绘制，如图 3.57 所示。

 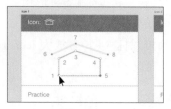

图 3.56 　　　　　　　　　　　　图 3.57

关闭路径之后，鼠标由"钢笔"工作自动切换为选择工具（▶）。接下来，我们绘制房顶路径，它是一条开放路径，即非闭合路径。

5. 选择"钢笔"工具，把鼠标移动到第 6 个点上。四下移动鼠标，很有可能会看到浅绿色的对齐参考线。按住 Command（macOS）或 Ctrl（Windows）键，四下移动鼠标，此时不再显示浅绿色的对齐参考线，按下 Command（macOS）或 Ctrl（Windows）键会暂时关闭对齐参考线。按住 Command（macOS）或 Ctrl（Windows）键，单击第 6 个点。整个操作如图 3.58 所示。

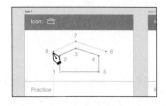 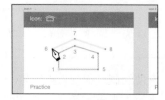 

图 3.58

6. 按住 Command（macOS）或 Ctrl（Windows）键，在第 7、8 个点处单击添加锚点，绘制房顶，如图 3.59 所示。

7. 按 Esc 键，停止路径绘制，此时，鼠标由"钢笔"工具自动切换为"选择"工具。

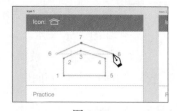

图 3.59

在方形网格开启的状态下绘制图形

在画板的方形网格处于开启的状态下绘图时，绘制的图形会自动对齐到网格线，这使得创建图标或其他矢量图形变得更容易、更准确，如图3.60所示。但有时我们并不想让绘制的图形对齐到网格，此时，可以按下 Command（macOS）或 Ctrl（Windows）键，这样在拖动鼠标绘制图形时，网格线会暂时隐藏起来。

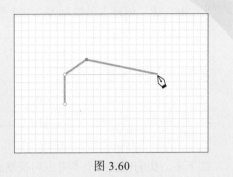

图 3.60

3.4.2 绘制曲线

使用"钢笔"工具不但可以绘制直线，还可以绘制曲线（见图3.61）。绘制时，创建出的线条称为路径。一条路径由一条或多条直线或曲线段组成。每个线段的起点和终点使用锚点标识，这些锚点就像图钉一样把线条钉在合适的位置上。路径可以是闭合的（比如圆形），也可以是开放的（比如波浪线），它们的终点不一样。通过拖动锚点或方向控制线（出现在锚点上）末端的方向控制点（方向控制点和方向控制线合称方向控制手柄），可以改变路径形状。

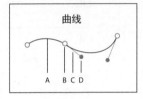

图 3.61
A. 直线
B. 锚点
C. 方向控制线
D. 方向控制点

刚开始使用"钢笔"工具绘制曲线会有点难度，但经过一些练习，很快就能掌握使用"钢笔"工具绘制曲线的方法。下面将使用"钢笔"工具绘制一个曲线路径，为此需要在创建的点处拖动鼠标。

1. 按 Command+Shift+A（macOS）或 Ctrl+Shift+A（Windows）组合键，取消所有选择。
2. 在"图层"面板中，双击画板名称"Icon 2"左侧的画板图标（▢），将其放大到文档窗口。

Xd **提示：** 可以按住空格键把鼠标切换为"手形"工具，然后拖动文档窗口，找到画板上一块空白区域。

---

3. 从工具箱中选择"钢笔"工具，移动鼠标到左侧第一个灰色点（1）上，按下鼠标左键，向右拖动到蓝色点处，创建一个方向控制线，如图3.62所示。

当按下鼠标左键并拖动鼠标时，就会出现方向控制手柄。方向控制手柄由末端带有方向控制点的方向控制线组成。方向控制线的角度和长度控制着曲线形状和尺寸。当从一个锚点开始拖动鼠标时，会出现两个方向控制手柄，分别位于锚点两侧。默认情况下，方向控制线一起移动，并且只在编辑路径时才显示出来。

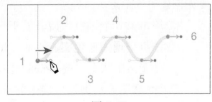

图 3.62

4. 把鼠标移动到第 2 个点上，然后按住鼠标左键，向右拖动鼠标。开始拖动后，按下 Shift 键，把控制手柄的偏移度数限制为 15° 的倍数。当拖动到蓝点时，依次释放鼠标左键和 Shift 键，创建方形控制线。整个操作如图 3.63 所示。

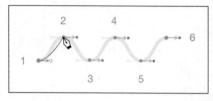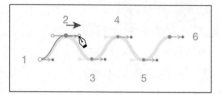

图 3.63

接下来，我们创建一个不带方向控制线的角点，然后再把它修改成平滑点。

5. 移动鼠标到第 3 个点上，单击它，创建一个不带方向控制线的角点，如图 3.64 所示。注意，释放鼠标左键之前，请不要拖动鼠标。

6. 把鼠标移动到第 4 个点上，按下鼠标左键，并向右拖动鼠标。开始拖动后，按下 Shift 键。当拖至蓝色点时，依次释放鼠标左键和 Shift 键，创建一条方向控制线，如图 3.65 所示。

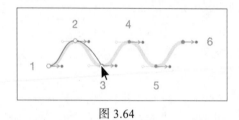

图 3.64　　　　　　　　　　　图 3.65

7. 把鼠标移动到第 3 个锚点上。当锚点变为蓝色时，鼠标同时变为"选择"工具（▶），双击该蓝色锚点，即可把它变成平滑点，你可以使用它的方向控制手柄调整曲线形状。

在 Adobe XD 中使用"钢笔"工具绘图时，总是可以在不切换工具的情况下，编辑当前绘制的路径。

8. 把鼠标移动到第 6 个点上（暂且跳过第 5 个点）。按下鼠标左键，并向右拖动鼠标。拖动鼠标时，按下 Shift 键，当拖至蓝色点时，依次释放鼠标左键和 Shift 键，创建方向控制手柄，如图 3.66 所示。

由于我们跳过了第 5 个点，所以绘图时能看到如何编辑路径。通常，在创建第 6 个点之前都要先创建第 5 个点。

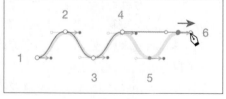

图 3.66

9. 单击第 6 个锚点，使其处于选中状态。当锚点呈现为蓝色实心点时，即表示当前它处于选中状态。按 Delete 键或 Backspace 键，将其删除。

在"钢笔"工具仍处于选中的状态下，就可以选择当前绘制路径中的锚点。如果删除路径中的某个锚点，相邻锚点会自动连接在一起。

10. 移动鼠标到第 5 个点上，按下鼠标左键，并向右拖动鼠标。拖动时，按住 Shift 键，当拖至蓝色点时，依次释放鼠标左键和 Shift 键，创建方向控制手柄。

11. 把鼠标移动到第 6 个点上，按下鼠标左键，并向右拖动鼠标。拖动时，按住 Shift 键，当拖至蓝色点时，依次释放鼠标左键和 Shift 键，创建方向控制手柄，如图 3.67 所示。

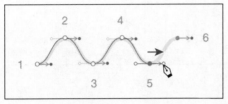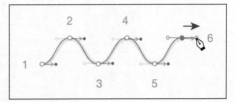

图 3.67

12. 按 Esc 键，停止绘制，此时，鼠标自动切换回"选择"工具。

13. 在"属性检查器"中，把边界大小修改为 3，按 Return 或 Enter 键，使修改生效。

14. 在"选择"工具处于选中的状态下，单击灰色空白粘贴板，取消选择最后一条路径。

如果你想自己练习一下，可以在 Practice 区域中沿着给定的形状尝试使用"钢笔"工具将其绘制出来。

3.4.3 更改路径方向

下面我们绘制最后一个图标——云朵，其中有两个锚点的方向控制手柄是"分离"的，这就是说，一条曲线后面可以跟着一条直线路径。

1. 在"图层"面板中，双击画板名称"Icon 3"左侧的画板图标（▢），将其放大至文档窗口。按 Command+ 加号（macOS）或 Ctrl+ 加号（Windows）组合键，可以进一步放大视图窗口。

2. 从工具箱中选择"钢笔"工具（✐）。把鼠标移动到第 1 个点，按下鼠标左键，并向左拖动鼠标至蓝点，创建一条方向控制线，然后释放鼠标左键。

3. 把鼠标移动到第 2 个点，按下鼠标左键，向上拖动至蓝色点，创建控制手柄，如图 3.68 所示。

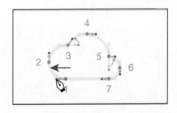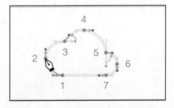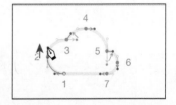

图 3.68

接下来，我们将在下一个锚点处改变路径的方向，创建另一条曲线。我们会把方向控制手柄"分离"，把平滑点变为转折点，这需要用到键盘上的一个功能键。

4. 把鼠标移动到第 3 个点，按下鼠标左键，向右拖动鼠标至黄点处，创建方向控制手柄。然后释放鼠标左键。

5. 按下 Option（macOS）或 Alt（Windows）键，把方向控制手柄末端的圆点拖至蓝点处。然后，依次释放鼠标左键和功能键，如图 3.69 所示。

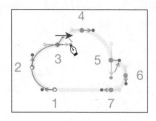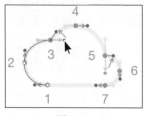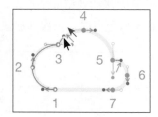

图 3.69

Xd 提示：若想再次把转折点变成平滑点，让两条控制手柄一起移动，只需双击两次转折点。

此时，两条方向控制手柄发生了分离，你可以分别调整它们。其中，后一个方向控制手柄控制着当前锚点与下一个锚点之间路径的弯曲程度，前一个控制手柄控制着当前锚点与上一个锚点之间路径的弯曲程度。

6. 把鼠标移动到第 4 个点上，按下鼠标左键，向右拖动鼠标至蓝色点，继续绘制路径，如图 3.70 所示。

图 3.70

提到曲线上的平滑点，你会发现自己的大部分时间都花在了锚点后面（前面）的路径线段上。请记住，默认情况下，一个锚点有两个方向控制手柄，前一个方向控制手柄控制着上一条路径段的形状。

7. 把鼠标移动到第 5 个点上，按下鼠标左键，把鼠标拖至黄点处，创建出方向控制手柄。当第 4 个和第 5 个锚点之间的路径满足要求时，释放鼠标左键。

8. 按住 Option（macOS）或 Alt（Windows）键，把下方控制手柄的端点拖至蓝点处，依次释放鼠标左键和功能键，如图 3.71 所示。

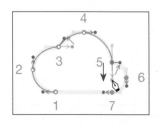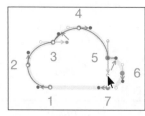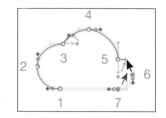

图 3.71

9. 把鼠标移动到第 6 个点上，按下鼠标左键，向下拖动至蓝点处，继续绘制路径。

10. 把鼠标移动到第 7 个点上，按下鼠标左键，向左拖动至蓝点处，继续绘制路径。

11. 把鼠标移动到第 1 个点上，单击关闭路径，如图 3.72 所示。

如果你想自己练习一下，可以在 Practice 区域中沿着给定的形状尝试使用钢笔工具将其绘制出来。

12. 在"属性检查器"中，取消选中"边界"复选框。单击填充颜色，在"拾色器"面板中，把
　　 Hex 值修改为橙红色（#FF491E）。修改颜色之前，需要先在"拾色器"面板中选择 Hex，如
　　 图 3.73 所示。

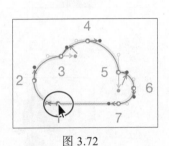
图 3.72

图 3.73

3.4.4　使用"钢笔"工具编辑形状

在 Adobe XD 中，你可以边绘制矢量图形边编辑其中的形状和路径，也可以在绘制完成之后再
进行编辑。接下来，我们学习如何在路径编辑模式下编辑形状。

1. 按 Command+Shift+A（macOS）或 Ctrl+Shift+A（Windows）组合键，取消选择所有内容。

2. 在"图层"面板中，双击 House 画板左侧的画板图标（▢），将其放大至文档窗口。

3. 在"选择"工具（▶）处于选中的状态下，双击第一个矩形形状，进入路径编辑模式，如
　　 图 3.74 所示。

4. 把鼠标移动到矩形的上边缘，如图 7.75 中的左图所示。当鼠标变为"钢笔"工具（✎）时，
　　 单击新建一个锚点。

在路径编辑模式下，添加、删除、编辑锚点时，不必先从"选择"工具切换为"钢笔"工具。

5. 向上拖动锚点（见图 3.75）。

图 3.74

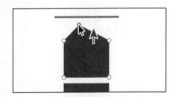
图 3.75

6. 双击房子图形上方的直线，进入路径编辑模式。把鼠标移动到路径上，当鼠标切换为"钢
　　 笔"工具时，单击新添一个锚点。

7. 把新添加的锚点稍微向上拖动一点。

8. 按 Esc 键，退出路径编辑模式。

此时，锚点隐藏了起来，你无法再编辑它们。同时形状的蓝色控制框显示了出来。

9. 向下拖动路径，使其成为房顶。整个操作的结果如图 3.76 所示。

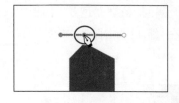  

图 3.76

接下来，我们再编辑房子下方的矩形，使其成为房子前面弯曲的小路。

10. 双击房子图形下方的矩形，进入路径编辑模式。

11. 拖动矩形上边缘上的两个锚点，让它们靠近一些，如图 3.77 所示。

12. 把鼠标移动到左下方锚点上，双击它，将其转换成平滑点。此时，锚点两侧的路径变成了曲线。

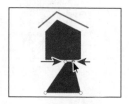

图 3.77

13. 单击锚点下方方向控制手柄上的控制点，按 Delete 或 Backspace 键，将其删除。此时，由该方向控制手柄所控制的曲线重新变成了直线，如图 3.78 所示。

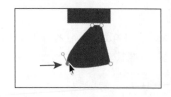  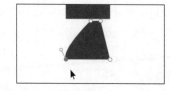

图 3.78

14. 把另一侧的方向控制手柄向右拖动，改变左侧曲线形状，如图 3.79 所示。

15. 对于右下角的锚点，重复步骤 12 ～步骤 14，把右侧边缘从直线变成所需要的曲线形状。最终结果如图 3.80 所示。

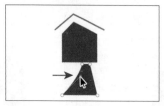 

图 3.79   图 3.80

3.4.5 复制云朵图标

下面，我们把前面制作的云朵图标复制到 Travel_Design.xd 文档中。

1. 按 Command+0（macOS）或 Ctrl+0（Windows）组合键，缩小文档视图，以查看全部内容。

2. 在"选择"工具处于选中的状态下，使用鼠标右键单击云朵图标，从弹出菜单中选择"复制"。

3. 依次选择"文件">"关闭"（macOS），或者单击程序窗口右上角的"×"按钮（Windows），保存并关闭 Drawing 文档。

现在，返回到 Travel_Design.xd 文档中。

 注意： 如果前面用的是 L3_start.xd 文件，请返回到 L3_start.xd 文档中。

4. 使用鼠标右键单击 Icons 画板，从弹出菜单中选择"粘贴"，把云朵图形粘贴到画板中。

5. 在画板中拖动云朵图形的位置，使其与其他图形保持一定的间隔，方便以后选择它，如图 3.81 所示。

图 3.81

3.5 使用 UI 套件

在 Adobe XD 中，可以使用一系列 UI（用户界面）套件，包括 Apple iOS、Microsoft Windows、Google Material（Android）和线框。在为不同设备界面和平台做设计时，使用 UI 套件和线框能够节省大量时间。这些套件是一些 XD 文件，其中包含图标、键盘布局、导航条、输入框、按钮等常见的设计元素。可以把 UI 套件用作设计的起点，或者把其中包含的元素复制到设计中。可以借助这些资源创建出符合特定设计语言（比如 iOS）需要的设计。

3.5.1 下载 UI 套件

本节中，我们先从苹果开发者站点下载一个 UI 套件，将其解压缩，然后从下载文件中打开一个 XD 文件，把其中一些元素复制到你的设计中。

 注意： 如果使用的是 Windows 系统，或者无法访问 Apple 网站中的 Adobe XD 文件，可以在 XD 中打开 Lessons > Lesson03 文件夹中的 UI_kit_content.xd 文档。然后，按 Command+A（macOS）或 Ctrl+A（Windows）组合键，选中文档中的所有内容，把它们复制到打开着的 Travel_Design.xd 文件中。

1. 选择"文件" > "获取用户界面套件" > "Apple iOS"（macOS），或者在 Windows 平台下，单击程序窗口左上角的菜单图标（≡），从弹出菜单中选择"获取用户界面套件" > "Apple iOS"。

你在"获取用户界面套件"菜单下看到的各种 UI 套件是指向下载站点的链接。选择 Apple iOS 后，在默认浏览器中就会打开苹果开发者站点，并转到下载适用于 Adobe XD 的 UI 套件的页面。

2. 在打开的下载页面中找到 Download for Adobe XD（见图 3.82），单击它，同意许可协议后，一个 DMG 文件就会被下载到你的计算机中。

3. 找到下载好的 DMG 文件，双击浏览其中内容。

4. 把 UI Elements + Design Templates + Guides 文件夹复制到硬盘上的 Lessons 文件夹中，以便查找其中内容，如图 3.83 所示。

5. 返回到浏览器中，在苹果开发者站点的主页面下单击 Fonts（位于主页面底部的 Design 列中），打开 Fonts 页面，找到 San Francisco 字体，单击下载按钮，将其下载下来。

图 3.82

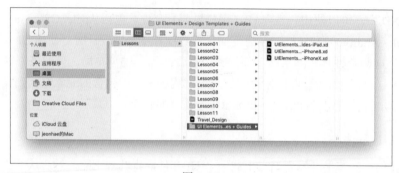

图 3.83

6. 在 macOS 系统下,把字体的 DMG 文件下载下来后,找到它,双击查看其中内容,如图 3.84 所示。打开每一个文件夹,安装其中字体。

图 3.84

3.5.2 打开 UI 套件并复制其中内容

下载并解压 UI 套件并安装好 San Francisco 字体之后(仅针对 macOS 系统),打开其中一个下载文件,把文件内容复制到 Travel_Design.xd 文档中。

1. 返回到 Adobe XD 中,选择"文件">"从您的计算机中打开"(macOS),或者单击程序窗口左上角的菜单图标(≡),从中选择"从您的计算机中打开"(Windows),在"打开"对话框中,转到 Lessons > UI Elements + Design Templates + Guides 文件夹下,打开其中的 UIElements+Design Templates+Guides-iPhoneX.xd 文件。

 注意: 如果你使用的是 Windows 系统,或者无法安装 San Francisco 字体,仍然可以往下操作。但是每次打开包含 UI 套件内容的文件时,都会看到字体缺失警告。

2. 按 Command+0(macOS)或 Ctrl+0(Windows)组合键,查看所有内容。

3. 在"图层"面板中(Command+Y[macOS] 或 Ctrl+Y [Windows]),在顶部的搜索框中输入

bars（见图 3.85 中的红框），筛选面板中显示的内容。在 UI ELEMENTS – BARS 区域单击 Status Bars，选择文档中的内容。

> **注意**：打开文件后，如果在程序窗口底部看到字体缺失信息，你可以单击信息右侧的 "×" 按钮，将其关闭。

4. 按 Command+3（macOS）或 Ctrl+3（Windows）组合键，放大视图。

5. 在"图层"面板中，单击搜索框（🔍）右侧的"×"号，取消筛选（如图 3.85 中的红框所示）。此时，"图层"面板把 UI ELEMENTS – BARS 画板中的所有内容显示出来。

6. 在"图层"面板中，单击 Status Bars 左侧的文件夹图标（📁），查看其中内容，如图 3.86 所示。

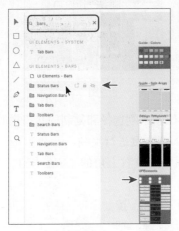

图 3.85

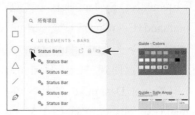

图 3.86

7. 单击顶部的状态条，按住 Command（macOS）或 Ctrl（Windows），再单击白色状态条，把它们同时选中。在其中一个状态条上，单击鼠标右键，从弹出菜单中选择"复制"，如图 3.87 所示。

8. 选择"窗口" > "Travel_Design"（macOS），或者按 Alt+Tab（Windows），切换回 Travel_Design.xd 文档中。

> **注意**：如果用的是 L3_start.xd 文件，请返回到该文档中。

9. 返回到 Travel_Design.xd 文档后，单击 Memory 画板，按 Command+3（macOS）或 Ctrl+3（Windows）组合键，将其放大到文档窗口。

图 3.87

10. 按 Command+V（macOS）或 Ctrl+V（Windows）组合键，把状态条粘贴到画板中，并将其

拖动到如图 3.88 所示的位置上。

11. 选择"窗口">UIElements+Design Templates + Guides-iPhoneX（macOS），或者按 Alt+ Tab（Windows）组合键，切换到 UIElements+DesignTemplates+GuidesiPhoneX.xd 文档。

12. 按 Command+0（macOS）或 Ctrl+0（Windows）组合键，查看所有内容，如图 3.89 所示。

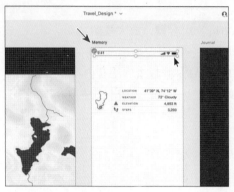

图 3.88

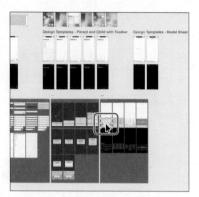

图 3.89

13. 在 UI Elements – System 画板中，双击键盘，它位于刚刚选择和复制的状态栏的画板右侧。按 Command+C（macOS）或 Ctrl+C（Windows）组合键进行复制。

14. 选择"文件">"关闭"（macOS），或者单击程序窗口右上角的"×"按钮（Windows），关闭文件，并返回到 Travel_Design.xd 文档中。

15. 返回到 Travel_Design.xd 文档，在 Memory 画板中，按 Command+V（macOS）或 Ctrl+V（Windows）组合键，把键盘粘贴到画板中，并将其拖动到如图 3.90 所示的位置上。

图 3.90

 注意：如果你用的是 L3_start.xd 文件，请返回到该文件中。

 注意：在每个粘贴元素的左上角有一个链接图标，相关内容将在第 6 课中讲解。

16. 按 Command+S（macOS）或 Ctrl+S（Windows）组合键，保存文件。

17. 如果你想接着学习下一课，可以不关闭 Travel_Design.xd 文件。因为在下一课的学习中，会继续使用 Travel_Design.xd 这个文件。否则，对于每个打开的文档，我们都应该选择"文件">"关闭"（macOS），或者单击程序窗口右上角的"×"按钮（Windows），将其关闭。

 注意：如果开始用的是 L3_start.xd 文件，请把该文件保持为打开状态。

3.6 复习题

1. 什么是路径编辑模式？
2. 如何把多个形状合并成一个？
3. 如何使用"钢笔"工具（✎）绘制水平线、垂直线和斜线？
4. 如果使用"钢笔"工具绘制曲线路径？
5. 如何把曲线上的平滑点转换为转角点？
6. 什么是 UI 套件？

3.7 复习题答案

1. 在路径编辑模式下，可以看到形状上的锚点，可以编辑或删除现有锚点，还可以添加新锚点，但是移动鼠标无法绘制任何东西。
2. 要把多个形状合并成一个，先选择多个形状，然后在"属性检查器"中选择一种合并操作，在重叠对象上创建新形状。
3. 要绘制一条直线，先使用"钢笔"工具（✎）单击一下，然后把鼠标移动到另外一个地方，再单击一下。第一次单击创建的是直线的起始锚点，第二次单击创建的是直线的结束锚点。为了绘制水平线、垂直线或 45° 对角线，在使用"钢笔"工具单击创建第二个锚点时，请同时按下 Shift 键。
4. 使用"钢笔"工具绘制曲线时，先单击创建起始锚点，释放鼠标左键后，把鼠标移动到画板中的另外一个位置，按下鼠标左键并拖动，调整曲线的方向，然后释放鼠标左键，结束曲线绘制。
5. 要把曲线上的一个平滑点转换为转角点（或者反过来），先使用"选择"工具（▶），双击形状或路径，进入路径编辑模式。当所选形状上出现锚点时，双击一个锚点，对锚点进行转换。如果当前锚点是平滑点，双击后，它会变成转角点，反之亦然。
6. UI 套件是一个或一组文件，其中包含特定于某个操作系统的资源，比如按钮、图标等用户界面元素。使用 UI 套件有助于设计出适用于某个设计语言（像 iOS）的 App 或网站。

第4课　添加图像和文本

本课概述

本课介绍的内容包括：

- 导入图像；
- 图像变形；
- 从 Adobe Illustrator CC 导入内容；
- 从 Adobe Photoshop CC 导入内容；
- 内容遮罩；
- 添加文本；
- 格式化文本。

本课大约要用45分钟完成。开始之前，请先将本书的课程资源下载到本地硬盘中，并进行解压。在学习本课时，将覆盖相应的课程文件。建议先做好原始课程文件的备份工作，以免后期用到这些原始文件时，还需重新下载。

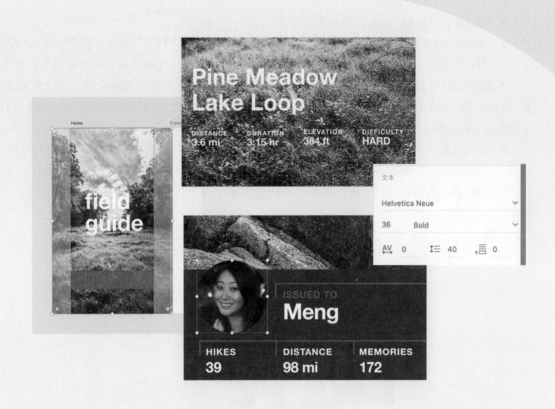

在 Adobe XD 中，图像和文本是设计的
重要组成部分。本课主要学习如何导入图像，
对图像变形，以及添加和格式化文本。

4.1　开始课程

本课中，我们将向设计好的 App 中添加栅格图像和文本。正式开始之前，请先打开最终效果文件，了解一下本课要做什么。

> **注意：** 如果尚未把本课的项目文件下载到本地计算机，请先阅读本书前言，查找相关文件的下载方法。

1. 若 Adobe XD CC 尚未打开，先启动它。

2. 在 macOS 系统下，依次选择"文件">"从您的计算机中打开"菜单；在 Windows 系统下，单击程序窗口左上角的菜单图标（≡），从弹出菜单中，选择"从您的计算机中打开"。

不论在 macOS 还是 Windows 系统下，如果显示的"主页"界面中没有文件打开，请单击"主页"界面中的"您的计算机"。在"打开"文件对话框中，转到硬盘上的 Lessons > Lesson04 文件夹，打开名为 L4_end.xd 的文件。

3. 如果在程序窗口底部显示出字体缺失信息，单击信息右侧的"×"按钮，将其关闭即可。

4. 按 Command+0（macOS）或 Ctrl+0（Windows）组合键，查看所有设计内容，如图 4.1 所示。通过这些内容，可以了解本课我们要创建什么。

图 4.1

> **注意：** 本课截图是在 macOS 系统下截取的。在 Windows 系统下，XD 的用户界面会有一些不同。

5. 可以不关闭 L4_end.xd 文件，将其用作参考。当然，也可以选择"文件">"关闭"（macOS），或者单击程序窗口右上角的"×"按钮（Windows），将其关闭。

4.2 资源和 Adobe XD

上一课学习了创建、导入、编辑矢量图形的内容。在本课中，我们将了解一下 Adobe XD 支持导入哪些类型的图像资源，学习从 Photoshop、Sketch 等程序导入图像的方法，以及如何根据设计需要调整它们。

Adobe XD 支持的图像类型有 PSD、AI、PNG、GIF、SVG、JPEG、TIFF。在 Adobe XD 中，导入的图像（包括栅格图像和矢量图形）会被嵌入到 XD 文件中。默认情况下，XD 不像 Adobe InDesign 一样有图像链接工作流程。

> **Xd** | 提示：第 6 课会讲解 CC 库，它支持图像链接工作流程。

为 Adobe XD 调整栅格图像大小

在使用默认画板尺寸（1x）做设计时，需要留意导入到设计中的栅格图像（JPEG、GIF、PNG）的大小。在为网站或 App 导出可用资源时，图像大小显得尤为重要。

在把栅格图像导入 XD 之前，在 Photoshop 等程序中编辑栅格图像时，最好使其达到所需的最大尺寸。例如，如果一幅网站图像要占据 1920×1080 画板的整个宽度，那么你需要确保这个图像的宽度为 3840 像素（它是 XD 中所用宽度的两倍）。但同时，每次在使用时不要导入太大的图像，否则会大大增加图像的加载时间。

在 1 倍（1x）下为 iOS 做设计时，要确保导入的栅格图像是 Adobe XD 设计中所用尺寸的 3 倍（3x）；如果是为 Android 做设计，要确保导入的栅格图像是所用尺寸的 4 倍（或 4x）。

4.2.1 导入图像

在 Adobe XD 中，添加资源到项目中的方法有好几种。本节中，我们将使用导入命令把几种资源导入到设计中。

1. 选择"文件">"从您的计算机中打开"（macOS），或者单击程序窗口左上角的菜单图标（☰），从中选择"从您的计算机中打开"（Windows）。在"打开"对话框中，选择 Lessons 文件夹中的 Travel_Design.xd 文档。

> **Xd** | 注意：如果使用前言中提到的"快速学习法"来学习这部分内容，请打开 Lessons > Lesson04 文件夹中的 L4_start.xd 文件来学习这部分内容。

2. 按 Command+0（macOS）或 Ctrl+0（Windows）组合键，查看所有内容。

3. 在"选择"工具（▶）处于选中的状态下，单击文档窗口中的 Home 画板。

4. 选择"文件">"导入"菜单（macOS），或者单击程序窗口左上角的菜单图标（☰），从中选择"导入"（Windows）。在"打开"对话框中，转到 Lessons > Lesson04 > images 文件夹下，选择 home_1.jpg 图片，单击"导入"按钮，结果如图 4.2 所示。

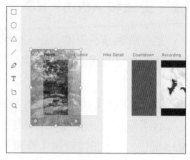

图 4.2

我们导入到 Adobe XD 中的 JPEG 图像的尺寸是原来的一半。也就是说，一幅 400×400 像素的 JPEG 图像导入到 XD 中会变为 200×200 像素。而且，导入的图像被放置到所选画板的中央且尺寸比画板大，超出画板边界的图像内容不可见。在图像处于选中的状态下，XD 会以半透明的形式显示被遮挡的内容，方便你了解隐藏内容。

5. 在"选择"工具（▶）处于选中的状态下，向上拖动图像，直到图像底边与画板底边对齐，并且确保图像仍处于画板中央（此时会出现一条竖直的浅绿色参考线）。

6. 向下拖动图像上边缘的中心控制点，直到图像高度和画板一样，如图 4.3 所示。

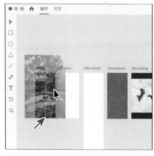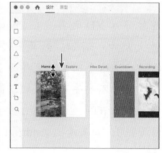

图 4.3

> **Xd** 提示：若需要，还可以对图像做非等比缩放。在拖动调整尺寸之前，选择图像，在右侧的"属性检查器"中，关闭"锁定长宽比"（🔒）功能。

当你通过拖动调整栅格图像的尺寸时，图像是等比例缩放的。

7. 使用鼠标右键单击图像，从弹出菜单中选择"置为底层"（macOS），或者依次选择"排列">"置为底层"（Windows），把图像放到 Home 画板中其他内容的底下，如图 4.4 所示。

8. 单击灰色粘贴板区域，取消选择图像。此时，你会看到超出画板边缘之外的图像被隐藏了起来，如图 4.5 所示。

> **Xd** 注意：在导出 home_1.jpg 图像（非整个画板）时，它并不会被剪裁，这与你在画板中取消选择图像时看到的不一样。有关导出的内容将在第 11 课讲解。

图 4.4

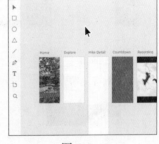

图 4.5

4.2.2 导入多种资源

在 Adobe XD 中，用来导入多种资源的方法有很多种。本节中，我们将学习使用"导入"命令来导入 SVG 文件和 PNG 文件。

1. 选择"文件"＞"导入"菜单（macOS），或者单击程序窗口左上角的菜单图标（≡），从中选择"导入"（Windows）。在"打开"对话框中，转到 Lessons ＞ Lesson04 ＞ images 文件夹下，单击 journal_header.png 图片，按住 Command（macOS）或 Ctrl 键（Windows），单击 red_map.svg 图像，再单击"导入"按钮，如图 4.6 所示。

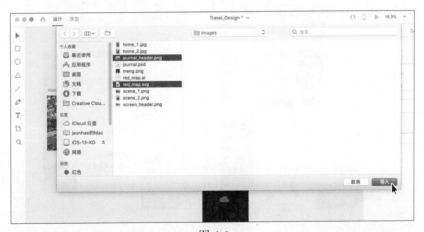

图 4.6

Xd 注意：在 images 文件夹中，你会看到一个名为 red_map.ai 的 Illustrator 文档。你还可以把本地 Illustrator 文档（.ai）导入到 Adobe XD 中。

在文档窗口中间，两种资源并排放在一行中。所有导入的资源都会被放置到其接触的画板上。

如果导入的图像未与第一个画板重叠，那它就会被放置到位于右侧的下一个画板上，以此类推。那些没有与画板发生重叠的图像会被放置到空粘贴板上。

2. 向下拖动导入的资源，把它们拖出到画板之外，如图 4.7 所示。

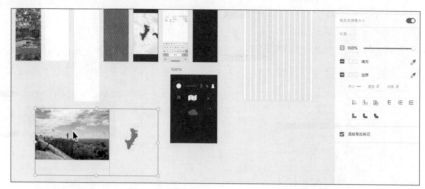

图 4.7

> **Xd** 注意：若图像好像不见了，则它很有可能是被放到了 iPad 大小的画板上，图像的大部分可能被隐藏了起来。此时，可以把图像向左拖动一点，使其位于 Journal 画板上。

3. 在"选择"工具处于选中的状态下，单击外部的灰色粘贴板区域，取消所有选择。单击红色地图，将其选中。

4. 使用鼠标右键，单击红色地图，从弹出菜单中选择"剪切"。在 Countdown 画板中，单击鼠标右键，在弹出菜单中选择"粘贴"，如图 4.8 所示。

图 4.8

5. 把鼠标放到 journal_header.png 图像的中心，按下鼠标左键，将其拖动到 Journal 画板中间，确保鼠标在 Journal 画板内部，然后释放鼠标左键。

如图 4.9 所示，图像被放到了 Journal 画板上，并且画板边缘把图像超出的部分剪掉了。

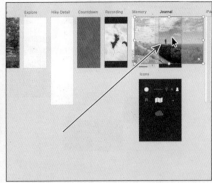

图 4.9

4.2.3 通过拖放导入资源

向 Adobe XD 导入资源的另外一种方法是从 Finder（macOS）或文件浏览器（Windows）中把资源直接拖放到 Adobe XD 中。这是一种非常好的方法，可以使用它把图像插入到指定位置，实现图像的精准投放。

1. 在"选择"工具（▶）处于选中的状态下单击画板之外的空白区域，取消选择所有内容。

2. 打开 Finder（macOS）或文件浏览器（Windows），进入 Lessons > Lesson04 > images 文件夹中，保持文件夹处于打开状态。返回到 XD 中，确保你可以同时在屏幕上看到 XD 和 images 文件夹，单击 scene_1.png 图像。

3. 按住 Command（macOS）或 Ctrl 键（Windows），单击 scene_2.png 图像，同时选中两幅图像，如图 4.10 所示。释放功能键，把选中的图像拖入到 XD 中，置于 Home 画板之下。

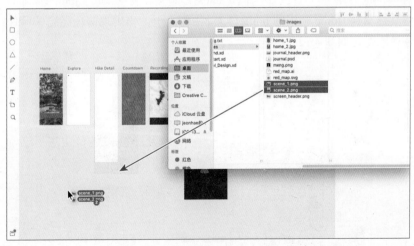

图 4.10

可以看到，被拖入的两幅图像并排放在粘贴板上（见图 4.11）。拖放时，如果在某个画板上释放鼠标左键，则与该画板有重叠的图像会被放入这个画板之中，而那些未与画板发生重叠的图像会被放置到空白的粘贴板中。

图 4.11

4. 在 Adobe XD 中单击，将其激活。

4.2.4　替换图像

设计过程中，如果你需要更换一张图像，只要把另外一张图像直接拖放到被替换图像之上，即可将其替换掉。下面我们尝试替换设计中的一个图像副本。

1. 打开 Finder（macOS）或文件浏览器（Windows），进入 Lessons > Lesson04 > images 文件夹中，保持文件夹在 Finder 窗口（macOS）或文件浏览器（Windows）中处于打开状态。返回到 XD 中。

2. 确保可以同时在屏幕上看到 XD 和 images 文件夹，在 home_2.jpg 图像上按下鼠标左键，然后将其拖动到 Home 画板的 home_1.jpg 图像之上。当出现蓝色高亮显示时，释放鼠标左键，替换图像，如图 4.12 所示。

图 4.12

图像会按比例填充整个形状，并且超出形状之外的区域会被隐藏起来。也就是说，当替换图像和被替换图像大小不一样时，替换图像会被缩放到被替换图像大小。

3. 在 Home 画板上的图像处于选中的状态下，按 Command+C（macOS）或 Ctrl+C（Windows）组合键进行复制。使用"选择"工具，单击 Hike Detail 画板的空白区域，将其选中。按 Command+V（macOS）或 Ctrl+V（Windows）组合键，粘贴图像，结果如图 4.13 所示。

 提示：此外，还可以按住 Option（macOS）或 Alt（Windows）键，把一个画板中的内容拖动复制到另外一个画板上。但是，你需要多费一些力气，才能把副本准确地放到与源本一样的位置。

图 4.13

　　从一个画板复制内容，并把它粘贴到另外一个画板时，被复制的内容粘贴到了相同的位置上。第 5 课将学习如何安排内容，以及使用层把新图像放到从 iOS UI 套件（参见第 3 课）粘贴的内容之后。

提示：如果使用键盘命令或菜单项（macOS）来执行复制、粘贴操作，并且想把内容粘贴到指定画板上，请先单击目标画板上的空白区域，把画板选中，然后再粘贴内容。

4.2.5　图像变形

　　在把图像导入 Adobe XD 之中后，可以使用各种方法对图像进行变形，包括缩放、倒角、旋转、移位等。本节，我们尝试对前面导入的图像做一些变形处理。

1. 单击 Journal 画板上的图像。
2. 按 Command+3（macOS）或 Ctrl+3（Windows）组合键，把视图缩放到所选图像。
3. 按一次 Command+ 减号（macOS）或 Ctrl+ 减号（Windows）组合键，把视图缩小一些。

　　在图像的四个角上，可以分别看到一个控制圆角的图标（⊙）。与矢量图形一样，可以直接拖动这个图标，把图像的尖角变成圆角，也可以在"属性检查器"中输入圆角半径来塑造圆角。更多相关内容，请阅读第 3 课的内容。

4. 拖动图像，可以重设图像位置。拖动图像过程中，当图像边缘靠近画板边缘时，它们会自动对齐在一起。拖动图像时，按下 Command（macOS）或 Ctrl（Windows）键，可以暂时关闭对齐功能。把图像拖放到如图 4.14 所示的位置，依次释放鼠标左键和功能键。

5. 把图像控制框的左下控制点向右上方拖动，缩小图像，但使其略宽于画板，如图 4.15 所示。

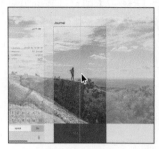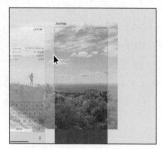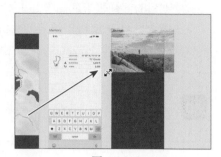

图 4.14　　　　　　　　　　　　　　　　　　　　图 4.15

设置好图像之后，接下来，我们对另一张图像做缩放和旋转变形。

> **Xd** **注意**：若图像缩放不成比例，请在"属性检查器"中打开"锁定长宽比"（🔒），然后再次尝试。

6. 缩小视图，确保能够看到 Recording 画板。

7. 拖选 Recording 画板上的地形地图，把其中所有内容全部选中。移动鼠标到任意一个控制点之外（不要离太远），此时，鼠标变为旋转箭头（↶），按下鼠标左键，沿逆时针方向旋转地形图，当"属性检查器"中的"旋转"角度变为 -10° 时，释放鼠标左键，停止旋转，结果如图 4.16 所示。

> **Xd** **提示**：拖动旋转时，按下 Shift 键，可以确保每次旋转都以 15° 为增量进行。

拖动旋转时，"属性检查器"中的"旋转"角度会同步变化。除了拖动旋转之外，还可以直接在"属性检查器"中的"旋转"中输入角度值来旋转选中的对象。

8. 按住 Shift 键，把右下角的控制点向右下方拖动，将图像放大，使其覆盖住画板的底部区域。然后，依次释放鼠标左键和 Shift 键，结果如图 4.17 所示。

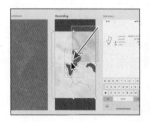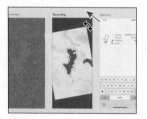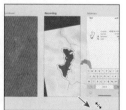

图 4.16　　　　　　　　　　　　　　　　　　　　图 4.17

9. 按 Command+0（macOS）或 Ctrl+0（Windows）组合键，查看所有内容。

10. 单击 Journal 画板顶部的图像，将其选中。在"属性检查器"中，把 X 改为 0，按 Return 或 Enter 键。Y 值（垂直位置）保持不变，让图像处于选中状态，如图 4.18 所示。

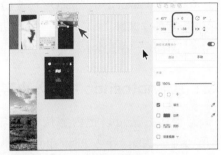

图 4.18

X 值（水平方向）与 Y 值（垂直方向）都是以画板左上角（0,0）为原点进行计算的。本例中，X 值与 Y 值控制着图像左上角相对于画板左上角的位置。通过设置对象的 X 值与 Y 值，可以实现对对象更精确的定位。

4.2.6 在图像框中调整图像大小

导入到 XD 中的每个图像都被包含于一个图像框之中。当改变图像框的形状时，其中包含的图像也会一起变化。当然，也可以选中图像框中的图像单独调整它。下面，我们将在图像框中调整一幅图像的大小。如果想把图像的一部分隐藏起来，可以使用这种方法。

1. 在 Journal 画板顶部的图像仍处于选中的状态下，按 Command+3（macOS）或 Ctrl+3（Windows）组合键（或者使用前面学过的其他方法），把视图放大到所选图像。

2. 双击图像，把周围的控制点显示出来，如图 4.19 所示。

图像周围的控制点用来调整图像框中图像的大小。此时，你无法针对图像框中的形状单独编辑各个锚点。而且此前位于图像四个角上的圆角半径控制点也消失不见了。在图像框中编辑图像时，无法再调整四个角的圆角半径了。

图 4.19

本课后面会学习为图像添加形状蒙版的方法。那时，就可以编辑图像框或图像框中的图像了。

3. 向下拖动图像的下边缘中点，让图像在图像框中显得大一些，如图 4.20 所示。

放大图像时，图像中超出图像框之外的部分会被隐藏起来。

4. 按 Esc 键，停止调整图像，此时，图像周围再次显示出控制框。

5. 把控制框右下角的控制点向图像中心拖动，使图像缩小一点，同时确保图像仍能占满画板宽度，如图 4.21 所示。

图 4.20　　　　　　　　图 4.21

6. 按 Command+0（macOS）或 Ctrl+0（Windows）组合键，查看所有内容。

7. 选择"文件">"保存"（macOS），或者单击程序窗口左上角的菜单图标（≡），从中选择"保存"（Windows）。

4.3 从 Photoshop 中导入内容

有很多方法可以把内容从 Photoshop 中导入到 XD 中，包括复制粘贴、从 Photoshop 中先导出再导入 XD、导入 Photoshop 文件（.psd，把 PSD 文件置入 XD 文件）、直接在 XD 中打开 Photoshop 文件（.psd，作为独立 XD 文件打开 PSD 文件）或者先把内容放入 Creative Cloud 库中，再在 XD 中把内容从 Creative Cloud 库拖入设计之中。

本节将讲解几种把内容从 Photoshop 导入 Adobe XD 的方法。

 注意：如果计算机中没有安装最新版的 Adobe Photoshop CC，则可以在 Adobe XD 中，选择"文件">"导入"（macOS），或者单击程序窗口左上角的菜单图标（≡），从中选择"导入"菜单（Windows），在"打开"对话框中，转到 Lessons > Lesson04 >images 文件夹中，导入 screen_header.png 图像文件。

4.3.1 把内容从 Photoshop 复制、粘贴到 XD 中

下面，我们先在 Photoshop 中打开一个 Photoshop 文档，复制它，然后将其粘贴到 Adobe XD 项目中。

1. 打开最新版的 Adobe Photoshop CC 软件。

2. 从菜单栏中，依次选择"文件">"打开"，在"打开"对话框中，转到 Lessons > Lesson04 > images 文件夹下，选择 journal.psd 文件，单击"打开"按钮。若弹出"缺失字体"对话框，单击"取消"按钮。

这个 Photoshop 文件中包含多个画板，每个画板都包含图片、文本、矢量图形等多个图层。接下来，我们复制图像内容，并将其作为一张栅格图像粘贴到 Adobe XD 中。

3. 从菜单栏中，依次选择"视图">"按屏幕大小缩放"菜单，结果如图 4.22 所示。

我们需要把 Journal 画板顶部的图片复制到你的 XD 项目中，注意不包括时间和其他状态条信息。为此，你可以只把相应图层选出来，仅复制你需要的内容，或者只复制所选区域，以单张栅格图像的形式进行粘贴。

4. 从菜单栏中，选择"窗口">"图层"，把"图层"面板打开。

在 Photoshop 中，"图层"面板中列出了画板及其图层。它们和组一样带有三角形标记，但是没有和组一样的文件夹图标。

5. 单击 Journal 画板名称（位于"图层"面板最顶层）左侧的三角形图标，展开其下内容。向下滚动"图层"面板，找到名为 Journal Header Image 的图层，单击选择它。

图 4.22

6. 按住 Command（macOS）或 Ctrl（Winodows）键，单击图层名称左侧的缩览图图标，从图层内容载入选区，如图 4.23 所示。

图 4.23

7. 从菜单栏中，依次选择"编辑">"拷贝"，复制选区中的图像。

8. 关闭 Photoshop 软件，不保存改动。返回至 Adobe XD，在 Travel_Design 文档中，按 Command+0（macOS）或 Ctrl+0（Windows）组合键，查看所有画板。

9. 在"选择"工具处于选中的状态下，单击画板之外的灰色粘贴板，取消选择所有。

10. 按 Command+V（macOS）或 Ctrl+V（Windows）组合键，把复制的图像粘贴到文档窗口中央。

Xd │ **注意**：从 Photoshop 复制的内容会以单个图像文件的形式粘贴到 Adobe XD 之中。

---

11. 把图像拖动到 Icons 画板之下，如图 4.24 所示。

图 4.24

12. 选择"文件">"保存"（macOS），或者单击程序窗口左上角的菜单图标（☰），从中选择"保存"菜单（Windows）。

4.3.2　在 Adobe XD 中打开 Photoshop 文件

你可以在 Adobe XD 中打开 Photoshop 文件，这些 .psd 文件会被转换成 XD 文件。在 XD 中打开 Photoshop 文件之后，Photoshop 中一些元素和效果仍然可用，而且会被映射成 XD 相应的功能，另外一些元素要么被栅格化，要么在 XD 文件中不显示。下面，我们尝试在 Adobe XD 中打开一个 Photoshop 设计文件。

1. 在 Adobe XD 中，依次选择"文件">"从您的计算机中打开"（macOS），或者单击程序窗口左上角的菜单图标（☰），从中选择"从您的计算机中打开"（Windows）。在"打开"对话框中，转到 Lessons > Lesson04 > images 文件夹中，选择 journal.psd 文档，将其打开，结果如图 4.25 所示。

此时，原来的 Photoshop 文档现在变成了一个 XD 文档（Journal），并在 Adobe XD 中打开。

2. 按 Command+0（macOS）或 Ctrl+0（Windows）组合键，查看所有内容。

3. 在"选择"工具（▶）处于选中的状态下，单击 Journal 画板中的 Meng 文本。

4. 单击程序窗口左下角的"图层"面板图标（◈），把"图层"面板打开。在"图层"面板中，在 Hike info 左

图 4.25

侧有一个文件夹图标（▢），它表示其下包含一组内容。单击文件夹图标，展开其下内容，如图 4.26 所示。所有文本都是可编辑的。

5. 单击左侧 Journal 画板顶部的白色状态条。

当前状态条中的内容已经被栅格化成了一个图像，在"图层"面板中，可以看到 Status Bar 左侧显示的是图像图标（▣）。接下来，我们把其中一个画板复制到项目中。

图 4.26

6. 单击画板之外的空白区域，取消选择所有内容。然后单击右侧画板顶部的画板名称——
Journal ver2，如图 4.27 所示。按 Command+C（macOS）或 Ctrl+C（Windows）组合键，
复制画板及其所有内容。

图 4.27

7. 选择"文件">"关闭"（macOS），或者单击程序窗口右上角的"×"按钮（Windows），
关闭 Journal 文档，并不做保存。

8. 返回到 Travel_Design.xd 文档中，按 Command+V（macOS）或 Ctrl+V（Windows）组合键，
粘贴画板及其内容到 iPad 画板右侧，如图 4.28 所示。

图 4.28

9. 把包含 Meng 文本的编组拖动到 Journal 画板中，将其放到 journal_header 图像之下，如图
4.29 所示。

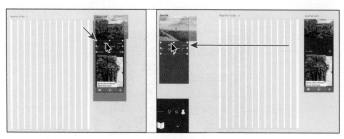

图 4.29

10. 单击"属性检查器"顶部的"居中对齐（水平）"按钮（■），把复制进来的内容居中对齐。此时，包含 Meng 文本的编组已经水平对齐到了画板中间，如图 4.30 所示。

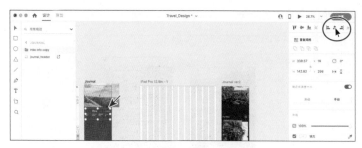

图 4.30

 注意：在 Adobe XD 中，你只能打开 Sketch 43 或更高版本创建的 Sketch 文件。如果要打开的是一个旧的 Sketch 文件，请先使用最新版本的 Sketch 把文件重新保存一次，再尝试在 Adobe XD 中打开它。

从 Sketch 导入资源

可以直接在 XD 中打开一个 .sketch 文件，然后像编辑其他 XD 文件一样编辑它，设计交互，以及分享原型和设计规范。

- 还可以在 Sketch 中选择一个资源，把它导出为 SVG 文件，然后把内容从"图层"面板拖入到 XD 中。
- 还可以把一个 Sketch 文件复制到 OS 剪贴板中，使用粘贴外观选项，作为填充图像直接粘贴图像。

——摘自 XD 帮助

提示：可以把图像直接从各种 Web 浏览器中拖入到画板中。此外，还可以把图像拖入画板中的一个对象上，此时图像尺寸会根据对象大小自动调整。

4.4 内容蒙版

在 Adobe XD 中，你可以轻松使用两种不同的蒙版技术（形状蒙版和图像填充蒙版）把图像或形状（路径）的一部分隐藏起来。蒙版是非破坏性的，也就是说，被蒙版隐藏起来的部分不会被删除。不论使用哪种蒙版技术，都可以调整蒙版把隐藏的内容再次显示出来。

4.4.1 形状或路径蒙版

我们要学的第一种蒙版是形状蒙版。这种蒙版和 Illustrator 等软件中的蒙版类似，你可以使用它把图像或作品的一部分隐藏起来，用来充当蒙版的可以是封闭路径（形状），也可以是开放路径（比如 S 形状的路径）。使用这种蒙版隐藏内容时，蒙版要位于被隐藏的对象之上。下面我们使用这种蒙版把设计的一部分隐藏起来。

1. 单击灰色粘贴板区域，取消选择所有内容。
2. 在左侧的"图层"面板中，双击 Recording 画板左侧的画板图标（▢），将其放大到视图窗口。
3. 单击选择地图，以便把整个地图显示出来。
4. 在工具箱中选择"矩形"工具（▢），从地图在画板中的左上角向画板的右下角拖动，绘制一个矩形，如图 4.31 所示。

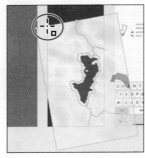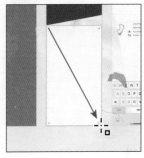

图 4.31

Xd | 提示："矩形"工具的键盘快捷键是 R 键。

---

5. 按 V 键，选择"选择"工具。
6. 在矩形处于选中的状态下，在"图层"面板中，按住 Shift 键，单击 Path 和 Group 对象，选中矩形后面的地图，如图 4.32 所示。

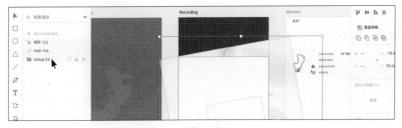

图 4.32

7. 选择"对象">"带有形状的蒙版"（macOS），或者单击鼠标右键，从弹出菜单中选择"带有形状的蒙版"（Windows），结果如图 4.33 所示。

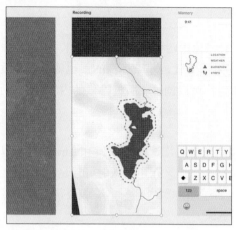

图 4.33

在"图层"面板打开且画板中的图像处于选中的状态下，你会在"图层"面板中看到"蒙版组 1"，如图 4.34 所示。此时，蒙版形状和被隐藏的对象成为编组的一部分。

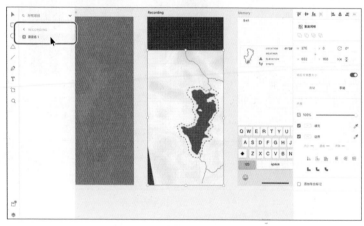

图 4.34

4.4.2　编辑蒙版

在为内容添加好蒙版之后，将来可能需要再次调整蒙版以调整显示的内容。也就是说，在应用了"带有形状的蒙版"后，你可以像上一节一样轻松地编辑蒙版和被隐藏的对象。接下来，我们调整上一节中添加的蒙版，对显示的内容做一些改动。

1. 在"选择"工具（▶）和图像处于选中的状态下，双击地图，进入蒙版编辑模式。此时，蒙版（矩形）会被选中，如图 4.35 所示。

双击被遮罩的对象，将在窗口中临时显示蒙版和被隐藏的对象（这里是地图）。这样，你就可以进一步编辑蒙版或被遮罩的对象了。

2. 在右侧的"属性检查器"中，单击"每个圆角的半径不同"按钮（▣），把前两个值修改为 15，后两个值保持 0 不变，按 Return 或 Enter 键，使修改生效，如图 4.36 所示。

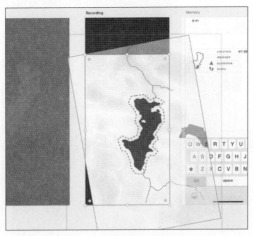

图 4.35

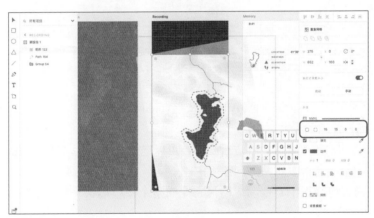

图 4.36

> **Xd** **注意**：退出编辑模式之后，对矩形蒙版外观属性（比如填充、边框）所做的改变将不会显示。

> **Xd** **提示**：在路径编辑模式下，可以添加、删除、移动锚点，也可以通过双击把锚点从平滑点转换为转折点，或者反过来。

　　此时，蒙版上边缘的两个角已经变成了圆角。如果想进一步编辑蒙版形状，可以双击蒙版边缘，进入路径编辑模式编辑锚点。

3. 在"图层"面板中，单击"蒙版组 1"图标（▣），显示出蒙版组中的内容。单击 path 对象，然后按住 Shift 键，单击 Group 对象，将两者同时选中。接着，把它们编入一个组中。

在"图层"面板中，使用鼠标右键单击任意一个选中对象，从弹出菜单中选择"组"，如图 4.37 所示。

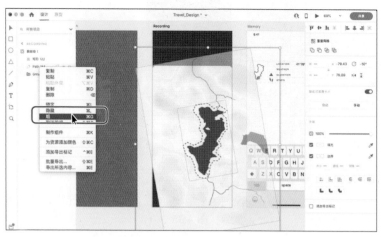

图 4.37

4. 按住 Option+Shift（macOS）或 Alt+Shift（Windows）组合键，向右下方向拖动地图右下角的控制点，使地图更大一些。

可以使用不同方法对被遮罩的内容进行变形，可以选择蒙版形状（这里是矩形），调整它的位置和大小，还可以把其他内容复制粘贴到蒙版中。

5. 把选中的内容向画板中心拖动，确保它充满整个蒙版形状，并且盖住画板底部的角，如图 4.38 所示。

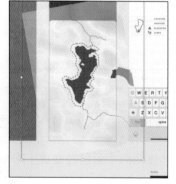

图 4.38

6. 按 Esc 键，退出蒙版编辑模式，地图再次被加上了蒙版。

Xd | 提示：单击文档中的其他内容，也可以停止编辑蒙版。

Xd | 注意：导出资源时，被遮罩的内容会被裁剪掉。相关内容将在第 11 课中学习。

7. 按 Command+0（macOS）或 Ctrl+0（Windows）组合键，查看所有内容。

8. 单击画板之外的空白区域，取消选择被遮罩的内容。

9. 选择"文件">"保存"（macOS），或者单击程序窗口左上角的菜单图标（≡），从中选择"保存"菜单（Windows）。

Xd | 提示：要删除蒙版，你可以选择蒙版组，选择"对象">"取消蒙版编组"（macOS），或者使用鼠标右键单击组，从弹出菜单中，选择"取消蒙版编组"（Windows）。此外，你还可以使用 Shift+Command+G（macOS）或 Shift+Ctrl+G（Windows）组合键。

4.4.3　图像填充蒙版

另外一种蒙版技术是把一幅图像拖入到一个现存的形状或路径中，图像会填充形状。有时这种蒙版技术非常有用，比如你可以使用这种蒙版把设计内容添加到一个低精度的线框中。下面我们导入一张新图像，然后把它填充到一个形状中。

1. 在"图层"面板中，双击 Journal 画板左侧的画板图标（▢），将其放大到文档窗口中。

2. 在工具箱中选择"椭圆"工具（○）。按住 Shift 键，在 Journal 画板上拖绘出一个圆形。观察"属性检查器"，当圆形的"宽度"（W）和"高度"（H）变为 144 时，依次释放鼠标左键和 Shift 键，如图 4.39 所示。在拖动鼠标绘制圆形时，你会发现圆形的"宽度"（W）和"高度"（H）值以 8 为步长改变，这是因为圆形会对齐到方形网格上。

图 4.39

提示：如果通过拖动无法使圆形的"宽度"（W）和"高度"（H）值准确地变为 144，可以在"属性检查器"中，开启"锁定长宽比"，然后在"宽度"（W）或"高度"（H）值输入框中输入 144，此时两个值会同时变为 144。

3. 打开 Finder（macOS）或文件浏览器（Windows），转到 Lessons > Lesson04 > images 文件夹。再回到 XD 中，使 XD 和文件夹同时显示在屏幕上，在文件夹中找到 meng.png 图像，将其拖动到你在 Journal 画板中绘制的圆形上。当圆形呈现出蓝色高亮显示时，释放鼠标左键，把图像置入圆形之中，如图 4.40 所示。

图 4.40

注意：如果在"属性检查器"中取消选择"填充"选项，圆形中的图像会被隐藏起来。另外，如果在"属性检查器"中更改圆形的填充颜色，其中的图像就会被删除。

把图像拖入形状之中后，图像就填充到了形状之中。

4.4.4 编辑图像填充蒙版

当把一幅图像拖入到一个形状之中后，图像就填充到了形状之中，并且总是在形状之中居中对齐。接下来，我们了解一下如何编辑图像填充蒙版。

1. 在"选择"工具（▶）处于选中的状态下，双击图像，进入路径编辑模式。此时图像会被选中。

2. 拖动图像控制框的一角，使图像变大。然后，拖动图像，在圆形中露出人物更多面部，如图 4.41 所示。

图 4.41

注意：与上一节中使用的形状蒙版不同，在图像填充蒙版中，你无法编辑形状的锚点。

3. 按 Esc 键，停止编辑圆形中的图像。

4. 在"属性检查器"中，取消选中"边界"选项，把边框隐藏起来，如图 4.42 所示。
5. 在图像仍处于选中的状态下，按住 Shift 键，拖动控制框的一角，让图像更小一些。观察"属性检查器"中的"宽度"（W）和"高度"（H）值，当它们变为 80 时，依次释放鼠标左键和 Shift 键，如图 4.43 所示。

图 4.42

图 4.43

> **Xd** 注意：在"属性检查器"中，"宽度"和"高度"值变化的幅度取决于文档的缩放级别。若你把文档缩小到很小，宽度和高度值就会以 8 为步长进行变化。

> **Xd** 提示：如果无法通过拖动使圆形的"宽度"（W）和"高度"（H）值准确地变为 80，可以在"属性检查器"中开启"锁定长宽比"（🔒），然后在"宽度"（W）或"高度"（H）值输入框中输入 80，此时两个值会同时变为 80。

图像会仍然处于形状中心，尺寸按比例变化来填充形状。不同于置入图像，默认情况下，被遮罩内容的"锁定长宽比"（🔒）是关闭的，所以在调整尺寸时需要同时按下 Shift 键。

6. 把图像拖动到如图 4.44 所示的位置上。
7. 选择"文件">"保存"菜单（macOS），或者单击程序窗口左上角的菜单图标（≡），从中选择"保存"菜单（Windows）。

4.5 使用文本

在向设计中添加文本时，Adobe XD 为我们提供了两种可选方法：在某一点处添加文本（点文本）、在某一个区域中添加文本（区域文本）。对于点文本，单击的位置即是文本

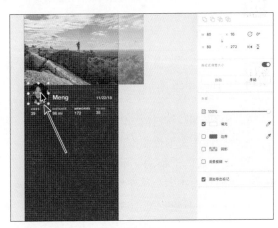

图 4.44

的起点，随着输入字符的增加，文本行不断变长，而且每行文本都是相互独立的，你可以编辑文本行，使之变长或缩短，文本行不会自动换行，除非你主动使用"段落换行"或软换行。在向设计中添加标题或很短的文本时，建议使用这种文本添加方法。

在区域文本中，区域边框控制着文本字符流。文本触碰到区域边框时会自动换到下一行，而不会超出区域边框之外。当需要输入一段或多段文本时，建议使用这种文本添加方法。接下来，我们学习一下创建文本，以及更改文本样式的几种方法。

4.5.1 添加点文本

到此为止，Home 画板中已经有了一些设计内容，接下来，我们继续向它添加文本。由于我们只添加一行文本，所以使用点文本的形式进行添加最为合适。

1. 按 Command+0（macOS）或 Ctrl+0（Windows）组合键，显示所有内容。
2. 单击画板之外的空白区域，取消选择所有内容。在"图层"面板中，单击 Home 画板左侧的画板图标（▢），将其放大到文档窗口，并且选中它。
3. 在"属性检查器"中，取消勾选"方形网格"选项，暂时关闭方形网格。
4. 在工具箱中选择"文本"工具（T）。单击 Home 画板左侧，输入文本 field。若在文本之下弹出自动修正菜单，显示 Field，单击右侧的"×"按钮，放弃修正。
5. 按 Return 或 Enter 键，输入 guide，创建点文本。若在文本之下再次弹出自动修正菜单，单击右侧的"×"按钮，放弃修正，如图 4.45 所示。

随着不断输入，文本行将不断往右增长，直到你按 Return/Enter 键（段落换行），或者按下 Shift+Return（macOS）或 Shift+Enter（Windows）组合键（软换行），才换到下一行。

> **Xd** 提示：在点文本的控制框上只有一个锚点，把鼠标移动到该锚点之外（不要离太远），鼠标指针会变成旋转图标（↰），此时，按下鼠标左键拖动，即可旋转文本。

> **Xd** 注意：在 Adobe XD 中，默认情况下，自动修正功能是开启的，它是"拼写和语法"的一部分。

> **Xd** 注意：本课中的配图是在 macOS 系统中截取的，Adobe XD 使用的默认字体是 Helvetica Neue。在 Windows 平台下，Adobe XD 使用的默认字体是 Segoe UI。

6. 按 Esc 键，选择文本对象。

此时，仅在文本控制框的底边中心出现了一个锚点，这也正好说明了我们创建的是点文本。

7. 向下或向上拖动文本对象底部的锚点，可以看到，随着拖动文本的大小发生了变化。观察"属性检查器"，当"字体大小"显示为 100 时，停止拖动，如图 4.46 所示。
8. 在文本对象仍处于选中的状态下，在"属性检查器"中，单击"填充"颜色框，在打开的"拾色器"中，把颜色修改为白色。

图 4.45

图 4.46

9. 选择"选择"工具（▶），把文本拖动到 Home 画板的中央，如图 4.47 所示。

10. 选择"文件">"保存"（macOS），或者单击程序窗口左上角的菜单图标（≡），从中选择"保存"菜单（Windows）。

> **Xd** 提示：在 Adobe XD 中，我们可以把文字转换为路径。具体做法是：选择文本对象，从菜单栏中依次选择"对象">"路径">"转换为路径"（macOS），或者使用鼠标右键单击文本，从弹出菜单中依次选择"路径">"转换为路径"（Windows）。

图 4.47

> **Xd** 提示：在 Adobe XD 中，还可以把所选文本在点文本（▭）和区域文本（▤）两种类型之间来回转换。只要在"属性检查器"的"文本"区域中，单击点文本或区域文本图标即可。

4.5.2 创建区域文本

创建区域文本时，需要使用"文本"工具（T）拖动创建出一个用来输入文本的区域。创建好文本区域之后，光标就开始在文本区域中闪动，接着就可以输入文本了。下面，我们先创建一个文本区域，然后输入要添加到设计中的正文。

1. 按住空格键，鼠标变成"手形"工具（✋），向左拖动文档窗口，直到 Home 画板右侧的 Hike Detail 画板显示出来。此外，还可以使用触控板手势（双指按住触控板并拖动）来拖动文档窗口。

2. 在工具箱中选择"文本"工具（T），并移动到图像的下半部分，然后从画板左边缘向右边缘拖动，创建一个与画板等宽的文本区域，输入文本 Pine Meadow Lake Loop（不带句号），结果如图 4.48 所示。

你会发现，新输入的文本字体非常大，并且已经超出画板底部，但是你仍然能够看到它们。默认情况下，新输入文本的格式与你上一次输入的文本一样，而且当文本碰到文本区域右侧的边界时，就会自动换到下一行。

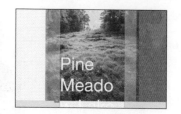

图 4.48

3. 选择"选择"工具（▶），此时，在文本控制框底边中心控制点中出现了一个非常小的实心点，这表示有文本溢出了或者文本容纳不下，如图 4.49 所示。

为了显示出所有文本，可以把底边中点向下拖动，直到所有文本显示出来。本示例中，文本的字号太大了，我们应该把字号改小一些。

4. 双击文本，把文本全部选中。此时，所有文本高亮显示出来，如图 4.50 所示。

图 4.49   图 4.50

5. 在"属性检查器"中，把"字体大小"修改为 36，按 Return 或 Enter 键，使修改生效，如图 4.51 所示。文本白色保持不变。

图 4.51

6. 按 Esc 键，选中整个文本对象，而非内部文本。

4.5.3 导入文本

下面，我们从一个文本文件把更多文本添加到设计之中。这需要用到 Adobe XD 中的"导入"命令，你可以使用"导入"命令把外部源中的文本添加到设计之中。

1. 按 Command+0（macOS）或 Ctrl+0（Windows）组合键，显示所有内容。

2. 选择"文件"＞"导入"菜单（macOS），或者单击程序窗口左上角的菜单图标（≡），从中选择"导入"（Windows）。在"打开"对话框中，转到 Lessons ＞ Lesson04 文件夹下，选择 Hiking.txt 文件，单击"导入"按钮，把文件中的文本导入 Hike Detail 画板。

提示：只要把纯文本文件拖入画板之中，就可以轻松地把文本添加到设计中。这个过程中，Adobe XD 会创建一个区域文本对象，并把文本文件中的内容放入其中。当然，你还可以直接把文本复制、粘贴到画板中，此时，XD 也会自动创建一个区域文本对象来存放文本，你可以轻松地移动与编辑它。

注意：如果你删除了文本区域中的所有文本，那么文本区域本身也会被一并删除。

3. 选择"选择"工具（▶），把刚刚导入的文本拖到画板底部区域中，如图 4.52 所示。

可能需要把视图缩小一点，或者使用"手形"工具（空格键）拖动一下文档，才能看到画板的底部区域。当然，还可以使用触控板手势（两根手指按住触控板拖动）来拖动文档窗口。

4. 按 Command+3（macOS）或 Ctrl+3（Windows）组合键，把文本放大到文档窗口。

5. 把文本区域向画板左边缘拖动，如图 4.53 所示。拖动过程中，你会明显地感觉到，文本区域会对齐到画板中的方形网格上，观察右侧的"属性检查器"，当 X 值变为 16 时，停止拖动。

6. 把文本区域右边缘中点的控制点向右拖动，增加其宽度。当文本区域的右边缘与画板右边缘之间的距离为 16（两个网格宽度）时，停止拖动，如图 4.53 所示。

图 4.52

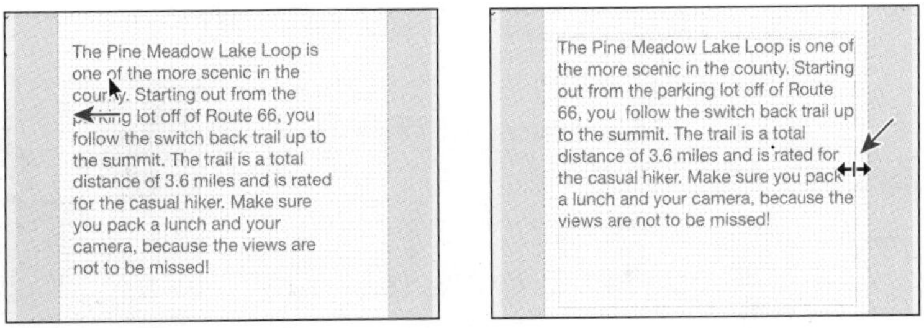

The Pine Meadow Lake Loop is one of the more scenic in the county. Starting out from the parking lot off of Route 66, you follow the switch back trail up to the summit. The trail is a total distance of 3.6 miles and is rated for the casual hiker. Make sure you pack a lunch and your camera, because the views are not to be missed!

The Pine Meadow Lake Loop is one of the more scenic in the county. Starting out from the parking lot off of Route 66, you follow the switch back trail up to the summit. The trail is a total distance of 3.6 miles and is rated for the casual hiker. Make sure you pack a lunch and your camera, because the views are not to be missed!

图 4.53

7. 单击画板之外的空白区域，取消所有选择。

4.5.4 格式化文本

在 Adobe XD 的"属性检查器"中可以找到许多文本格式控制选项，比如类型（点文本或区域文本）、字号、对齐方式等。本节，我们将学习如何在 Adobe XD 中对文本进行格式化。

1. 在"图层"面板中，双击 Home 画板左侧的画板图标（▢），把 Home 画板放大到文档窗口。

2. 在"选择"工具（▶）处于选中的状态下，单击选择文本 field guide。

3. 在"属性检查器"中，确保字体为 Helvetica Neue（macOS）或 Segoe UI（Windows）。单击 Regular 右侧的下拉箭头，展开"字体粗细"菜单，从中选择 Bold，如图 4.54 所示。

图 4.54

不管是点文本，还是区域文本，使用"选择"工具选择文本对象后，修改文本格式时，所有文本都会一同发生更改。如果你希望为文本（点文本或区域文本）的不同部分设置不同的格式，则需要先使用"文本"工具在文本中拖选出需要更改的部分，然后再修改其格式。

4. 在"属性检查器"中，把"行间距"（ ⬧☰ ）修改为 96，按 Return 或 Enter 键，设置文本行间距，如图 4.55 所示。

行间距是文本行之间的间距，类似于 Adobe Illustrator 程序中的"行距"。

5. 按下空格键，把鼠标变成"手形"工具（ ✋ ），拖动文档窗口，把 Hike Detail 画板中的文本显示出来。此外，你还可以使用触控板手势（双指按住触控板并拖动）来拖动文档窗口。

图 4.55

6. 在"选择"工具（ ▶ ）处于选中的状态下，单击文本 Pine Meadow Lake Loop，在"属性检查器"中，修改"字体大小"为 36，"字体粗细"为 Bold，把"行间距"设置为 40，按 Return 或 Enter 键，使修改生效，如图 4.56 所示。

 提示：修改属性值时，可以先单击属性值，然后按向上或向下箭头进行加减。如果同时按下 Shit 键，则以 10 为步长修改属性值。

7. 把文本区域右边缘中点向左拖动，调整文本换行，如图 4.57 所示。

8. 向上拖动控制框底边中点，使其恰好位于文本之下。

图 4.56

图 4.57

请尽可能把文本框调得小一些，使其恰好容纳文本内容即可。这样可以更容易地选中文本区域中的大量内容。

9. 把文本向右拖动，当"属性检查器"中的 X 值为 16 时，停止拖动，结果如图 4.58 所示。

10. 在"选择"工具（▶）处于选中的状态下，单击灰色粘贴板区域，取消所有选择。

图 4.58

11. 选择"文本"工具（**T**），在 Pine Meadow Lake Loop 文本之下单击，输入文本 DISTANCE，按 Return 或 Enter 键后，再输入 3.6 mi，结果如图 4.59 所示。

12. 按 Command+A（macOS）或 Ctrl+A（Windows）组合键，选择刚刚输入的所有文本。在"属性检查器"中，把"字体大小"更改为 10，"行间距"修改为 16，如图 4.60 所示。

图 4.59

图 4.60

13. 双击文本 DISTANCE，将其选中，在"属性检查器"中，把"字符间距"修改为 100，按 Return 或 Enter 键，使修改生效，如图 4.61 所示。

把视图放大，让文本显得大一些，更有利于观察修改效果。

14. 拖选文本 3.6 mi，在"属性检查器"中把"字体大小"修改为 16，按 Return 或 Enter 键，使修改生效，如图 4.62 所示。再按 Esc 键，选择文本区域。

图 4.61　　　　　　　　　　　　　　　　　　　　　图 4.62

4.5.5　复制文本

重用文本格式的一种方法是，复制带有目标格式的文本对象，然后修改其中文本。你还可以在带有目标格式的文本中单击，然后新建文本对象，使用原始文本的格式。在这一节中，我们将尝试复制文本，并对复制出的文本进行修改。

1. 在"选择"工具（▶）处于选中的状态下，拖动 DISTANCE 文本对象，使其左边缘与其上方的 Pine Meadow Lake Loop 文本对齐，请参考图 4.63（左）。

2. 按住 Option 键（macOS）或 Alt 键（Windows），沿着水平方向向右拖动 DISTANCE 文本对象。当出现水平对齐参考线时，表示副本与原文字对象对齐了，此时，依次释放鼠标左键和功能键。

3. 选择"文本"工具，在复制出的 DISTANCE 文本中双击，把它选中。然后输入 DURATION，将其替换。在复制的 3.6 mi 文本中双击，将其选中，然后输入 3:15 hr 替换它，如图 4.63 所示。

图 4.63

4. 按 Esc 键，选择文本对象。选择"选择"工具（▶），按住 Option 键（macOS）或 Alt 键（Windows）沿水平方向向右拖动 DURATION 文本对象。这次，你可能会看到间隙值，当间隙值相同时，三个文本对象之间出现粉红色条。依次释放鼠标左键和功能键。

你也有可能看不见间隙值，因为文本会自动对齐到方形网格上。拖动文本时，如果看不见间隙值，可以进一步放大视图或者关闭画板的方形网格，然后再次尝试拖动。可以按 Command+'（macOS）或 Ctrl+'（Windows）组合键关闭画板的方形网格。拖动完成后，再次按 Command+'（macOS）或 Ctrl+'（Windows）组合键，把方形网格打开。

5. 把文本修改为 ELEVATION 384 ft，如图 4.64 所示。

6. 重复上面两步，再创建一个副本，把文本修改为 DIFFICULTY HARD，如图 4.65 所示。

图 4.64

图 4.65

7. 按 Command+0（macOS）或 Ctrl+0（Windows）组合键，显示所有画板。

8. 在文档窗口中，单击画板之外的空白区域，取消选择所有内容，如图 4.66 所示。

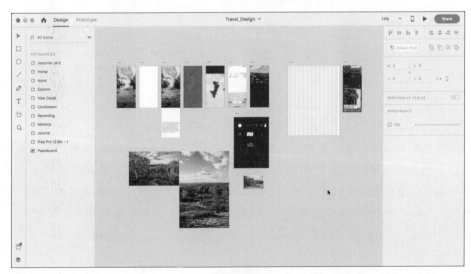

图 4.66

9. 选择"文件" > "保存"（macOS），或者单击程序窗口左上角的菜单图标（≡），从中选择"保存"菜单（Windows）。

10. 如果你想接着学习下一课，可以不关闭 Travel_Design.xd 文件。因为在下一课的学习中，我们会继续使用 Travel_Design.xd 这个文件。否则，对于每个打开的文档，我们都应该选择"文件" > "关闭"（macOS），或者单击程序窗口右上角的"×"按钮（Windows），将其关闭。

> **Xd** 　**注意：** 如果你使用的是 L4_start.xd 快速学习文件，则请保持其打开状态。

XD 中的拼写检查和语法检查

在 Adobe XD 中，默认状态下，拼写检查和语法检查是开启的。你可以通过在"编辑"菜单中选择相应菜单项（macOS），或者单击程序窗口左上角的菜单图标（☰）（Windows），打开或关闭拼写与语法检查。

在拼写和语法检查功能开启且光标位于文本之中时，若出现拼写错误，XD 就会在拼错的单词下加上一条红线。使用鼠标右键单击拼错的单词，从弹出的列表中选择修正方案，如图 4.67 所示。

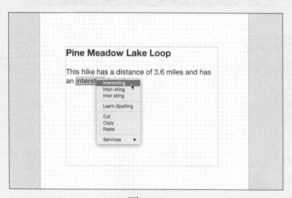

图 4.67

在拼写和语法检查功能开启的状态下，XD 还可以自动更正输入的文本。如果输错了一个常见词，在这个单词之下就会显示出更改建议，如图 4.68 中的左图所示。此时，单击 XD 建议的单词，它会自动替换错误的单词。如果你置之不理，继续输入其他单词或标点，XD 就会自动把错词纠正过来，如图 4.68 中的右图所示。

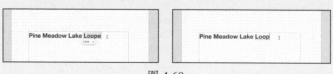

图 4.68

4.6 复习题

1. 哪些类型的资源可以导入到 Adobe XD 中？
2. 拖动图像时，如何暂时关闭网格对齐？
3. 如何替换图像？
4. 有哪两种蒙版方法？
5. 把 Photoshop 文档导入 Adobe XD 中的方法有哪两种？
6. 点文本和区域文本有何不同？

4.7 复习题答案

1. 可以导入 Adobe XD 中的资源文件类型有 PSD、AI、Sketch、SVG、GIF、JPEG、PNG、TIFF。
2. 拖动图像时，按住 Command（macOS）或 Ctrl（Windows）键，可以暂时关闭网格对齐。
3. 可以把一幅图像直接从桌面拖动到一幅现存图像上，将其替换。
4. 在 Adobe XD 中，可以使用两种蒙版（形状蒙版或图像填充蒙版）把图像或形状（路径）的某些部分轻松隐藏起来。添加蒙版是非破坏性操作，即被蒙版隐藏的部分不会被真正删除。
5. 有很多方法可以把内容从 Photoshop 中导入到 XD 中，包括复制、粘贴，先从 Photoshop 中导出再导入 XD，导入 Photoshop 文件（.psd，把 PSD 文件置入 XD 文件），直接在 XD 中打开 Photoshop 文件（.psd，作为一个独立的 XD 文件打开 PSD 文件）或者先把内容放入 Creative Cloud 库中，再在 XD 中把内容从 Creative Cloud 库拖入设计之中。
6. 对于点文本，单击的位置即是文本的起点，随着输入字符的增加，文本行不断变长，且每一行文本都是独立的。可以编辑文本行，使之变长或缩短，文本行不会自动换行，除非你主动使用"段落换行"或软换行。在区域文本中，区域边框控制着文本字符流。文本触碰到区域边框时会自动换到下一行，而不会超出区域边框之外。

第5课 组织内容

本课概述

本课介绍的内容包括：

- 排列内容；
- 使用"图层"面板；
- 创建和编辑组；
- 对齐内容和画板；
- 精确设置对象位置；
- 设置固定位置。

本课大约要用 45 分钟完成。开始之前，请先将本书的课程资源下载到本地硬盘中，并进行解压。在学习本课时，将覆盖相应的课程文件。建议先做好原始课程文件的备份工作，以免后期用到这些原始文件时，还需重新下载。

　　借助于"图层"面板，你可以组织画板，控制内容导出、显示、编排、选取、编辑的方式。在每个画板中，可以使用排列、分组、定位、对齐等功能确保各种资源有良好组织，并且易于访问。

5.1 开始课程

本课将学习在 App 设计过程中组织设计内容的一些方式。开始之前，先打开最终课程文件，大致了解本课要做什么。

 注意：如果你尚未把本课的项目文件下载到本地计算机，请先阅读本书前言，查找相关文件的下载方法。

1. 若 Adobe XD CC 尚未打开，先启动它。
2. 在 macOS 系统下，依次选择"文件">"从您的计算机中打开"菜单；在 Windows 系统下，单击程序窗口左上角的菜单图标（≡），从弹出菜单中选择"从您的计算机中打开"菜单。

不论在 macOS 还是 Windows 系统下，如果显示的"主页"界面中没有文件打开，请单击"主页"界面中的"您的计算机"。在"打开"文件对话框中，转到硬盘上的 Lessons > Lesson05 文件夹之下，打开名为 L5_end.xd 的文件。

3. 如果在程序窗口底部显示出字体缺失信息，单击信息右侧的"×"按钮，将其关闭即可。
4. 按 Command+0（macOS）或 Ctrl+0（Windows）组合键，查看所有设计内容，如图 5.1 所示。通过这些内容，可以了解本课我们要创建什么。

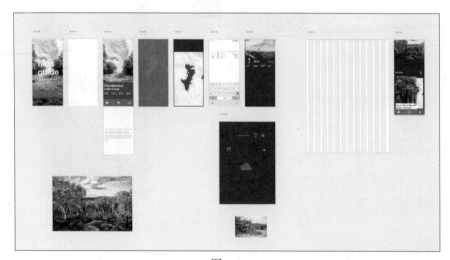

图 5.1

 注意：本课截图是在 macOS 系统下截取的。在 Windows 系统下，可以单击"汉堡包"图标来访问各种菜单。

5. 你可以不关闭 L5_end.xd 文件，将其用作参考。当然，也可以选择"文件">"关闭"（macOS），或者单击程序窗口右上角的"×"按钮（Windows），将其关闭。

5.2 排列对象

向画板中添加内容时，每个新增对象都位于上一个对象之上。对象的这种排列顺序（堆叠顺序）控制着对象发生重叠时的显示方式。借助于"图层"面板或排列命令，可以随时改变设计中对象的堆叠顺序。

在图 5.2 中，正方形的创建顺序依次为红色正方形、蓝色正方形、橙色正方形。每个图显示的是对橙色对象应用一个排列命令之后的结果。你可以在"对象"菜单（macOS）中找到这些排列命令（比如"置于底层"），也可以使用鼠标右键单击对象，然后从弹出菜单中选择相应的排列命令（macOS 或 Windows）。

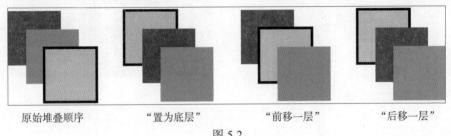

原始堆叠顺序　　　　"置为底层"　　　　"前移一层"　　　　"后移一层"

图 5.2

"置为底层"命令会把所选对象设置到其他所有对象之后。"置为顶层"命令会把所选对象设置到其他所有对象之前。"前移一层"和"后移一层"命令分别用来把所选对象向前或向后移动一个对象。接下来，我们尝试使用这些排列命令来更改对象的堆叠顺序。

1. 选择"文件">"从您的计算机中打开"（macOS），或者单击程序窗口左上角的菜单图标（≡），从弹出菜单中选择"从您的计算机中打开"菜单（Windows），在"打开"对话框中，转到 Lessons 文件夹下，选择 Travel_Design.xd 文档，将其打开。

 注意：如果使用前言中提到的"快速学习法"来学习这部分内容，请打开 Lessons > Lesson05 文件夹中的 L5_start.xd 文件来学习本课内容。

2. 按 Command+0（macOS）或 Ctrl+0（Windows）组合键，显示所有内容。

3. 使用下列任意一种方法，把 Hike Detail 画板顶部的图像放大到文档窗口：按住 Option/Ctrl 键并滚动鼠标滚轮、按住 Option 键滑动（妙控鼠标）、触控板手势（双指外滑）。

4. 选择"矩形"工具（□），在画板的下半部分，绘制一个与画板同宽的矩形（见图 5.3），在"属性检查器"中，设置其"高度"（H）为 224。

为何要把"高度"设置成 224？因为绘制矩形时，它会自动对齐到方形网格上，而方形网格的尺寸为 8，所以我们需要把矩形高度设置为 8 的倍数。

注意：绘制矩形时，若矩形未对齐到方形网格，说明把视图放得太大了。

5. 在"属性检查器"中，单击"填充"颜色，在打开的"拾色器"中，从"颜色模式"菜单中选择 HSB，以便分别输入色相、饱和度、明度值。把颜色设置为 H=180、S=54、B=33，把 Alpha（不透明度）设置为 90%，为矩形填充一种绿颜色。按 Return 或 Enter 键，使修改生效，如图 5.4 所示。

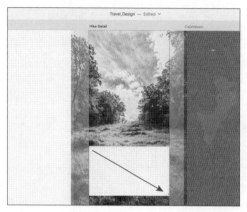

图 5.3

图 5.4

6. 在工具箱中，选择"选择"工具（▶）。

7. 选择"对象 >"排列">"后移一层"（macOS），或者使用鼠标右键单击矩形，从弹出菜单中，选择"后移一层"（macOS），或者"排列" > "后移一层"（Windows）。保持矩形处于选中状态，如图 5.5 所示。

执行"后移一层"命令后，矩形会被设置到前面最后一个创建的对象之后，即某个文本之后。在 Adobe XD 中，每个画板都有自己的堆叠顺序。下一节，我们将学习"图层"面板的用法，"图层"面板是排列和组织内容的另外一种方式。我们使用它完成对绿色矩形的排列工作。

图 5.5

5.3 使用"图层"面板

Adobe XD 中的"图层"面板针对 UX 设计进行了优化。在 Adobe XD 中，我们不会创建图层或子图层，某个画板中的对象（单个对象、分组等）会显示在"图层"面板中。当选择某个画板中的内容时，"图层"面板只显示与画板相关的对象，这样"图层"面板会显示十分干净、整洁。除了组织内容之外，在不选中任何内容时，"图层"面板会把文档中的所有画板显示出来，方便我们选择、隐藏、锁定内容等。

前面，我们学习了如何使用"图层"面板在不同画板之间导航。接下来，我们学习如何使用"图层"面板执行排列、组织、命名、选择等操作。

5.3.1 重排画板和图层内容

本课一开始，我们学习了有关堆叠顺序和排列内容的知识。这一节中，我们尝试使用"图层"面板来改变画板内容及画板的顺序。调整画板顺序有助于更好地组织设计项目，在"图层"面板中调整画板中内容的顺序和使用排列命令调整画板内容的顺序得到的效果是一样的。下面，我们将使用"图层"面板来排列绿色矩形，以便把它设置到指定的位置上。

1. 在"选择"工具（▶）和绿色矩形处于选中的状态下，打开"图层"面板。

在"图层"面板中，可以看到画板中的所有对象，包括图层面板中选中的绿色矩形，如图 5.6 所示。接下来，我们需要把绿色矩形后面的所有文本放到前面，这样我们才能看到它们。

> **Xd** **注意**：大家看到的矩形名称可能和这里的不一样，这是可以的。

2. 在"图层"面板中，把所选的矩形（本例中是矩形 60）向下拖动，使其位于底部文本之下。当出现蓝色线条时，释放鼠标左键，如图 5.7 所示。

图 5.6

图 5.7

> **Xd** **注意**：可能需要拖动一下绿色矩形，才能使文本全部位于矩形内部。

在"图层"面板中，每个对象名称左侧都有一个图标，用来指示对象的类型。例如，T 代表文本、图像图标（🖼）代表图像、钢笔图标（✒）代表是一个矢量图形等。

3. 在文档中，单击灰色粘贴板区域，取消选择绿色矩形。当无任何内容处于选中状态时，"图层"面板中列出的是所有画板。

4. 在"图层"面板列表中，把 Journal ver2 画板向下拖动，使其位于 iPad Pro 12.9in‑1 画板之下。当出现蓝色线条时，释放鼠标左键。请根据图 5.8 调整画板顺序。

图 5.8

提示：在"图层"面板中，有两种方法可以选中多个画板。在"图层"面板中，如果你想选的画板紧挨着，可以按住 Shift 键，单击第一个画板，再单击最后一个画板，这样第一个画板和最后一个画板之间的所有画板都会被选中。如果你想选的多个画板不挨着，请按住 Command（macOS）或 Ctrl（Windows）键，单击你想选的每一个画板。

观察文档窗口中的画板，好像没有发生什么变化。我在上一课中已经讲过，在"图层"面板中调整画板顺序影响的是画板的堆叠方式，而非它们的位置（X 坐标和 Y 坐标），只有画板有重叠时，调整堆叠顺序才会有效果。我个人比较喜欢在"图层"面板中通过拖动的方式来调整画板的顺序。例如，在一个设计项目中同时包含 App 设计和 Web 设计，我喜欢把 App 设计和 Web 设计中的画板放在一起。

5.3.2 使用"图层"面板选择内容

有时候，设计中包含了大量内容，这使得选择某一个或某一些内容变得非常困难。在此情形之下，可以使用"图层"面板进行选择。下面，我们在"图层"面板中选择 Hike Detail 画板中的所有文本，然后把它们编入一个组中。

1. 在"图层"面板中，双击 Hike Detail 画板左侧的画板图标（▢），让画板在文档窗口中居中，并在"图层"面板中显示出画板内容。

2. 在"图层"面板中，单击 DIFFICULTY HARD 文本对象，按住 Shift 键，单击 Pine Meadow Lake Loop 文本对象，选择画板中的所有文本对象，如图 5.9 所示。

选中文本之后，你可以修改文本样式，比如字体类型、大小、颜色等。

3. 在"图层"面板中，按住 Command（macOS）或 Ctrl（Windows）键，单击画板底部的段落文本对象（名称以 The Pine Meadow Lake Loop... 开始），取消其选择，如图 5.10 所示。

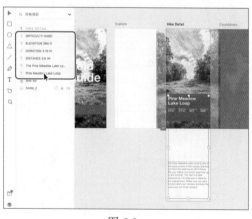

图 5.9

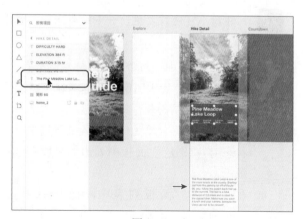

图 5.10

接下来，对选择的文本进行编组。

4. 在"图层"面板中，使用鼠标右键单击其中一个文本对象，在弹出的菜单中选择"组"，创建一个文本组，如图 5.11 所示。

使用编组命令对所选内容进行分组或者导入内容编组之后，会在"图层"面板中看到一个编组图标（），这个图标指示当前对象是一个编组。有关编组的更多内容，我们将在 5.4 节中学习。

5. 按 Esc 键，取消选择编组。

当无任何内容处于选中状态时，除了文档中的所有画板之外，在"图层"面板中还能看到"粘贴板"。有些设计内容不存在任何画板上，而存在于灰色的粘贴板上，此时，"粘贴板"就会在"图层"面板中显示出来。

6. 在"图层"面板中，双击"粘贴板"，显示其中内容，如图 5.12 所示。

图 5.11

图 5.12

此时，灰色粘贴板中的所有内容将在"图层"面板中显示出来。在"图层"面板中，默认情况下，粘贴板中的内容是根据添加的先后顺序排列的。在"图层"面板中，最顶层的对象是最后添加的对象。

> **注意**：此外，还可以在文档中选择那些不在画板上的内容（位于灰色粘贴板上），这同样可以在"图层"面板中显示。

7. 按 Command+0（macOS）或 Ctrl+0（Windows）组合键，显示所有内容。

8. 在"图层"面板中，单击图片"scene_2"，将其选中，如图 5.13 所示。按 Command+X（macOS）或 Ctrl+X（Windows）组合键剪切图片，以便将其粘贴到另外一个画板中。

> **注意**：你看到的图片名称可能不是 scene_2，这没什么。此外，还可以直接在粘贴板中单击选择图片，被选图片名称会在"图层"面板中高亮显示出来。

当文档中存在大量内容时，使用"图层"面板进行选择会更方便。

9. 在"图层"面板顶部，单击"粘贴板"左侧的箭头图标，此时，"图层"面板会再次把所有画板显示出来，如图 5.14 所示。

图 5.13   图 5.14

10. 使用鼠标右键单击 Explore 画板名称，从弹出菜单中选择"粘贴"，把 scene_2 图片粘贴到 Explore 画板之中，如图 5.15 所示。后面我们会继续调整图片的大小和位置。

图 5.15

11. 按 Esc 键，取消选择图片，此时，"图层"面板会再次把所有画板显示出来。

5.3.3　锁定和隐藏内容

有时，我们需要锁定和隐藏内容，以方便选择、隐藏版本等。本节，我们将学习在文档或"图层"面板中锁定和隐藏内容的方法。

1. 在"选择"工具（▶）处于选中的状态下，单击 Home 画板背景图片，如图 5.16 所示。

图 5.16

此时，你可以在"图层"面板中看到 Home 画板中的内容，以及处于选中状态的 home_2 图片。

2. 按 Command+L（macOS）或 Ctrl+L（Windows）组合键，锁定图片，如图 5.17 所示。

图 5.17

> **Xd** 提示：此外，还可以选择"对象" > "锁定"（macOS），或者使用鼠标右键单击图片，从弹出菜单中选择"锁定"（macOS 与 Windows），把所选图标锁定。

> **Xd** 提示：可以使用这个方法同时选中多个对象，把它们一起锁定。

执行"锁定"操作后，可以在图片的左上角看到一个锁形图标，而且图片周围的控制框变为灰色。在"图层"面板中，在图片名称右侧也出现一个锁形图标，表示这个对象被锁定了。当一个对象处于锁定状态时，你无法移动、删除或编辑它。把图片解除锁定也很简单，只需要按 Command+L（macOS）或 Ctrl+L（Windows）组合键，在"图层"面板中单击对象名称右侧的锁形图标或者在文档中单击图片左上角的锁形图标。

接下来，我们将在"图层"面板中锁定和隐藏内容。

3. 在文档窗口中，单击画板之外的空白区域，取消所有选择。

4. 在"图层"面板中，双击 Memory 画板左侧的画板图标（▢），将其放大。

5. 在"图层"面板中，把鼠标移动到 Keyboard Alphabetic 之上，单击右侧的锁形图标（🔒），锁定 Keyboard Alphabetic 对象。在"图层"面板中，单击 Keyboard Alphabetic 对象，在画板中选择它，会在左上角看到一个锁形图标，如图 5.18 所示。

此时，在文档窗口中，应该能够在键盘的左上角看到一个锁形图标，而且周围的控制框是灰色的。接下来，我们学习一下如何隐藏内容。

6. 按 Esc 键，"图层"面板中再次列出所有画板。双击 Explore 画板左侧的画板图标（▢）。

7. 使用鼠标右键，单击 Explore 画板上的背景图片，从弹出菜单中选择"隐藏"，如图 5.19 所示。

使用鼠标右键单击图片等内容时，在弹出菜单中会看到许多以前使用过的命令，比如锁定、排列等。与锁定命令一样，隐藏内容的方法也有好多种。查看"图层"面板，会看到所选图片的名称已经变成灰色，而且"不可见"图标（👁）处于开启状态。

图 5.18

图 5.19

Xd 提示：还可以按 Command+;（macOS）或 Ctrl+;（Windows）组合键，选择"对象">"隐藏"菜单（macOS）或者在"图层"面板中单击对象名称右侧的"不可见"图标（👁），把所选内容隐藏起来。

Xd 提示：可以使用这种方法同时选择多个对象，把它们一起隐藏（或显示）出来。

---

8. 在"图层"面板中，把鼠标移动到"不可见"图标（👁）之上，反复单击几次，查看图片显示或隐藏效果，如图 5.20 所示。最后，我们要把图片隐藏起来，后面我们会再次把图片显示出来。

9. 按 Esc 键，"图层"面板再次把所有画板显示出来。

5.3.4　在"图层"面板中进行搜索和过滤

你可以在"图层"面板中进行搜索，只把包含指定关键字的图层和画板显示出来，也可以通过文本、形状、图像类型对面板中显示的图层进行过滤。本节，我们学习一下过滤功能，了解它为何有用。

图 5.20

1. 在"图层"面板顶部单击搜索框，输入 key。随着你的输入，XD 会不断过滤掉不符合条件的对象和画板。在搜索结果中，你应该能够看到上一节中被我们锁定的 Keyboard Alphabetic 对象。

2. 在"图层"面板中单击锁形图标（🔒），把键盘解锁，如图 5.21 所示。

3. 在"图层"面板顶部单击搜索框右侧的"×"按钮，清空关键字。此时，"图层"面板又把所有画板显示出来，如图 5.22 所示。

图 5.21   图 5.22

除了搜索和过滤"图层"面板列表之外，还可以根据对象类型（比如文本对象、图像等）进行过滤显示。

4. 单击搜索框右侧的下拉箭头，从下拉列表中，选择"文本"。此时，文档中的所有文本对象都会显示在"图层"面板中，并根据它们所在的画板进行组织分类，如图 5.23 所示。

或许大家已经注意到了，我们之前输入的 key 关键字出现了在下拉列表的最底部。像这样，最近搜索的关键字会临时保存在过滤器菜单中，以方便我们再次访问。

> **Xd** | 注意：在文件关闭之后，最近搜索过的内容会被清空重置。

5. 单击 The Pine Meadow Lake... 文本对象，此时，在 Hike Detail 画板中其代表的段落文本就会被选中，如图 5.24 所示。

图 5.23   图 5.24

6. 在"属性检查器"中，把"字体大小"更改为 16，让文本小一些。

7. 再次单击搜索框右侧的下拉箭头图标，在弹出菜单中，选择"所有项目"，此时"图层"面板中会列出 Hike Detail 画板中的所有内容。

8. 按 Esc 键取消选择文本对象，"图层"面板再次把所有画板显示出来，如图 5.25 所示。

9. 选择"文件">"保存"菜单（macOS），或者单击程序窗口左上角的菜单图标（≡），从中选择"保存"菜单（Windows）。

图 5.25

5.4 使用编组

你可以把设计中用到的对象合并到一个编组中，这些划入同一个编组的对象被当作一个整体看待。在移动一个编组或对编组进行变形时，不会影响到其他非同组对象的属性或彼此间的相对位置。此外，把内容分组有助于选择特定内容，还可以使"图层"面板中的内容变得更有组织。XD 中的编组和其他 Adobe 软件（比如 Illustrator 或 InDesign）中的编组几乎完全一样，只有一些微小的区别。

5.4.1 创建组

首先，我们学习一下几种创建内容分组的方法。

1. 在"图层"面板中，双击 Hike Detail 画板左侧的画板图标（▢），将其放大到整个文档窗口。
2. 在"选择"工具（▶）处于选中的状态下，拖选绿色矩形和 Pine Meadow Lake Loop 文本组，如图 5.26 所示。

在"图层"面板（在这里你还可以选择内容）中，会看到有三个对象被选中了。

 提示：还可以选择"对象">"组"（macOS），或者使用鼠标右键单击所选内容，从弹出菜单中选择"组"（macOS 与 Windows），把所选内容编组。

 注意：Adobe XD 允许你对不同画板中的内容进行编组，但是编组后的内容会被移动到最顶部或最左侧的画板中。

3. 按住 Shift 键，单击画板背景图片，将其取消选择。
4. 按 Command+G（macOS）或 Ctrl+G（Windows）组合键，把所选内容放入一个编组之中。
5. 在"图层"面板中，双击新组名称，将其修改为 Pine Meadow detail，按 Return 或 Enter 键，使修改生效，如图 5.27 所示。

请注意，对编组命名不是必须的，但是这样做有助于以后在"图层"面板中查找相关内容。此外，导出资源时，"图层"面板中内容的名称会变成资源的名称。

 注意：有关导出资源的内容，将在第 11 课中讲解。

图 5.26 图 5.27

6. 在"图层"面板中，单击Pine Meadow detail左侧的组图标，显示其中内容，如图 5.28 所示。

在 Pine Meadow detail 分组之中，还可以看到有一个分组图标（📁），所有文本对象都存在于这个子分组中。把文本组和绿色矩形放入一个新编组后，就创建好了一个嵌套分组。接下来，我们使用"图层"面板向现有分组中添加内容。

 提示： 在"图层"面板中，当分组处在收起状态（分组内容不可见）时，看到的图标是一个带灰色填充的文件夹图标（📁）；而当分组处于展开状态（分组内容可见）时，看到的图标是一个空心的文件夹图标（🗁）。

7. 按 Esc 键取消选择组，在"图层"面板中，显示出所有画板。

8. 在"图层"面板中，双击 Journal 画板左侧的画板图标（🗁），将其放大到文档窗口。

在"图层"面板中，会看到一个名为 Hike info copy 的编组，以及一个名为 meng 的图像对象。

9. 在"图层"面板中，把 meng 图像对象拖动到 Hike info copy 编组之上。当 Hike info copy 出现高亮显示时，释放鼠标左键，把 meng 图像添加到 Hike info copy 分组之中。单击组图标（🗁），将其收起，把组内容隐藏起来，如图 5.29 所示。

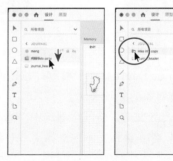

图 5.28 图 5.29

 提示： 还可以使用"图层"面板对对象编组。先选择对象，使用鼠标右键单击，在弹出菜单中选择"组"。

10. 选择"文件">"保存"（macOS），或者单击程序窗口左上角的菜单图标（≡），从弹出菜单中选择"保存"菜单（Windows）。

5.4.2 编辑组中内容

为了编辑组中内容，可以把编组内容取消分组，通过双击分组来选择单个内容，或者从"图层"面板中选择组中内容。做编辑时，双击分组可以为你节省大量时间。接下来，我们对其中一个编组对象进行编辑。

1. 按两次 Esc 键，取消选择 meng 图片和分组。

设计过程中，如果你想编辑一个组中的内容，你可以直接在设计中这么做。

2. 双击 Journal 画板中的 meng 图像，将其选中，如图 5.30 所示。

此时，meng 图像被选中，并且在其所在组的周围出现淡蓝色边框。同时，整个分组的内容也显示在"图层"面板之中。

3. 单击空白的灰色粘贴板区域，取消选择所有内容。

4. 按下 Command（macOS）或 Ctrl（Windows）键，把鼠标移动到画板中的分组内容之上，如图 5.31 所示。

当鼠标在组中不同的对象上移动时，它所经过的每个对象都会被高亮显示出来。单击时高亮显示的对象都会被选中。

5. 在 Command（macOS）或 Ctrl（Windows）键仍处于按下的状态下，把鼠标移动到 11/22/18 文本之上。当出现蓝色高显框时，单击选择文本对象，如图 5.32 所示。

图 5.30　　　　　　　　　　　图 5.31　　　　　　　　　　　图 5.32

此时，11/22/18 文本被选中，可以在"属性检查器"中编辑其属性。按住 Command 或 Ctrl 键单击，可以选中分组中的任意一个对象，包括嵌套分组中的对象。围绕在整个分组之外的淡蓝色边框表示它是所选对象的父对象。

6. 双击 11/22/18 文本，将其全部选中，修改为 11/22/19。

7. 按 Esc 键，停止编辑文本。选择文本对象，然后再次按 Esc 键，选择整个分组。

Xd ｜ 提示：在分组处于选中的状态下，再按一次 Esc 键，取消所有选择。

---

8. 选择"文件">"保存"（macOS），或者单击程序窗口左上角的菜单图标（≡），从弹出菜单中选择"保存"（Windows）。

5.5 对齐内容

在 Adobe XD 中，可以轻松地把多个对象对齐或散布到画板中，或者彼此对齐或散布，包括把画板彼此对齐。本节我们将学习一些对齐对象的方法。

5.5.1 对齐对象到画板

当需要把内容居中对齐时，对齐对象到画板会非常有用。下面，我们将尝试把一些内容居中对齐到画板。

1. 按 Command+0（macOS）或 Ctrl+0（Windows）组合键，在文档中显示出所有内容。
2. 单击 Memory 画板左上方的画板名称 Memory，按 Command+3（macOS）或 Ctrl+3（Windows）组合键，将其放大到文档窗口。

> 注意：当文档窗口缩小到较小时，画板名称可能就不再显示了，取而代之用三个点（…）表示。在这种情况下，可以把文档窗口放大一些，或者在无任何内容处于选中的状态下，在"图层"面板中，双击 Memory 画板左侧的画板图标（▢），把画板放大到文档窗口。

3. 在"选择"工具（▶）处于选中的状态下，单击画板上半部分中的地图图标组，将其选中。在"属性检查器"顶部，单击"居中对齐（水平）"（▮），如图 5.33 所示。

此时，地图编组沿水平方向对齐到画板中间。

4. 单击画板之外的灰色粘贴板区域，取消所有选择。
5. 选择"文件">"保存"（macOS），或者单击程序窗口左上角的菜单图标（≡），从弹出菜单中选择"保存"（Windows）。

图 5.33

5.5.2 设置对齐图标

在 Adobe XD 中，还可以把对象彼此对齐。当你需要把一系列图片沿水平方向对齐时，这会非常有用。在接下来的几节中，我们会把 Explore 画板上的一些图标对齐以便创建页脚。首先，我们先设置图标，把它们放到正确的画板上，并做进一步完善、调整。

1. 按 Command+0（macOS）或 Ctrl+0（Windows）组合键，在文档窗口中显示出所有内容。
2. 在 Home 画板中，使用鼠标右键单击橙色矩形，在弹出的菜单中选择"复制"。然后在右侧的 Explore 画板中，单击鼠标右键，在弹出菜单中选择"粘贴"。向下拖动复制出的橙色矩形，使其对齐到 Explore 画板底部。整个操作如图 5.34 所示。

在把某个内容从一个画板复制、粘贴到另外一个画板时，粘贴位置与其在原画板中的相对位置一样。

图 5.34

3. 按 Command+ 加号（macOS）或 Ctrl+ 加号（Windows）组合键，把文档窗口稍微放大一点，确保你仍能看到 Explore 和 Icons 画板。

4. 把地图图标、人物图标、双环图标拖动到 Explore 画板的橙色矩形上，如图 5.35 所示。

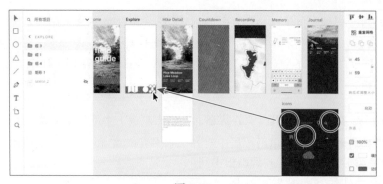

图 5.35

Xd | **注意**：如果你制作的图标和这里的尺寸不一样，没有关系。我们马上会调整它们。

把图标大致放到橙色矩形上，接下来，调整它们的尺寸，并在人物和地图图标之后添加一个圆形。然后把它们彼此对齐。

5. 放大文档窗口，使 Explore 画板底部的图标充满文档窗口。

接下来，我们调整图标尺寸，使其更好地存放于橙色矩形之内。

6. 单击地图图标，按住 Shift 键，向内拖动其中一角，当在"属性检查器"中其"高度"（H）变为 20 左右时，停止拖动，依次释放鼠标左键和 Shift 键，如图 5.36 所示。

Xd | **注意**：如果高度增量越来越大，你可以尝试把文档窗口放大一些。

Xd | **提示**："属性检查器"可以把一个对象等比例缩放到指定尺寸，但这需要打开"锁定长宽比"功能（🔒）。

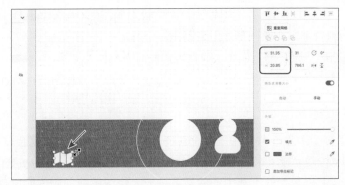

图 5.36

7. 按住 Shift 键，拖动人物图标上的控制点，使其"高度"（H）变为 20。选择双环图标，按住 Shift 键，拖动其上控制点，使其"高度"（H）变为 48，结果如图 5.37 所示。

8. 在工具箱中，选择"椭圆"工具，绘制一个"高度"（H）、"宽度"（W）均为 48 的圆形，如图 5.38 所示。

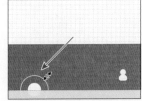

图 5.37

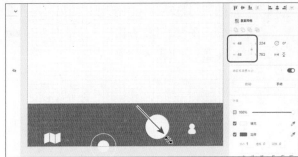

图 5.38

9. 在"属性检查器"中取消勾选"边界"，去掉圆形外框。

10. 在"属性检查器"中单击"填充"颜色框，在打开的"拾色器"中，设置填充颜色为白色、Alpha（不透明度）值为 15%，如图 5.39 所示。按 Return 或 Enter 键，然后再按 Esc 键，隐藏"拾色器"。

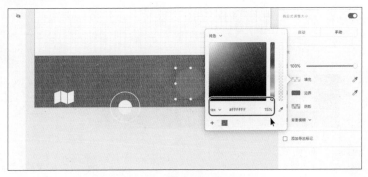

图 5.39

11. 选择"选择"工具（▶），在圆形处于选中的状态下，按 Command+D（macOS）或 Ctrl+D（Windows）组合键，在原圆形之上复制出一个圆形。

12. 把复制出的圆形从原圆形上拖离，确保可以同时看到两个圆形。

接下来，把其中一个圆形与人物图标对齐，把另外一个圆形与地图图标对齐。

5.5.3 把对象彼此对齐

当你同时选择了多个对象，并应用了某个对齐方法之后，这些对象就会按照指定的方法彼此对齐（并非按照画板对齐）。接下来，我们先把每个图标的内容对齐，然后再把图标彼此对齐。

1. 在"选择"工具（▶）处于选中的状态下，把人物图标拖动到你刚刚创建的一个圆形上。按住 Shift 键，单击圆形，同时选中两个对象。在"属性检查器"顶部，单击"居中对齐（垂直）"图标（╫）和"居中对齐（水平）"图标（╪），如图 5.40 所示。

Adobe XD 中的对齐功能和其他 Adobe 程序中的一样，"顶对齐"就是把所选对象与最顶部的对象对齐；"底对齐"就是把所选对象与最底部的对象对齐，诸如此类。

2. 按 Command+G（macOS）或 Ctrl+G（Windows）组合键，把圆形和人物编组在一起。

3. 把地图图标拖动到你刚刚创建的另外一个圆形上。按住 Shift 键，单击圆形，同时选中两个对象。在"属性检查器"顶部单击"居中对齐（垂直）"图标（╫）和"居中对齐（水平）"图标（╪），如图 5.41 所示。

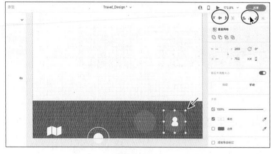
图 5.40

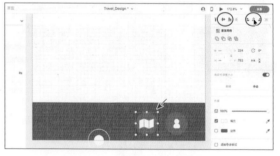
图 5.41

4. 按 Command+G（macOS）或 Ctrl+G（Windows）组合键，把地图图标和圆形编组在一起。

5. 把每个图标都拖动到橙色矩形之内，如图 5.42 所示。

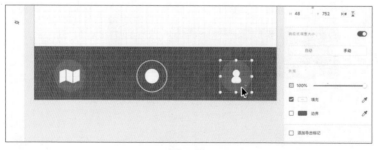
图 5.42

5.5.4 分布图标

Adobe XD 提供了对象分布功能，借助该功能，可以选择多个对象，使这些对象的中心点保持相等距离。下面，我们调整橙色矩形框中各个图标的位置，并对它们执行分布操作。

1. 拖动地图图标，使其左边缘对齐到方形网格，并且在"属性检查器"中，使其 X 值为 24，如图 5.43 所示。

如果把视图放大到足够大，拖动图标时，它会自动对齐到像素网格。

2. 拖选图标和橙色矩形，把它们全部选中。在"属性检查器"中，单击"居中对齐（垂直）"（ ），此时，所选图标应该在垂直方向上对齐到橙色矩形中间，如图 5.44 所示。

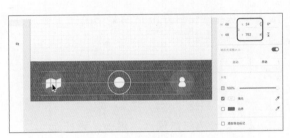

图 5.43

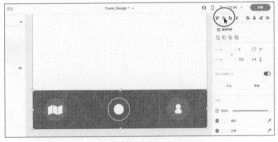

图 5.44

3. 在灰色空白区域中单击，取消选择所有。

4. 按住 Shift 键，拖动人物图标，使其右边缘对齐到从画板右边缘往左的第三根网格线上。此时，人物图标到画板右边缘的距离和地图图标到画板左边缘的距离一样，如图 5.45 所示。

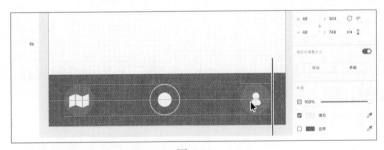

图 5.45

5. 再次拖选图标和橙色矩形，把它们全部选中。按住 Shift 键，单击橙色矩形，将其取消选择，仅保持三个图标处于选中状态。

6. 在"属性检查器"中，单击"水平分布"图标（ ），如图 5.46 所示。

执行"水平分布"操作后，所选形状会发生相应移动，使得每个形状中心点之间的距离相等。

7. 拖选橙色矩形和图标，把它们全部选中。按 Command+G（macOS）或 Ctrl+G（Windows）组合键，把它们编入一个组之中。

8. 按 Esc 键，取消选择所有内容。

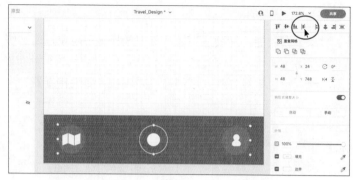

图 5.46

9. 选择"文件">"保存"菜单（macOS），或者单击程序窗口左上角的菜单图标（≡），从
弹出菜单中选择"保存"菜单（Windows）。

对齐和分布画板

使用画板时，你可能会把它们拖来拖去，以便更好地组织设计。例如，你可能
希望在带有一系列画板的应用程序中创建一个用户流程。

在 Adobe XD 中，你可以轻松地对齐和分布画板，就像处理普通对象一样。这
样有助于保持画板的视觉组织性。可以轻松地拖选画板，或在"图层"面板中选择
画板，然后在"属性检查器"顶部单击相应的对齐或分布图标进行编辑。

5.6 调整对象位置

到目前为止，我们调整对象位置时都不要求十分精确。如果需要精确调整对象的位置，可以
使用 Adobe XD 为我们提供的如下方法：使用间隙与对齐参考线或者直接在"属性检查器"中设置
位置值。

5.6.1 使用临时参考线对齐

首先，我们从 Icons 画板中复制、粘贴一个图标到 Home
画板中的按钮上，然后使用对齐参考线，确保其对齐正确。

1. 在"图层"面板中，双击 Icons 画板左侧的画板图标
（▢），将其放大到文档窗口。

2. 在 Icons 画板上，使用鼠标右键，单击白色小箭头，
从弹出菜单中，选择"复制"，如图 5.47 所示。

3. 按 Command+0（macOS）或 Ctrl+0（Windows）组合键，
显示所有画板。

图 5.47

4. 在 Home 画板上，单击橙色矩形，按 Command+3（macOS）或 Ctrl+3（Windows）组合键，将其放大到文档窗口。

5. 使用鼠标右键，单击橙色矩形，从弹出的菜单中选择"粘贴"，如图 5.48 所示。

6. 拖动箭头，将其垂直居中至矩形，并放置到靠右的位置上，如图 5.49 所示。当箭头垂直居中于矩形时，你会看见一条洋红色参考线。另外，拖动箭头时，会看到有距离值显示出来，也就是说，XD 会把箭头与画板左边缘和右边缘之间的距离显示出来。由于矩形是橙红色的，所以你可能不太容易看见它们。

图 5.48

图 5.49

7. 按住 Shift 键，单击橙红色矩形，按 Command+G（macOS）或 Ctrl+G（Windows）组合键，把选中的两个对象编入一个组中。

8. 按 Esc 键，取消选择组。

5.6.2 设置间距

在拖动对齐对象的过程中，当对象之间的距离一样时，就会出现临时参考线。这就是所谓的间隙距离。你可以使用这种可视化的方法把对象之间的间距快速调为一致，而且又不必对这些对象执行分布操作。本节，我们将尝试使用临时参考线调整几个图标的位置。

1. 在"图层"面板中，双击 Icons 画板左侧的画板图标（▢），将其放大到文档窗口。

2. 在 Icons 画板上，单击橙红色云朵图标，将其选中，然后按住 Shift 键，单击橙红色位置定位图标，把它们同时选中。使用鼠标右键单击其中一个图标，从弹出菜单中，选择"复制"，如图 5.50 所示。

3. 按住空格键，鼠标临时变成"手形"工具，拖动文档窗口，直到看见 Memory 画板。此外，还可以使用触控板手势（双指按住触控板并拖动）来拖动文档窗口。

4. 单击 Memory 画板，按 Command+V（macOS）或 Ctrl+V（Windows）组合键，粘贴复制的图标。可能需要把粘贴后的图标拖动到 Memory 画板之中。

5. 按 Command+3（macOS）或 Ctrl+3（Windows）组合键，把所选图标放大到文档窗口。

6. 单击空白区域，取消选择图标。然后单击云朵图标，如图 5.51 所示。

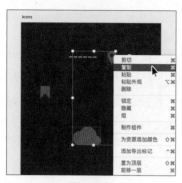

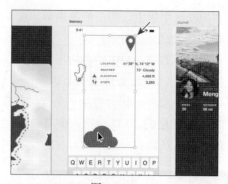

图 5.50　　　　　　　　　　　　　　　　　　　图 5.51

7. 粘贴进来的图标有可能是带编组的。若是，使用鼠标右键单击其中一个，从弹出菜单中选择"取消编组"。

8. 单击图标之外的空白区域，取消选择图标。然后单击云朵图标。

9. 在"属性检查器"中，开启"锁定长宽比"（🔒），把"高度"（H）修改为 12，按 Return 或 Enter 键，使修改生效，如图 5.52 所示。

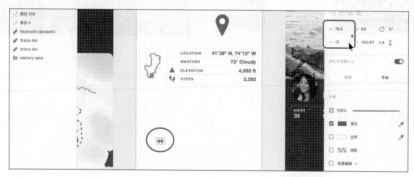

图 5.52

10. 单击位置定位图标。在"属性检查器"中，开启"锁定长宽比"（🔒），把"高度"（H）修改为 18，按 Return 或 Enter 键，使修改生效，如图 5.53 所示。

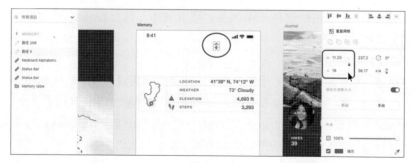

图 5.53

11. 把云朵图标拖动到 WEATHER 文本左侧，把位置定位图标拖动到 LOCATION 文本左侧，并使其处于选中状态，如图 5.54 所示。

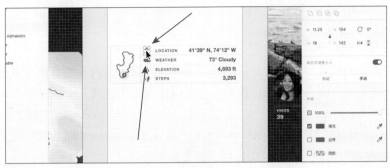

图 5.54

请注意，在把两个图标向目标位置拖动期间，临时对齐参考线不会显示出来。那是因为 LOCATION 和 WEATHER 文本属于一个更大的编组。

12. 在"图层"面板中，把所选路径对象（定位图标）拖至 Memory table 编组之上，然后释放鼠标左键，将其添加到编组之中。

采取同样操作，把云朵图标添加到 Memory table 编组之中，如图 5.55 所示。

13. 把文档窗口放大一些，让定位图标和云朵图标显得更大一点。

14. 接下来，拖动画板上的云朵图标，当它与其下的三角形图标对齐时，会出现一根蓝绿色的智能参考线。向上或向下拖动时，会看到一条洋红色的间隔带，显示的间隙距离为 6.3，如图 5.56 所示。

图 5.55

Xd | 提示：使用键盘上的箭头键移动对象时，发生对齐时也会出现对齐参考线。

如果看不到间隙距离，请尝试把视图缩放一下。文档视图放大得越大，拖动时，移动得越精细。

15. 把文档视图放大一些，让定位图标显得更大一点。拖动定位图标，使其与云朵图标、LOCATION 文本居中对齐，如图 5.57 所示。

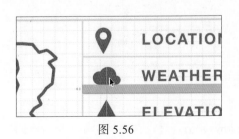

图 5.56

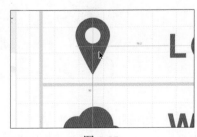

图 5.57

再次重申，在不同的缩放级别下，你有可能看到，也有可能看不到定位图标与 LOCATION 文本对齐的参考线。若看不到，请尝试调整一下缩放级别。

5.6.3　使用临时参考线查看距离

使用临时参考线的另外一个好处是，你能够通过它查看所选内容与其他对象或画板边缘之间的距离。有时，这个功能会非常有用，例如，你可以使用它快速使几个独立对象与其他某个对象之间有相同的距离。

1. 按几次 Command+ 减号（macOS）或 Ctrl+ 减号（Windows）组合键，把视图缩小一些，以便能够看到定位图标和云朵图标周围的更多对象。
2. 单击 LOCATION 文本，将其选中。按 Option（macOS）或 Alt（Windows）键，移动鼠标到画板的空白区域，如图 5.58 所示。

 注意：可能需要双击 LOCATION 文本，才能选中文本对象。

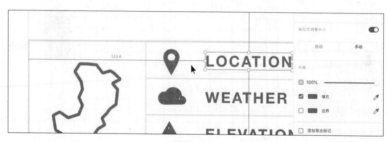

图 5.58

你会看到有四条洋红色线条从文本对象的边缘中点延伸出去，并且在每根线条的旁边显示着离画板相应边缘的距离。通过这些数值，可以快速了解所选对象到画板各个边缘之间的距离。

3. 在 Option（macOS）或 Alt（Windows）键处于按下的状态下，把鼠标移动到某个对象之上，比如定位图标，如图 5.59 所示。

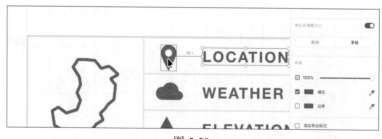

图 5.59

此时，你可以看到 LOCATION 文本与鼠标所在对象（这里是定位图标）之间的距离。

4. 按 Command+0（macOS）或 Ctrl+0（Windows）组合键，在文档中显示出所有内容。

5. 单击空白的灰色粘贴板区域，取消选择所有内容。

6. 选择"文件">"保存"（macOS），或者单击程序窗口左上角的菜单图标（≡），从弹出菜单中选择"保存"（Windows）。

5.7　固定对象位置

我们使用双环、地图、人物图标创建的页脚是要放在 App 屏幕底部的。在一个支持垂直滚动的画板中，当用户滚动页面内容时，页脚部分也会跟着一起移动。这并不是我们想要的，我们想要页脚部分始终固定在屏幕底部，保持不动。此时，我们可以为页脚设置一个固定位置，这样当用户在画板中做垂直滚动操作时，页脚会保持不动。位置被固定的对象可以位于其他设计对象的上方或下方。

接下来，我们把页脚放到指定的位置，并使其位置固定不变。

1. 放大文档视图，在文档窗口中，同时显示出 Explore 和 Hike Detail 两个画板。

2. 在"选择"工具（▶）处于选中的状态下，把页脚编组从 Explore 画板拖动到 Hike Detail 画板底部。当页脚编组与 Hike Detail 画板底部对齐时，就会出现一条浅绿色水平参考线，此时，释放鼠标左键，如图 5.60 所示。

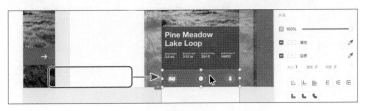

图 5.60

3. 在"属性检查器"中，单击"居中对齐（水平）"图标（♣），使页脚组沿水平方向对齐到画板中间，如图 5.61 所示。

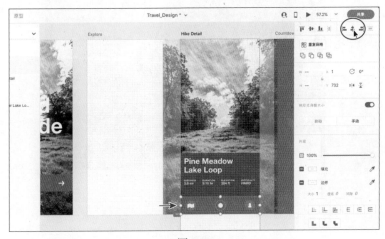

图 5.61

可能需要移动一下 Pine Meadow Lake Loop 编组内容，才能更好地将其与页脚对齐，如图 5.61 所示。接下来，我们看一下当用户在设备上滚动画板时会发生什么。

4. 单击程序窗口右上角的"桌面预览"按钮，如图 5.62 所示。

图 5.62

5. 在打开的"预览"窗口中，拖动垂直滚动条，如图 5.63 所示。

你会看到页脚部分会随着页面的滚动一起移动。为了让页脚始终停靠在屏幕底部，我们需要把页脚的位置固定下来。

图 5.63

6. 在页脚编组处于选中的状态下，在"属性检查器"中勾选"滚动时固定位置"，如图 5.64 所示。

图 5.64

7. 再次单击"桌面预览"按钮，在预览窗口中拖动滚动条，你会发现当页面中的其他内容发生滚动时，页脚始终固定在屏幕底部，保持不动，如图 5.65 所示。

图 5.65

Xd 注意：在 Windows 系统中，单击文档窗口之后，可能需要按 Alt+Tab 组合键，才能显示出预览窗口。

8. 单击预览窗口上的红色关闭按钮（macOS）或"×"按钮（Windows），将其关闭。

9. 按 Command+0（macOS）或 Ctrl+0（Windows）组合键，显示文档中的所有内容。

10. 单击空白的灰色粘贴板区域，取消选择所有内容。

11. 选择"文件">"保存"菜单（macOS），或者单击程序窗口左上角的菜单图标（≡），从弹出菜单中选择"保存"菜单（Windows）。

12. 如果你想接着学习下一课，现在可以不关闭 Travel_Design.xd 文件。因为在下一课的学习中，我们会继续使用 Travel_Design.xd 这个文件。否则，对于每个打开的文档，我们都应该选择"文件">"关闭"（macOS），或者单击程序窗口右上角的"×"按钮（Windows），将其关闭。

Xd | **注意：** 如果你使用的是 L5_start.xd 文件，则请保持该文件处于打开状态。

5.8 复习题

1. 什么是堆叠顺序？
2. 可以在"图层"面板的哪个层上找到粘贴板中的内容？
3. 重新排列画板顺序对文档有什么影响？
4. 在不取消编组的情形下，如何编辑编组中的内容？
5. 请描述如何在不拖动内容时显示对象之间的距离值。
6. 什么是"固定对象位置"？

5.9 复习题答案

1. 堆叠顺序控制着对象发生重叠时的显示方式。可以使用"图层"面板或排列命令随时改变对象的堆叠顺序。
2. 当有些设计内容不在画板上而在灰色的粘贴板上时，在"图层"面板中就会显示出"粘贴板"。
3. 在"图层"面板中，重排画板顺序会影响画板在设计中的堆叠方式，但并不影响它们的位置（X 和 Y 坐标）。调整画板的堆叠顺序有助于组织设计内容，在"图层"面板中调整画板中内容的堆叠顺序，与使用"属性检查器"中的排列命令所得到的效果是一样的。
4. 在不取消编组的状态下编辑编组内容时，需要双击编组中要编辑的内容，从"图层"面板中选择要编辑的内容或者按住 Command（macOS）或 Ctrl（Windows）键单击编组中要编辑的内容。
5. 要显示两个对象之间的距离，先选择其中一个对象，然后按住 Option（macOS）或 Alt（Windows）键，把鼠标移动到另外一个对象上，此时就可以看到两个对象之间的距离了。
6. 可以为画板中选中的对象设置一个固定位置，这可以把对象（比如页脚）固定在一个确定的位置上，不管用户如何滚动屏幕，被固定的对象都会保持不动。被固定的对象可以位于其他设计对象上方或下方。

第6课　使用资源和CC库

本课概述

本课介绍的内容包括：
- 了解"资源"面板；
- 向"资源"面板添加颜色以便重用和编辑；
- 保存和编辑字符样式；
- 使用组件；
- 使用 Creative Cloud 库。

本课大约要用 45 分钟完成。开始之前，请先将本书的课程资源下载到本地硬盘中，并进行解压。在学习本课时，将覆盖相应的课程文件。建议先做好原始课程文件的备份工作，以免后期用到这些原始文件时，还需重新下载。

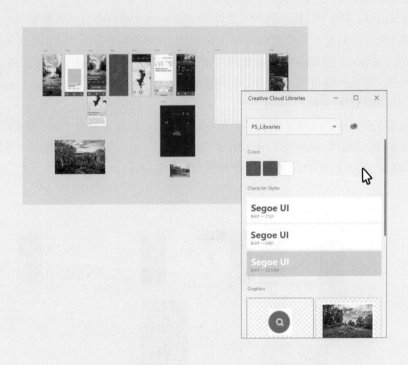

在本课中，我们将进一步学习 Adobe XD 中各种有用的功能，包括在"资源"面板中保存颜色、字符样式、组件等。灵活运用这些功能，你可以更快、更好地完成设计工作。本课我们还会学习 Creative Cloud 库的使用方法，在 Adobe XD 中使用其他 Adobe 应用程序制作的设计资源。

6.1 开始课程

本课中，我们将学习在"资源"面板中保存资源和使用 CC 库的相关内容。掌握这些内容有助于更好、更快地完成设计工作。正式开始之前，我们先把最终课程文件打开，大致了解一下本课我们要做什么。

 注意：如果你尚未把本课的项目文件下载到本地计算机，请先阅读本书前言，查找相关文件的下载方法。

1. 若 Adobe XD CC 尚未打开，先启动它。
2. 在 macOS 系统下，依次选择"文件">"从您的计算机中打开"菜单；在 Windows 系统下，单击程序窗口左上角的菜单图标（≡），从弹出菜单中选择"从您的计算机中打开"菜单。

不论在 macOS 还是 Windows 系统下，如果显示的"主页"界面中没有文件打开，请单击"主页"界面中的"您的计算机"。在"打开"对话框中，转到硬盘上的 Lessons > Lesson06 文件夹之下，打开名为 L6_end.xd 的文件。

3. 如果在程序窗口底部显示出字体缺失信息，单击信息右侧的"×"按钮，将其关闭即可。
4. 按 Command+0（macOS）或 Ctrl+0（Windows）组合键，显示出所有设计内容，如图 6.1 所示。通过这些内容，可以了解本课我们要创建什么。

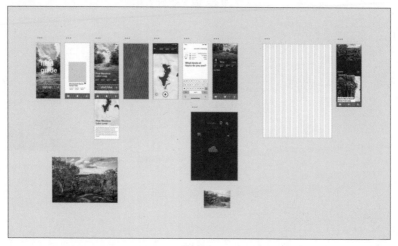

图 6.1

 注意：本课截图是在 Windows 系统下截取的。在 macOS 系统下，可以在程序窗口上方看到菜单栏。

5. 可以不关闭 L6_end.xd 文件，而是将其放在一边用作参考。当然，也可以选择"文件">"关闭"（macOS），或者单击程序窗口右上角的"×"按钮（Windows），将其关闭。

6.2 使用"资源"面板管理资源

你可以使用"资源"面板保存、管理项目资源，包括颜色、字符样式、组件。把资源保存在"资源"面板中能够为你节省大量时间。例如，你可以对保存在"资源"面板中的颜色进行再次编辑，而且不管它用在文档什么地方都能自动更新。本书写作之时，在最新的 Adobe XD 中，每个项目文件都有自己的一组资源，它们还不能在项目之间共享，但是你可以把组件（比如按钮、图标）从一个文档复制到另一个文档，同时生成一个链接。所谓"组件"，就是一个可以被文档中的不同画板反复使用的对象。本课后面我们会讲解更多与组件及其组件链接相关的内容。

> **Xd** **注意：** 如果你打算使用本书前言中提到的快速学习法学习本课内容，请从 Lessons > Lesson06 文件夹中打开 L6_start.xd 文件。

> **Xd** **注意：** 在本书即将出版之际，Adobe XD 新增了一项功能。当打开一个 XD 文档，且该文档中用到的字体在你的系统中不可用时，缺失字体就会出现在"资源"面板中。若 Adobe Fonts 库中存在任意一个缺失字体，则 XD 会自动激活它们，并把它们安装到计算机中。你可以使用鼠标右键在"资源"面板中单击缺失字体，从弹出的菜单中选择"画板高亮显示"或"替换字体"。

图 6.2

1. 选择"文件">"从您的计算机中打开"菜单（macOS），或者单击程序窗口左上角的菜单图标（≡），从中选择"从您的计算机中打开"（Windows），打开 Lessons 文件夹中的 Travel_Design.xd 文档。
2. 按 Command+0（macOS）或 Ctrl+0（Windows）组合键，显示所有文档内容。
3. 单击程序窗口左下角的"资源"面板按钮（□），打开"资源"面板，如图 6.2 所示。

默认情况下"资源"面板是空的，但是在上一课中，我们已经从 iOS UI 套件中复制了组件，因此，你可以在"资源"面板中看到它们。如果看到了与链接组件有关的警告信息，可以单击"确定"按钮。

可以从任何类型的选择、指定组或多个选择，或者通过选择所有画板，把颜色、字符样式、组件添加到"资源"面板中。本节将介绍每种类型的资源，并讨论如何使用它们来节省时间和精力。

> **Xd** **注意：** 你看到的"资源"面板按钮可能是蓝色的，并且右上角带有一个小蓝点。这表示链接到源文档的组件已经被修改了或者发生了缺失。有关这方面的内容，我们将在 6.2.12 节中讲解。

6.2.1 保存颜色

首先，我们学习如何把自定义的颜色保存到"资源"面板中。在"资源"面板中保存颜色类似于在其他 Adobe 程序（比如 Adobe Illustrator）中把颜色保存为色板。一旦把颜色保存进"资源"面板，并将其应用到设计内容中，当你编辑了颜色之后，所有应用该颜色的内容都会自动进行更新。

> **Xd** **提示：** 可以使用 Command+Shift+Y（macOS）或 Ctrl+Shift+Y（Windows）组合键来打开或关闭"资源"面板。

1. 在程序窗口左侧，"资源"面板处于打开的状态下，按 Command+Y（macOS）或 Ctrl+Y（Windows）组合键，打开"图层"面板。

> **Xd** **注意：** 在把颜色保存到"资源"面板之前，必须先把颜色应用到某个对象上。

2. 在"图层"面板中，双击 Icons 画板左侧的画板图标（▢），将其放大到文档窗口。
3. 在"选择"工具（▶）处于选中的状态下，使用鼠标右键单击 Icons 画板上的云朵图标，从弹出菜单中选择"添加颜色到资源"，如图 6.3 所示。

可以使用这种方法把任意一个对象的颜色保存到"资源"面板中。由于云朵图标只有填充颜色，无边框颜色，所以只有填充颜色被保存成了资源。如果你为云朵图标指定了边框颜色，那么边框颜色也会被添加到"资源"面板中。

4. 单击程序窗口左下角的"资源"面板按钮（▢），打开"资源"面板，可以看到云朵图标上的橙红色已经被保存到了"颜色"区域之中，如图 6.4 所示。

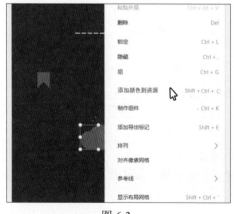

图 6.3

图 6.4

除了单独保存颜色之外，还可以选择一系列对象，同时保存它们的颜色。

5. 按 Command+0（macOS）或 Ctrl+0（Windows）组合键，显示出所有设计内容。

6. 按 Command+A（macOS）或 Ctrl+A（Windows）组合键，选择文件中的所有内容。

7. 在"资源"面板中，单击"颜色"右侧的加号（+），保存所选对象的颜色，如图 6.5 所示。

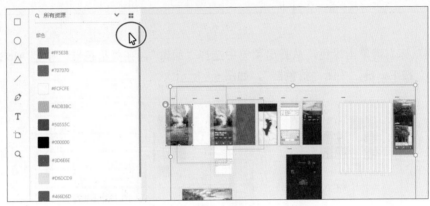

图 6.5

可以看到，使用上面的方法可以把所有所选对象的颜色保存到"资源"面板中，包括实色填充、渐变、带透明度的填充或渐变。保存时，渐变总是排在或分在列表的最后面。

8. 按 Command+Shift+A（macOS）或 Ctrl+Shift+A（Windows）组合键，取消选择。

9. 单击"资源"面板顶部的"网格视图"按钮（▦），在网格中查看颜色，如图 6.6 所示。

可以以列表视图或网格视图的形式查看"资源"面板中的内容。

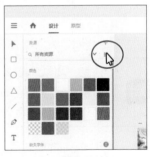

图 6.6

10. 按 Command+S（macOS）或 Ctrl+S（Windows）组合键，保存文本。

6.2.2 编辑保存的颜色

把颜色保存到"资源"面板中有诸多好处，比如保证颜色的准确性和一致性，节省作业时间等。接下来，我们学习如何编辑保存在资源面板中的颜色，了解修改颜色对整个设计项目的影响。

1. 移动鼠标到绿色色板（#275454（90%））上。找到绿色色板后，单击选中它，然后单击鼠标右键，从弹出菜单中选择"画布高亮显示"，查看它被应用到了哪些对象（Hike Detail画板的矩形上）上，如图 6.7 所示。

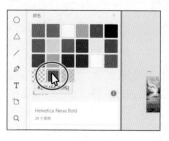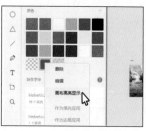

图 6.7

2. 使用鼠标右键单击绿色，从弹出菜单中选择"编辑"，在"拾色器"中把 Alpha 值修改为70%，按 Esc 键，关闭"拾色器"，如图 6.8 所示。

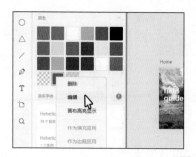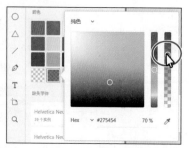

图 6.8

> **注意**：要从"资源"面板中删除一个或多个色板，首先从"资源"面板中选择要删除的一个或多个色板，使用鼠标右键单击其中一个色板，从弹出菜单中选择"删除"。删除之后，文档中应用该颜色的对象的颜色不会一同删除。

3. 放大 Journal 画板，把 Meng 图片显示得大一些。

4. 按住 Command（macOS）或 Ctrl（Windows）键，单击 Hike info copy 组中的 Meng 图片，可将其选中，如图 6.9 所示。

在"资源"面板中，单击某个颜色色板，即可将其应用到所选对象，默认是填充到所选对象。应用颜色色板到所选对象时，使用鼠标右键单击"颜色"色板，从弹出的菜单中选择"作为边框应用"，即把所选色板应用到对象的边框上。

5. 在"资源"面板中，使用鼠标右键单击绿色色板（#275454（70%）），从弹出的菜单中选择"作为边框应用"，把所选颜色应用到所选图片的边框上，如图 6.10 所示。

6. 在"属性检查器"中把"大小"（描边宽度）修改为 3，如图 6.11 所示。

图 6.9

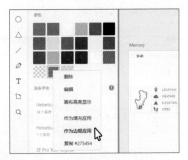
图 6.10

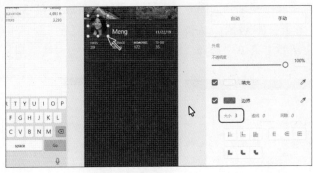
图 6.11

7. 在图片之外，单击空白粘贴区域，取消选择，查看图片上出现的绿色描边。

6.2.3 保存字符样式

保存文本格式是另外一种提高工作效率的途径。在"资源"面板中，可以把文本格式保存成字符样式。借助字符样式，可以保持文本格式的一致性，在需要全局更新文本的某些属性时特别有用。把字符样式保存到"资源"面板之后，再次修改保存的字符样式时，所有应用该字符样式的文本都会自动进行更新。本节中，我们会把上一课中应用的文本格式保存为字符样式，然后了解一下它们是如何使用的。

1. 按 Command+0（macOS）或 Ctrl+0（Windows）组合键，显示所有内容。

2. 放大 Hike Detail 画板的底半部分。

3. 选择"文本"工具（**T**），把鼠标移动到文本段落之上，并对齐到文本左边缘。当出现浅绿色垂直参考线时，向右下拖动，创建一个文本区域，输入文本 Pine Meadow Lake Loop，如图 6.12 所示。

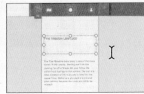
图 6.12

4. 按 Esc 键，选择文本对象。

5. 在"属性检查器"中，把"字体大小"修改为 36，选择字体为 Helvetica Neue（macOS）或 Segoe UI（Windows），"字

体粗细"为 Bold，修改"行间距"为 40，如图 6.13 所示。

图 6.13

6. 选择"选择"工具（▶），拖动文本框的一角，显示出所有文本，并使其在 Lake 处换到下一行。然后把整个文本拖动到如图 6.14 所示的位置，并确保它与下方文本的左边缘对齐。

7. 使用鼠标右键单击文本对象，从弹出菜单中选择"复制"。使用鼠标右键单击右侧的 Memory 画板，从弹出菜单中选择"粘贴"，把复制的文本粘贴到其中，如图 6.15 所示。

图 6.14

图 6.15

Xd **注意：** 如果把文档窗口放大得足够大，对准画板的一个不同部分，复制的文本会被粘贴到文档窗口中央。

8. 在 Memory 画板上，在文本对象处于选中的状态下，在"资源"面板的"颜色"区域中，单击橙红色（#FF491E），更改文本颜色，如图 6.16 所示。

图 6.16

9. 双击文本，将其选中，输入 "What kinds of fauna do you see?"。

接下来，我们需要把同样的文本样式（包括颜色）应用到 Hike Detail 画板的 "Pine Meadow Lake Loop" 文本上。为此，我们先把 Memory 画板上的文本样式存储为字符样式，然后再将其应用到 Hike Detail 画板的文本上。

10. 把光标置于文本 "What kinds of fauna do you see?" 之中，或者在文本对象处于选中的状态下，在 "资源" 面板的 "字符样式" 区域中单击右侧的加号（+），如图 6.17 所示。

> **Xd** 提示：还可以通过选择文本对象（非文本）把文本格式保存为字符样式。

> **Xd** 提示：可以在 "资源" 面板的列表视图（默认视图）下，双击字符样式名称，修改它。

单击加号后，XD 会获取指定文本样式，并将其作为字符样式存储在 "资源" 面板中。请注意，样式名称与字体名称是一致的。这里我选择的字体是 Segoe UI（Windows），所以存储的字符样式名称也是 Segoe UI。如果上一步中你选择了其他字体，看到的字符样式名称就会跟这里不一样。

11. 在 "选择" 工具（▶）处于选中的状态下，按 Esc 键，选择文本对象，调整文本控制框，使输入的文本显示在两行中。

12. 在 Hike Detail 画板下半部分，单击选择 "Pine Meadow Lake Loop" 文本。在 "资源" 面板中，单击名为 Helvetica Neue（macOS）或 Segoe UI（Windows）的字符样式，将其应用到所选文本上，如图 6.18 所示。

图 6.17

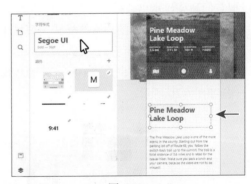

图 6.18

> **Xd** 提示：默认情况下，字符样式是按字母表顺序排列的。如果你有多个同名样式（比如 Helvetica Neue），则按照字号从大到小排列，字号大的位于上方。

13. 在 "选择" 工具（▶）处于选中的状态下，调整文本框，使文本正常显示出来。然后把文本拖动到图 6.18 所示的位置上。

你可以提前做规划，在开始设计之前先创建一系列字符样式，或者在需要重用文本样式时从内容创建它们。此外，字符样式、颜色和组件（稍后讲解）还可以用作整个设计系统的一部分，或者用作类似项目的起点。

6.2.4 编辑字符样式

创建好字符样式之后，接下来，我们编辑它并观察一下应用该字符样式的所有文本是否同步更新。

1. 按 Command+Shift+A（macOS）或 Ctrl+Shift+A（Windows）组合键，取消选择所有内容。
2. 按 Command+0（macOS）或 Ctrl+0（Windows）组合键，显示所有内容。
3. 在"资源"面板中，右键单击字符样式，从弹出的菜单中选择"画布高亮显示"，了解一下有哪些文本应用了该样式，如图 6.19 所示。

图 6.19

编辑颜色或字符样式时，并不需要把应用了该颜色或字符样式的内容高亮显示出来。这里之所以把它们高亮显示出来是为了帮你了解编辑颜色或字符样式时会对哪些内容产生影响。

4. 在"资源"面板的"字符样式"区域中，使用鼠标右键单击保存的字符样式，从弹出菜单中选择"编辑"，打开"编辑"面板。
5. 在"拾色器"中，选择 Hex，把颜色修改为 466D6D，按 Return 或 Enter 键，使修改生效，如图 6.20 所示。

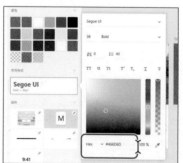

图 6.20

当编辑某个字符样式时，你会看到文档中应用了该样式的文本也发生了变化。谈到向字符样式应用颜色，请注意：在编辑字符样式期间，不能从"资源"面板中选择一个已保存的颜色色板。但是，可以使用"编辑"面板中的"吸管"工具吸取某个色板的颜色，将其应用到其他文本上。

6. 在"编辑"面板之外单击，关闭"编辑"面板。

7. 按 Command+S（macOS）或 Ctrl+S（Windows）组合键，保存文件。

6.2.5　创建组件

如你所见，保存颜色和字符样式可以节省大量时间。同样，把一些反复使用的按钮或文本段落保存下来也很有用。可以把某些对象以组件的形式保存到"资源"面板中。所谓组件就是一个在文档的多个面板中被反复使用的对象。在项目中，一个组件的所有实例都是相互链接在一起的，改动其中任意一个实例，其他所有实例都会受到影响。接下来，我们尝试把按钮作为组件保存到"资源"面板中。

图 6.21

1. 把 Home 画板放大到文档窗口。

2. 选择"文本"工具（**T**），单击橙色矩形，添加一些文本，输入 sign up，注意全部小写。

3. 按 Esc 键，选择文本对象。

4. 在文本对象处于选中的状态下，在"资源"面板的"颜色"区域中单击白色（#FFFFFF），修改文本颜色，如图 6.21 所示。

5. 在"属性检查器"中，把"文字大小"修改为 40，选择字体为 Helvetica Neue（macOS）或 Segoe UI（Windows）（或类似字体），修改"字体粗细"为 Bold，如图 6.22 所示。

6. 选择"选择"工具（▶），把文本拖动到如图 6.23 所示的位置上，确保文本与橙色矩形垂直居中对齐。

图 6.22

图 6.23

7. 按住 Shift 键，单击橙色按钮组，同时选中文本对象和按钮。

8. 在"资源"面板的"组件"区域中单击加号（+），把所选内容存储为组件，如图 6.24 所示。

图 6.24

在把所选内容保存为组件之后，可以在"资源"面板的"组件"区域中看到它们。在文档的 Home 画板中，组件周围的控制框变为绿色，表示 Home 画板上的按钮成为"资源"面板中按钮组件的一个实例。

6.2.6 编辑组件

把某些内容保存为组件的原因是多方面的，一个原因是方便内容重用，另一个原因是方便内容更新。接下来，我们会在另外一个画板中重用按钮组件，然后编辑按钮组件，查看会有什么变化发生。

1. 单击"资源"面板顶部的列表视图按钮（≡）。向下滚动"资源"面板，可以看到组件区域。在列表视图下，可以看到组件的名称。

2. 双击橙色按钮组件名称，输入 button，按 Return 或 Enter 键，使修改生效，如图 6.25 所示。

3. 若无法在文档窗口中看见 Hike Detail 画板，可以按 Command+ 减号（macOS）或 Ctrl+ 减号（Windows）组合键，缩小文档窗口，直到看到它。

接下来，把按钮组件的一个副本（称为"实例"）拖入 Hike Detail 画板中。首先，调整一下画板内容，为按钮组件留出空间。

4. 拖选背景图片和 Pine Meadow Lake Loop 文本，把它们略微向上移动，如图 6.26 所示。注意请不要选中页脚部分。

图 6.25

图 6.26

5. 在"资源"面板的"组件"区域中，把按钮组件拖入 Hike Detail 画板中，如图 6.27 所示。

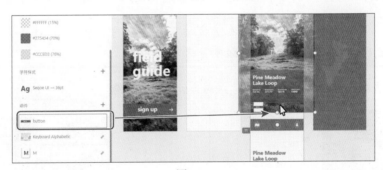

图 6.27

6. 在组件处于选中的状态下，双击 Hike Detail 画板上组件实例中的任意地方，进入组件编辑模式。

此时，按钮组件周围的边框会变得更粗一些，如果不仔细看，这很难看出来。

7. 单击选择橙色按钮矩形，将其左边缘向右拖动，让它变窄一些，如图 6.28 所示。

Home 画板上另外一个按钮组件应该也会发生同样的变化。可以修改组件中对象的样式、大小、阴影或位置，观察一下这些修改是否会影响到其他链接在一起的实例。

8. 按 T 键，选择"文本"工具（**T**）。选择 Hike Detail 画板上的 sign up 文本，输入 start hike，如图 6.29 所示。

图 6.28

图 6.29

可以编辑一个组件实例中的文本，其他组件实例中的文本不会改变。当有一系列有着相同外观但文本不同的按钮（比如本示例中）时，这会非常有用。

9. 选择"选择"工具（▶），单击空白的粘贴板区域，取消选择所有内容。然后单击 start hike 组件实例，将其选中。

10. 使用鼠标右键单击 start hike 按钮组件实例，在弹出菜单中会看到"推送覆盖"命令，如图 6.30 所示。请不要选择它！

如果希望所有按钮实例中的文本全部进行更新，可以使用"推送覆盖"这个命令。

 注意：如果不小心选择了"推送覆盖"命令，可以按 Command+Z（macOS）或 Ctrl+Z（Windows）组合键撤销该命令。

11. 向右拖动 start hike 按钮，使其右边缘对齐到画板右边缘，如图 6.31 所示。

图 6.30

图 6.31

12. 在 start hike 按钮处于选中的状态下，按住 Shift 键，单击 Home 画板上的 sign up 按钮，把它们同时选中。在"属性检查器"中，单击"居中对齐（垂直）"按钮（▮▮），把它们彼此对齐，如图 6.32 所示。

图 6.32

13. 单击画板之外的空白区域，取消选择所有内容。

14. 按 Command+S（macOS）或 Ctrl+S（Windows）组合键，保存文件。

6.2.7 断开组件链接

有时你只想改变某一个特定组件实例的外观。例如，对于我们创建的按钮组件，或许你只想改变其中一个按钮的颜色，但是当你改变其中一个按钮实例的颜色时，却发现其他按钮实例也做出了同样的变化。为了解决这个问题，我需要先断开那个按钮实例的链接。接下来，我们学习断开组件实例链接的方法，断开链接之后，编辑其中一个实例就不会再影响到其他实例了。

1. 按 Command+Y（macOS）或 Ctrl+Y（Windows）组合键，打开"图层"面板。双击 Home 画板左侧的画板图标（▢），将其放大到文档窗口。

2. 按住 Command（macOS）或 Ctrl（Windows）键，单击按钮组件上的白色箭头，将其选中，按 Esc 键，选择整个箭头组，如图 6.33 所示。

3. 按 Command+C（macOS）或 Ctrl+C（Windows）组合键，复制箭头。

4. 移动鼠标到 Hike Detail 画板顶部，单击 Hike Detail 画板，按 Command+V（macOS）或 Ctrl+V（Windows）组合键，粘贴箭头到 Hike Detail 画板。

图 6.33

> **注意：** 一定要单击 Hike Detail 画板，取消选择复制的箭头组。如果不单击 Hike Detail 画板，粘贴的箭头会成为原始箭头组的一部分。

5. 为了把箭头保存为组件，按 Command+K（macOS）或 Crtl+K（Windows）组合键，将其拖动到 Hike Detail 画板顶部，如图 6.34 所示。

6. 按 Command+C（macOS）或 Ctrl+C（Windows）组合键，复制组件实例。按 Command+ 减号（macOS）或 Ctrl+ 减号（Windows），把文档窗口缩小一些，以便同时看到 Hike Detail、Recording、Memory 画板。按空格键，可以拖动文档窗口，方便观察各个画板。

7. 单击 Recording 画板，按 Command+V（macOS）或 Ctrl+V（Windows）组合键，把复制的箭头图标粘贴到 Recording 画板同样的位置上。单击 Memory 画板，按 Command+V（macOS）或 Ctrl+V（Windows）组合键，把箭头图标粘贴到 Memory 画板中，如图 6.35 所示。

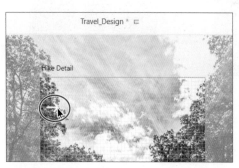

图 6.34

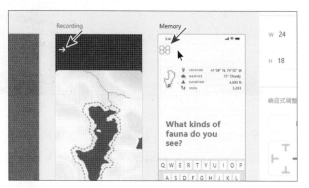

图 6.35

注意： 可以双击任意一个组件实例，编辑所有实例。选择编辑 Recording 画板中的实例是因为白色箭头在蓝色背景上可见性更好。

8. 双击 Recording 画板中的组件，进入编辑模式。按 Command+A（macOS）或 Ctrl+A（Windows）组合键，选择整个箭头。

9. 在"属性检查器"中，单击"水平翻转"按钮（◁▷），如图 6.36 所示。

此时，Hike Detail 和 Memory 画板中的箭头也发生了水平翻转。但是，需要把 Memory 画板中的箭头改成橙红色，才能看到它。而当更改一个箭头颜色时，它会影响到其他所有箭头实例。为了只更改 Memory 画板上箭头的颜色，需要先断开箭头组件的链接，这样再修改箭头时就不会影响到其他箭头实例了。

10. 在 Memory 画板中，单击箭头实例，使用鼠标右键单击，从弹出的菜单中选择"取消组合组件"，如图 6.37 所示。

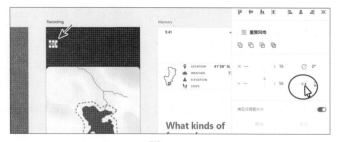

图 6.36

图 6.37

此时，箭头不再是一个组件实例，变为完全可编辑状态，并且对它的编辑不会影响到其他组件实例。

11. 单击程序窗口左下角的"资源"面板图标（□）打开"资源"面板。在"资源"面板的"颜色"区域中，使用鼠标右键单击橙红色，从弹出菜单中选择"作为边框应用"。此时，Memory 画板中的箭头拥有了橙红色边框，如图 6.38 所示。

12. 按 Command+G（macOS）或 Ctrl+G（Windows）组合键，再次把箭头编组在一起。

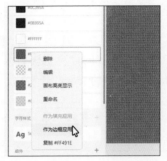

图 6.38

6.2.8 链接组件

在 Adobe XD 中，可以把一个组件从一个源文档复制到其他文档。如果改变源文档中的原始组件，粘贴到其他文档中的组件也会发生改变，因为这些组件是相互链接在一起的（见图 6.39）。借助于链接组件，可以创建和维护风格样式或 UI 套件，并轻松地用在其他 Adobe XD 文档中。

> **Xd** 提示：与人共享包含链接组件的源文档。你可以邀请设计师编辑或使用源文档中的组件，当这些文档有更新时，你会收到更新通知。

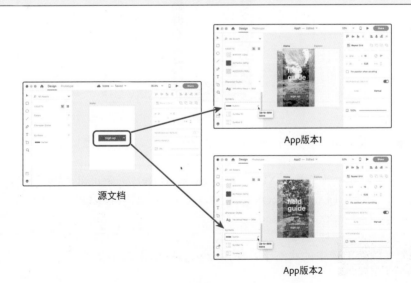

App版本1

App版本2

源文档

图 6.39

在源文档中调整链接组件时，XD 会显示一条通知，告知哪些组件更新了。在接收到更新通知后，可以先预览原始组件的变化，然后再决定是接受还是拒绝。

在前面的学习中，我们一直用的是本地组件。所谓"本地组件"，指的是那些属于一个文档的组件。在接下来的内容中，我们将学习链接组件，你可以把保存的组件从一个源文档中复制到另外一个目标文档中。

> **Xd** **注意**：在把链接组件源和目标文档移动到新位置时，需要确保组件源和目标文档在同一个父文件夹中。否则，链接会自行断开。

1. 选择"文件">"从您的计算机中打开"（macOS），或单击程序窗口左上角的菜单图标（☰），从中选择"从您的计算机中打开"（Windows）。在"打开"对话框中，打开 Lessons > Lesson06 文件夹中的 Icons.xd 文档。

> **Xd** **注意**：如果在程序窗口底部看到一条缺失字体的信息，你可以单击信息右侧的"×"按钮，关闭它。

2. 在"选择"工具（▶）处于选中的状态下，单击选择画板上半部分中的文本组。按住 Shift 键，单击画板下半部分中的编组，把它们同时选中，如图 6.40 所示。

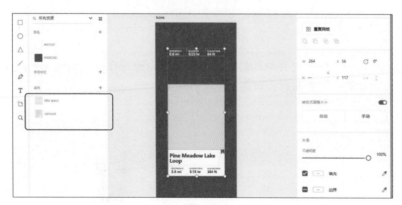

图 6.40

观察"资源"面板，可以看到两个组都以组件的形式保存在"资源"面板中。

> **Xd** **注意**：若同时打开了多个 XD 文档，要查看 Travel_Design.xd 文档时，可以依次选择"窗口">Travel_Design(macOS)，或者按 Command+~(macOS) 或 Alt+Tab(Windows) 组合键，切换到 Travel_Design.xd 文档。

3. 在两个实例处于选中的状态下，使用鼠标右键单击其中任意一个，从弹出菜单中选择"复制"。

4. 选择"文件">"关闭"菜单（macOS），或者单击右上角的"×"按钮（Windows），关闭 Icons.xd 文档。

5. 返回到 Travel_Design.xd 文档，按 Command+0（macOS）或者 Ctrl+0（Windows）组合键，查看所有内容。然后，把 Explore 画板（位于 Home 画板右侧）放大到文档窗口。

6. 使用鼠标右键单击 Explore 画板，从弹出的菜单中选择"粘贴"。单击空白区域，取消选择，然后单击其中一个组件实例，如图 6.41 所示。

图 6.41

注意：若弹出有关链接组件的信息，请单击"确定"，将其关闭。

选择其中一个组件实例后，会在左上角看到一个绿色链接图标，表示这个组件实例链接到另外一个文档（源文档）。绿色还表明组件是最新的，也就是说，它已经应用了源文档中对它的最新更改。

7. 在"资源"面板中，向下拖动右侧的滚动条，找到"组件"区域。确保"资源"面板顶部的列表视图（≡）处于选中状态，以便看到组件名称。

此时，在"资源"面板中应该能够看到名为 carousel 和 hike specs 的两个组件，并且在每个名称右侧都有一个灰色的链接图标。

8. 在"资源"面板中，移动鼠标到 carousel 右侧的链接图标上，如图 6.42 所示。

在工具提示中，会看到该组件的状态（最新）和源文档名称（Icons.xd）。在"资源"面板中，组件的链接图标代表一个已保存的组件，并且该组件被从源文档复制到目标文档中。有关使用链接组件的更多内容将在下一节中讲解。

9. 按 Command+S（macOS）或 Ctrl+S（Windows）组合键，保存文件。

图 6.42

6.2.9 更新链接组件

在从另外一个文档粘贴组件时，Adobe XD 会在源组件和组件副本之间创建一个链接。你可以选择保留链接，只编辑源组件，也可以断开源文档和当前文档间的链接（此时组件变为本地组件），或者保留链接，应用样式覆盖到组件。

接下来，我们将学习如何使用链接组件。

1. 在 Travel_Design 文档中，按 Command+0（macOS）或 Ctrl+0（Windows）组合键，查看所有内容。把 Icons 画板放大到文档窗口。

2. 单击 Icons 画板中的橙红色旗标，按 Command+C（macOS）或 Ctrl+C（Windows）组合键复制它，如图 6.43 所示。

接下来，我们把旗标添加到 Icons.xd 文档中的 hike specs 组件中，以便更新它。

3. 在"资源"面板中，使用鼠标右键单击 carousel 组件，从弹出的菜单中选择"在源文档中编辑主组件"，如图 6.44 所示。

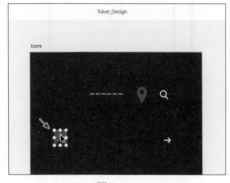
图 6.43

图 6.44

在弹出的菜单中还可以看到"删除"命令。从"资源"面板中删除某个组件后，文档中该组件的实例仍然会被保留，只是不再链接到源组件上。

4. 在打开的 Icons.xd 文档中，双击 carousel 组件顶部的灰色框，编辑其中内容，将其放大到文档窗口。

5. 单击鼠标右键，在弹出的菜单中选择"粘贴"，粘贴橙色旗标。把旗标拖动到图 6.45 第 2 个图所示的位置上，按住 Shift 键，拖动控制框一角，把旗标缩小一些。

6. 按 Command+S（macOS）或 Ctrl+S（Windows）组合键，保存文件。选择"文件">"关闭"（macOS），或者单击程序窗口右上角的"×"按钮（Windows），关闭 Icons.xd 文件。

图 6.45

返回到 Travel_Design 文档中，观察"资源"面板中的 carousel 组件，应该会看到一个蓝色圆圈和链接图标通知，表示组件在源文档中已经发生了修改，并且当前可以在 Travel_Design 文档中进行更新。可能还会在"资源"面板底部看到一个消息窗口和一个更新按钮，并且位于程序窗口左下角的"资源"面板图标处于高亮显示状态。所有这一切都表明 carousel 组件在源文档中被编辑过了。

 注意： 与本地组件一样，可以在源文档的组件中编辑文本和图片，并且组件不会更新到目标文档中。为了把文本和图片从源组件强制更新到目标文档，可以使用鼠标右键单击源组件，然后从弹出菜单中选择"推送覆盖"菜单。

7. 按 Command+0（macOS）或 Ctrl+0（Windows）组合键，显示所有内容。

8. 在"资源"面板中，把鼠标移动到蓝色链接通知之上，查看更新预览。从通知上移开鼠标，更新预览停止，如图 6.46 所示。

可以把 Explore 画板放大到文档窗口，这样更方便观察变化。

9. 在"资源"面板底部单击"全部更新（1）"按钮，接受组件更新，把更改应用到 carousel 组件，如图 6.47 所示。

图 6.46

图 6.47

 提示： 要接受组件更新，还可以单击蓝色更新图标，或者使用鼠标右键在"资源"面板中单击一个或多个选中的组件，从弹出菜单中选择"更新"。

此时，在"资源"面板中，组件名称右侧的链接图标从蓝色变为灰色，表示组件已经更新。

6.2.10 覆盖链接组件

可以在源文档中编辑链接组件的所有外观属性，而在目标文档中，只能修改链接组件实例的文本和位图内容。接下来，我们将在 Travel_Design 文档中编辑 carousel 组件中的文本。

· 在 Explore 画板中，双击文本 Pine Meadow Lake Loop，将其修改为 Shunemunk Sweet Clover Trail，如图 6.48 所示。

此时，源文档中 carousel 组件（Icons.xd）上的文本仍然是 Pine Meadow Lake Loop，并且目标组件仍然链接到源组件，如图 6.49 所示。如果选择更新，你对源 carousel 组件所做的外观更改仍然会影响到目标文档中的 carousel 组件。

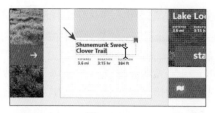
图 6.48

图 6.49

6.2.11　断开组件链接

通常情况下,当源组件发生改变并且源文档得以保存时,目标文档中的组件会随之发生相应的变化。但有时,你并不希望这样。例如,源文档(Icons.xd)中 hike specs 组件中的线条是白色的,但是我们需要 Travel_Design.xd 文档中 hike specs 组件的所有实例都是绿色的。编辑 Travel_Design.xd 文档中组件线条颜色的唯一方法是把目标组件(带链接)转换成本地组件。

1. 把粘贴到 Explore 画板中的 hike specs 组件的实例拖动到 Recording 画板中。

hike specs 组件实例中的文本是白色的,并且位于白色画板之上,所以不太容易选中它。为此,可以拖选 carousel 组件实例之上的区域,从而将其选中。

2. 在 Recording 画板中,把白色箭头组件和 hike specs 组件拖到如图 6.50 所示的位置上。可能需要放大画板,才能把它们对齐。

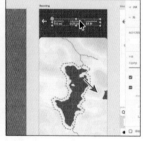
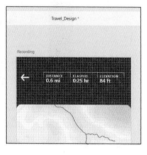
图 6.50

3. 在"资源"面板中,使用鼠标右键单击 hike specs 组件,从弹出的菜单中选择"制作本地组件",如图 6.51 所示。

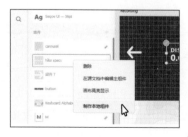
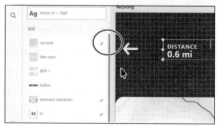
图 6.51

此时，在"资源"面板中，hike specs 组件右侧的链接图标消失了，文档中 hike specs 组件实例左上角的链接图标同样也消失了。在 Travel_Design 文档中，hike specs 组件变成了本地组件，它不再随着 Icons.xd 文档中源组件的改变而改变。

6.2.12 修复缺失的链接组件

第 3 课中，我们把 UI 套件复制到了项目文档之中。接下来，我们从 UI 套件中找到状态条，把它添加到其他所有画板的顶部。首先，我们了解一下当某个组件的链接断开时会发生什么。在第 3 课末尾，我们把 UIElements+DesignTemplates+Guides-iPhoneX.xd 文件保存到了 Lessons 文件夹之中，这里我们需要把这个文件重命名。

1. 把 Memory 画板放大到文档窗口。

在第 3 课末尾，我们下载了 Apple iOS UI 套件，并把黑白状态条和键盘复制到了 Travel_Design 文档中。还把 UIElements+DesignTemplates+Guides-iPhoneX.xd 文件夹保存到了 Lessons 文件夹之中。

接下来，我们把 UIElements+DesignTemplates+Guides-iPhoneX.xd 文件夹重命名。

2. 打开 Finder（macOS）或 Windows 文件浏览器（Windows），进入 Lessons 文件夹。

3. 在 macOS 系统下，进入 Lessons 文件夹，重命名 UIElements + DesignTemplates + Guides-iPhoneX.xd 文件夹，如图 6.52 所示。路径应该是 Lessons > UI Elements + Design Templates + Guides。如果把文件夹保存在了其他地方，则需要先进入那个位置再重命名。

4. 在 Windows 系统下，或者你使用的是快速学习文件（L6_start.xd），请打开 Lessons > Lesson03 文件夹，把名为 UI_kit_content 的 XD 文件重命名为 UI_kit_content_missing，如图 6.53 所示。

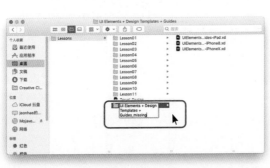
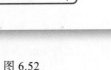

图 6.52

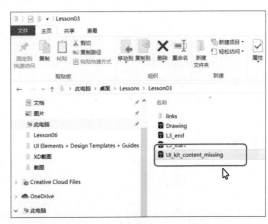

图 6.53

5. 在"选择"工具（▶）处于选中的状态下，单击 Memory 画板顶部的黑色状态条，如图 6.54 所示。

此时，在黑色状态条的左上角，会看到一个内部包含链接图标的红圆，这表示组件的链接断开了。也就是说，XD 找不到包含该组件的源文档了。在"资源"面板的"组件"区域中，你也会看到一些带有红色断链图标的组件。

6. 在"资源"面板的"组件"区域中，单击最上方带有红色链接图标的组件，按住 Shift 键，单击最后一个带有红色链接图标的组件，把它们全部选中。使用鼠标右键单击其中任意一个，从弹出的菜单中选择"制作本地组件"，如图 6.55 所示。

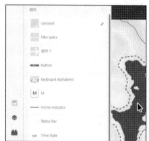

图 6.54   图 6.55

此时，所选组件全部变为本地组件，并且不再链接到 XD 找不到的那个源文档。在弹出菜单中，还可以看到一个"重新链接"命令，若源文档存在，可以把组件重新链接到源文档上。重新链接到源文档之后，在源文档中修改组件并保存，"资源"面板中选中的组件也会随之更新。

7. 按 Command+S（macOS）或 Ctrl+S（Windows）组合键，保存文件。

6.2.13 替换组件

在 Adobe XD 中，不管文档中的组件是否有链接，都可以替换它们。

1. 在 Memory 画板中，单击白色状态条组件实例，按 Delete 或 Backspace 键，删除它，如图 6.56 所示。

接下来，选择黑色状态条，将其粘贴到其他几个画板中。

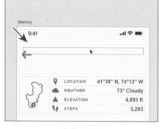

图 6.56

 提示：组件实例是白色的，又放在白色画板上，这使得我们很难选中它。此时，你可以打开"图层"面板（Command+Y [macOS] 或 Ctrl+Y [Windows] 组合键）进行选择。选中之后，请再次打开"资源"面板（Command+Shift+Y[macOS] 或 Ctrl+Shift+Y[Windows]组合键）。

2. 单击选择 Memory 画板顶部的黑色状态条组件实例。按 Command+X（macOS）或 Ctrl+X（Windows）组合键，剪切组件实例。

3. 按 Command+0（macOS）或 Ctrl+0（Windows）组合键，显示所有内容。

4. 拖选 Home、Explore、Hike Detail、Countdown、Recording、Memory、Journal 几个画板，把它们全部选中（非画板内容），如图 6.57 所示。

图 6.57

5. 按 Command+V（macOS）或 Ctrl+V（Windows）组合键，把组件实例粘贴到所选画板的相同位置上，如图 6.58 所示。

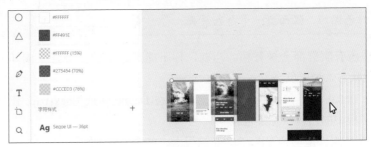

图 6.58

6. 单击灰色粘贴板区域，取消选择所有内容。

7. 把 Home 画板放大到文档窗口。

观察"资源"面板，会看到有两个名为 Status Bar 的组件，一个是白色状态条，另一个是黑色状态条。

> **Xd** 提示：在"资源"面板中，使用鼠标右键单击其中一个状态条组件，从弹出菜单中选择"画布高亮显示"。如果所有画板顶部的状态条高亮显示出来，则表示它们是黑色状态条，否则是白色状态条。

8. 单击"资源"面板顶部的"网格视图"按钮（▦），可以看到各个组件的缩略图。借助这些缩略图，可以更容易地分辨黑色状态组件和白色状态条组件。

9. 在"资源"面板中，移动鼠标到白色状态条组件上，XD 会弹出一个工具提示，显示组件名称（Status Bar）和文档中使用的实例个数，如图 6.59 所示。

10. 把黑色状态条上方的白色状态条拖动到 Home 画板上。当黑色状态条实例高亮显示时，释放鼠标按键，用白色状态条替换所有黑色状态条的实例，如图 6.60 所示。

图 6.59

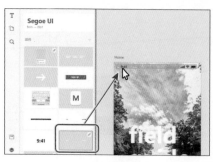

图 6.60

> **XD** 提示：在 macOS 系统下，当鼠标放到待替换的组件实例之上时，可以在鼠标旁边看到一个绿色圆形，里面有一个白色箭头。

　　此时，文档中所有实例都会被替换。当前，你不能把选中的实例替换成其他组件。本例中，我们需要几个白色状态条为黑色。

11. 单击 Hike Detail 画板顶部的白色状态条，按 Delete 键或 Backspace 键删除它。同样把 Memory 画板中的白色状态条也删除。

12. 把黑色状态条组件拖动到 Hike Detail 画板上，如图 6.61 所示。

13. 拖动黑色状态条，使其水平居中对齐，并且与其他画板中的白色状态条垂直对齐，如图 6.62 所示。

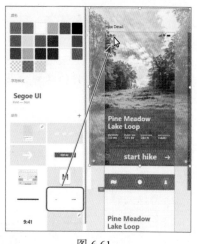

图 6.61

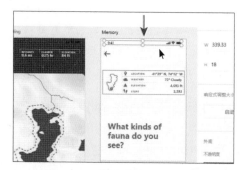

图 6.62

14. 为了复制、粘贴黑色状态条，且保持相同的相对位置，按 Command+C（macOS）或 Ctrl+C（Windows）组合键，复制组件实例。使用鼠标右键单击 Memory 画板，从弹出的菜单中选择"粘贴"。

15. 按 Command+S（macOS）或 Ctrl+S（Windows）组合键，保存文件。

6.2.14 把页脚制作成组件

下面我们创建设计中的最后一个组件，即把页脚组变成一个组件，并将其添加到所有画板中。

1. 如果你看不见 Hike Detail 画板，请按住空格键，拖动文档窗口（或者把两根手指放在触控板上拖动），将其显示出来。

2. 在"选择"工具（▶）处于选中的状态下，单击 Hike Detail 画板上的页脚组，如图 6.63 所示。

3. 按 Command+K（macOS）或 Ctrl+K（Windows）组合键，将其保存为组件。

在把组转换成一个组件时，"属性检查器"中"滚动时固定位置"选项（该选项在第 5 课中开启）会被关闭。

4. 在"属性检查器"中，勾选"滚动时固定位置"选项，如图 6.64 所示。

图 6.63

图 6.64

5. 按 Command+C（macOS）或 Ctrl+C（Windows）组合键，复制新的页脚组件。

6. 单击粘贴板中灰色空白区域，取消所有选择。

7. 按 Command+0（macOS）或 Ctrl+0（Windows）组合键，显示所有内容。

8. 按 Command+Y（macOS）或 Ctrl+Y（Windows）组合键，打开"图层"面板。

9. 在"图层"面板中，单击 Explore 画板名称，将其选中。按住 Command（macOS）或 Control（Windows）键，在"图层"面板列表中，单击 Journal 画板，将其也选中，如图 6.65 所示。

图 6.65

10. 按 Command+V（macOS）或 Ctrl+V（Windows）组合键，把页脚粘贴到两个画板的相同位置，如图 6.66 所示。

图 6.66

6.3 使用 Creative Cloud 库

Creative Cloud 库是一种在 Adobe 程序（比如 XD、Photoshop CC、Illustrator CC、InDesign CC，以及某些 Adobe 移动应用）之间创建和分享资源（比如图片、颜色、字符样式、Adobe Stock 资源、Creative Cloud Market 资源）的简单方式。

Creative Cloud 库会连接到 Creative Profile，让你所关注的创意资源触手可及。当你在 Illustrator CC 或 Photoshop CC 中创建资源（目前不适用于 Adobe XD 中创建的内容），并将其保存到 Creative Cloud 库时，就可以在所有 XD 项目文件中使用它们。而且这些资源可以自动同步，你也可以把它们与其他人共享，只要对方有 Creative Cloud 账号即可。当你的创意团队要综合使用 Adobe 桌面软件和移动应用时，共享库中的资源总是可以得到更新并且随处可用。本部分，我们将了解 CC 库，以及如何在项目中使用它们。

 注意：要使用 Creative Cloud 库，必须拥有一个 Adobe ID，并且拥有可用的网络连接。

6.3.1 添加 Photoshop 资源到 CC 库中

首先，我们要学习如何在 Adobe XD 中使用"Creative Cloud 库"面板，以及如何使用 Creative Cloud 库（简称 CC 库）中的资源。目前，你还不能在 Adobe XD 中添加资源到 CC 库中。这个功能很可能会在 Adobe XD 的新版本中被添加进去。下面，我们在 Adobe Photoshop CC 中打开一个文件，添加资源到"Creative Cloud 库"面板，然后你就可以在 Adobe XD 中使用了。

 注意：如果你的计算机中没有安装 Photoshop CC 或者你无法访问 CC 库，你大可跳过本节内容，继续学习"使用 CC 库字符样式"。

1. 选择"文件">"打开 CC 库"（macOS），或者单击程序窗口左上角的菜单图标（≡），从弹出菜单中选择"打开 CC 库"（Windows），打开"Creative Cloud 库"面板，如图 6.67 所示。

在 Adobe XD 中使用 CC 库时，必须有一个名为 My Library 的库可以使用。可以在 Illustrator 或 Photoshop 等 Adobe 应用程序中创建其他库，然后在 XD 中进行访问，但是目前还不能在 XD 中创建它们。

2. 打开 Adobe Photoshop CC。

3. 在 Adobe Photoshop CC 中，依次选择"文件">"打开"，在"打开"对话框中，转到 Lessons > Lesson06 文件夹下，选择 PS_Libraries.psd 文件，单击"打开"按钮。

PS_Libraries.psd 文件中包含两个画板，每个画板上都有设计内容。

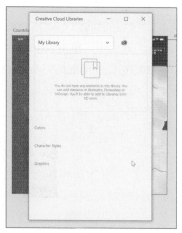

图 6.67

4. 在菜单栏中，依次选择"窗口">"工作区">"基本功能（默认）"，然后选择"窗口">"工作区">"复位基本功能"。

5. 在菜单栏中，依次选择"视图">"按屏幕大小缩放"，在文档中显示两个画板。

6. 在菜单栏中，依次选择"窗口">"库"，打开"库"面板。

Photoshop 中"库"面板显示 CC 库的方式与 XD 中"Creative Cloud 库"面板的显示方式一样。在面板顶部，有一个用来选择库的菜单，你可以看到当前选中的库是 My Library。可以从菜单中选择创建的其他库。当前选中的是哪个库并不重要，因为我们马上要创建一个新的库。

7. 单击"库"面板底部的"从文档新建库"按钮（📤），如图 6.68 所示。

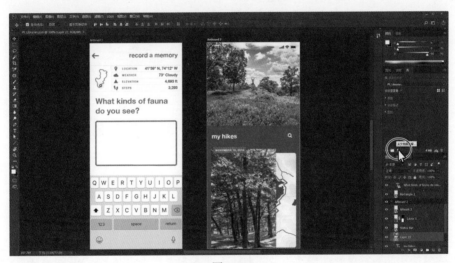

图 6.68

8. 在"从文档新建库"对话框中，确保"字符样式""颜色""智能对象"处于选中状态。取消选择"将智能对象移动到库并替换为链接"。单击"创建新库"按钮，如图 6.69 所示。

观察"库"面板，会发现里面出现了一个名为 PS_Libraries 的新库（见图 6.70），里面包含从当前活动文档中提取的资源，包括颜色、字符样式、图形等。请记住新库的名字，我们要在 Adobe XD 的 Creative Cloud 库中选择它。

图 6.69

Xd 注意：单击"从文档新建库"按钮，从文档创建新库时，栅格图像（非智能对象）不会被添加到库中。

Xd 注意：你在"库"面板中看到的图形顺序可能与这里不一样，这不要紧。

9. 关闭 Photoshop，返回到 Adobe XD 中。

10. 返回到 Adobe XD 中，在"Creative Cloud"库面板中，从顶部菜单中选择 PS_Libraries（或者其他你在 Photoshop 中创建的库名），查看库中内容，如图 6.71 所示。

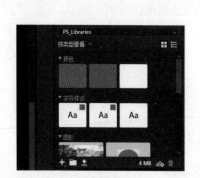

图 6.70

图 6.71

Xd 注意：你可能会看到"此库中包含 [X] 个不受支持的元素"。在 Adobe XD 中，无法使用这些不受支持的对象。

Xd 注意：你看到的字符样式名称可能和这里不一样，这取决于你使用的操作系统。

Xd 注意：如果看到颜色配置文件警告信息，可以暂时忽略它，单击"继续"或"确定"即可。

6.3.2 添加 Illustrator 资源到 CC 库

下面，我们打开 Illustrator CC 软件，把矢量图形添加到同一个库中，然后在 XD 中使用它。

1. 打开 Adobe Illustrator CC 软件。

2. 在 Adobe Illustrator CC 中，依次选择"文件">"打开"，在"打开"对话框中，转到 Lessons > Lesson06 文件夹下，选择 AI_Libraries.ai 文件，单击"打开"。

AI_Libraries.ai 文件中包括登录界面的几个元素，在 XD 的 App 设计中会用到它们。

 注意： 若弹出一个字体缺失对话框，显示你的计算机中未安装 Helvetica Neue 字体，可以选用一种建议字体（比如 Segoe UI），然后单击"解析字体"。

3. 在菜单栏中，依次选择"窗口">"工作区">"基本功能（默认）"，然后选择"窗口">"工作区">"复位基本功能"。
4. 在菜单栏中，依次选择"视图">"全部适合窗口大小"，在文档中显示两个画板。
5. 在菜单栏中，依次选择"窗口">"库"，打开"库"面板。从"库"菜单中，选择 PS_Libraries，或者你在 Photoshop 中创建的库名。

PS_Libraries 是你在 Photoshop 中创建的库。接下来，我们把地图从 Illustrator 拖入到 PS_Libraries 中。PS_Libraries 中已经有一个地图了，但是从 Illustrator 拖入的地图有一些不同，它也是我们要在 XD 中使用的地图。

 注意： 如果你看到颜色配置文件警告信息，可以暂时忽略它，单击"继续"或"确定"即可。

6. 在左侧工具箱中，选择"选择"工具（▶），把大地图拖入到"库"面板中。当在面板中出现加号（+）时，释放鼠标，将其添加到库中，如图 6.72 所示。
7. 从画板逐个把每个图标拖入到库中保存起来，如图 6.73 所示。
8. 选择"文件">"关闭"，不保存文件，保持 Illustrator 处于打开状态。
9. 返回到 Adobe XD 中。

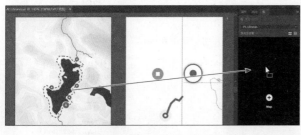

图 6.72

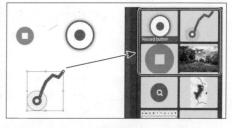

图 6.73

6.3.3 使用 CC 库中的字符样式

现在，就可以在自己的 Adobe XD 项目中使用 CC 库中的资源了。接下来，我们将使用在 Photoshop 中创建的 Creative Cloud 库中的字符样式。

1. 返回到 XD 中，把 Memory 和 Journal 画板放大到文档窗口。

2. 选择"文本"工具（**T**），单击 Memory 画板的上半部分，输入文本 record a memory，然后按 Esc 键，选择文本对象，如图 6.74 所示。你看到的文本样式可能和这里不一样，这不要紧。

> **注意：** 如果字符样式中的字体在本地计算机中不存在，你就会在"Creative Cloud 库"面板中字符样式的右侧看到一个警告图标。

3. 在"Creative Cloud 库"面板中，单击橙色、Helvetica Neue（macOS）或 Segoe UI（Windows）（或其他）、Bold（或其他）、24pt 样式，将其应用到文本，如图 6.75 所示。

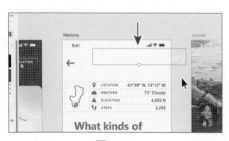

图 6.74

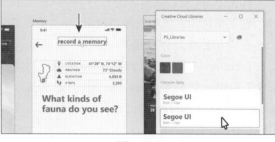

图 6.75

当应用 CC 库中的某个字符样式时，它不会被作为样式添加到当前文档的"资源"面板中。此外，不能在 Adobe XD 中编辑"Creative Cloud 库"面板中的样式。

> **注意：** 如果没有安装 Photoshop CC 或者无法访问 CC 库，可以选择样式对象，并在"属性检查器"中把样式更改为 Helvetica Neue（或类似字体）、24（字体大小）、Bold（字体粗细）。然后再做后续步骤。

> **注意：** 在接下来的几节中，在 Windows 系统下，你可能需要按 Alt+Tab 组合键再次把"Creative Cloud 库"面板显示出来。

4. 选择"选择"工具（▶），把文本对象拖动到如图 6.76 所示的位置上。

5. 按住 Option（macOS）或 Alt（Windows）键，把文本对象拖动到右侧的 Journal 画板中，使其位于 Meng 文本组之下。然后，依次释放鼠标左键和功能键，如图 6.77 所示。

图 6.76

图 6.77

6. 按 T 键，选择"文本"工具。在 record a memory 文本中单击，将其选中，输入 my hikes，按 Esc 键，再次选择文本对象。

7. 按 V 键，选择"选择"工具（▶）。在"Creative Cloud 库"面板中，单击白色、Helvetica Neue font（或其他）、Bold（或其他）、24pt 样式，将其应用到文本，如图 6.78 所示。

图 6.78

6.3.4 使用 CC 库中的图形

你可以把存储在 CC 库中的图形拖入到一个打开的 XD 文档中。目前，在 XD 的 CC 库中，栅格化图形（图像）、矢量图形都受支持。把图形从某个库拖入 XD 中后，它们会被链接到库中的源上。如果你在 Photoshop 或 Illustrator 中调整了图像或矢量图形，那些在 XD 文档中的图像或矢量图形也会更新。接下来，我们把"Creative Cloud 库"面板中的图像拖入到文档中，替换 Journal 画板上的图像。

1. 在"选择"工具（▶）处于选中的状态下，单击 Journal 画板顶部的图像，将其选中。

> **Xd** 注意：在 Adobe XD 中，你无法把 Creative Cloud 库中的图形拖动到一个锁定的图像上来替换它。

2. 把图像从"Creative Cloud 库"面板的"图形"区域拖动到 Journal 画板顶部的图像之上以便替换它，如图 6.79 所示。

此时，Journal 画板中的图像应该有一个绿色边框，并在左上角显示一个链接图标，这表示画板中的图像链接到了库图像上，如图 6.80 所示。这样一来，当你在另外一个程序（比如 Photoshop）中编辑图像时，Journal 画板中的图像也会进行相应的更新。当然，也可以通过单击资源左上角的绿色链接图标来断开图像链接，将其嵌入到 XD 文档中，还可以使用鼠标右键单击图像，从弹出菜单中选择"取消图形链接"。

图 6.79

图 6.80

有几种方法可以从库中嵌入带链接的图形，一种方法是单击链接，另一种方法是在拖动时嵌入图形。按住 Option 键（macOS）或 Alt 键（Windows），拖动"Creative Cloud 库"面板中的图形会将其作为无链接（嵌入）资源插入文档中。

3. 从 Creative Cloud 库中把录制按钮、停止按钮、路线地图拖到 Recording 画板上，排列如图 6.81 所示。

图 6.81

 注意： 图形在画板上显示出来可能要花一点时间。

 提示： 按住 Shift 或 Command（macOS）/Ctrl（Windows）键，可以同时选择"Creative Cloud 库"面板中的多个对象，然后把它们同时拖入 XD 之中。

4. 把地图图形（使用 Illustrator 创建的那个）从"Creative Cloud 库"面板的"图形"区域拖入 Hike Detail 画板的空白区域中，如图 6.82 所示。

5. 使用鼠标右键单击地图，从弹出菜单中选择"置为底层"（macOS），或者"排列"＞"置为底层"（Windows）。然后调整地图和其他原始内容的位置，如图 6.83 所示。

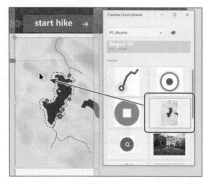

图 6.82

图 6.83

6.3.5 编辑库项目

可以在 XD 中编辑 Creative Cloud 库中的矢量图形和栅格图像，还可以编辑存储在多个 Creative Cloud 库中的栅格和矢量图形。使用鼠标右键单击 Creative Cloud 库中或画布上的一个图形，从弹出菜单中选择"编辑"，此时，栅格图形和矢量图形分别在 Photoshop 和 Illustrator 中打开。

图形修改完成之后，进行保存，Creative Cloud 库中的图形会更新，同时 XD 中"Creative Cloud 库"面板中的缩略图也会自动更新。当然，画布中的图像也会同步更新。

图 6.84

1. 在"Creative Cloud 库"面板的"图形"区域中，单击停止按钮缩略图将其选中，然后使用鼠标右键单击，从弹出的菜单中选择"编辑"，如图 6.84 所示。
2. 在 Illustrator 中打开资源，单击图形，修改填充颜色。
3. 选择"窗口">"属性"，打开"属性"面板。
4. 在右侧"属性"面板中，单击"填充"颜色，在弹出的菜单中单击"色板"按钮（ ），单击灰色，更改形状的填充颜色，如图 6.85 所示。

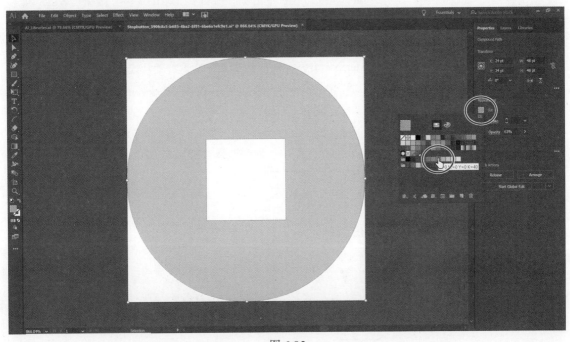

图 6.85

5. 按 Command+S（macOS）或 Ctrl+S（Windows）组合键，保存文件。
6. 选择"Illustrator CC">"退出 Illustrator"（macOS）或"文件">"退出"（Windows），关闭 Illustrator 软件。

7. 返回到 Adobe XD 中，图形完成同步之后，会在 Recording 画板中看到它更新后的样子，如图 6.86 所示。

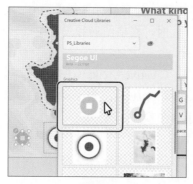

图 6.86

8. 按 Command+S（macOS）或 Ctrl+S（Windows）组合键，保存文件。
9. 如果你想继续学习下一课内容，可以不关闭 Travel_Design.xd 文件。因为在下一课的学习中，我们会继续使用 Travel_Design.xd 这个文件。否则，对于每个打开的文档，我们都应该选择"文件">"关闭"（macOS），或者单击程序窗口右上角的"×"按钮（Windows），将其关闭。

Xd ｜ **注意：** 如果使用的是 L6_start.xd 文件，请保持该文件处于打开状态。

6.4 复习题

1. "资源"面板中可以保存哪些类型的资源？
2. 如何编辑"资源"面板中的字符样式？
3. 如何创建组件？
4. 改变组件实例的哪些属性会影响到该组件的所有实例？
5. 什么是 Creative Cloud 库？
6. Creative Cloud 库中可以放入哪些类型的资源？

6.5 复习题答案

1. 可以使用"资源"面板保存和管理颜色、字符样式、组件。
2. 要编辑"资源"面板中的字符样式，先使用鼠标右键单击字符样式，从弹出菜单中选择"编辑"。在打开的面板中编辑字符样式，不管该样式用到何处，都会自动更新。
3. 要创建组件，先在文档中选择某个元素，然后执行如下操作之一：在"资源"面板的"组件"区域中单击加号（+）；使用鼠标右键单击某个元素，从弹出菜单中选择"制作组件"；按 Command+K（macOS）或 Ctrl+K（Windows）组合键。
4. 可以修改一个组件实例的样式、大小、阴影、位置，这些更改都会在所有链接组件中体现出来。
5. Creative Cloud 库是一种在 Adobe 程序（比如 XD、Photoshop CC、Illustrator CC、InDesign CC，以及某些 Adobe 移动应用）之间创建和分享资源（比如图片、颜色、字符样式等）的简单方式。
6. Creative Cloud 库可以存放颜色、字符样式、图形、文本框等资源。目前，在 Adobe XD 中，你可以使用颜色、字符样式、矢量图形和栅格图形（图像）。

第7课 使用效果、重复网格、响应式调整大小

本课概述

本课介绍的内容包括:

- 了解效果;
- 使用背景和对象模糊;
- 使用渐变和透明度;
- 创建和编辑重复网格;
- 了解响应式调整大小。

 本课大约要用45分钟完成。开始之前,请先将本书的课程资源下载到本地硬盘中,并进行解压。在学习本课时,将覆盖相应的课程文件。建议先做好原始课程文件的备份工作,以免后期用到这些原始文件时,还需重新下载。

　　Adobe XD 为我们提供了各种各样的效果，使用这些效果，可以向设计中添加各种功能和漂亮的视觉效果，包括投影、透明、模糊。本课中，我们将学习这些设计效果、了解重复网格（使用它可以大大缩短设计时间）和响应式调整大小。

7.1　开始课程

本课中，我们将学习如何向设计中添加投影等效果、应用渐变，以及使用重复网格和响应式调整大小。正式开始学习之前，先打开最终课程文件，了解一下本课中要做什么。

> **Xd** **注意**：如果你尚未把本课的项目文件下载到本地计算机，请先阅读本书前言，查找相关文件的下载方法。

1. 若 Adobe XD CC 尚未打开，先启动它。
2. 在 macOS 系统下，依次选择"文件">"从您的计算机中打开"菜单；在 Windows 系统下，单击程序窗口左上角的菜单图标（≡），从弹出菜单中选择"从您的计算机中打开"菜单。

不论在 macOS 还是 Windows 系统下，如果显示的"主页"界面中没有文件打开，请单击"主页"界面中的"您的计算机"。在"打开"文件对话框中，转到硬盘上的 Lessons > Lesson07 文件夹之下，打开名为 L7_end.xd 的文件。

3. 如果在程序窗口底部显示出字体缺失信息，单击信息右侧的"×"按钮，将其关闭即可。
4. 按 Command+0（macOS）或 Ctrl+0（Windows）组合键，显示所有设计内容，如图 7.1 所示。通过这些内容，可以了解本课我们要做什么。

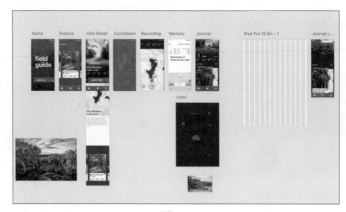

图 7.1

> **Xd** **注意**：本课配图是在 macOS 系统下截取的。在 Windows 系统下，可以单击程序窗口左上角的"汉堡包"图标访问菜单。

5. 你可以不关闭 L7_end.xd 文件，将其放在一边用作参考。当然，你也可以选择"文件">"关闭"（macOS），或者单击程序窗口右上角的"×"按钮（Windows），关闭文件。

7.2　应用和编辑渐变

渐变填充是两种或两种以上颜色的渐变混合，它总是包含一种起始颜色和一种结束颜色。在

Adobe XD 中，既可以创建线性渐变（起始颜色以线性方式与结束颜色混合），也可以创建径向渐变（起始颜色指定填充颜色的中心点，向外径向渐变到结束颜色）。

Xd 提示： 可以从 Adobe Illustrator 等其他程序中导入带有渐变的对象，然后在 Adobe XD 中编辑渐变中的颜色。

在填充的"拾色器"中，可以从左上角的菜单中选择要使用的渐变类型。选择某种渐变之后，会看到一个渐变编辑器（见图 7.2 中的 B）。最左端的渐变滑块（见图 7.2 中的 A）代表起始颜色，最右端的渐变滑块（见图 7.2 中的 C）代表结束颜色。在颜色滑块所在的位置，渐变从一种颜色变为另外一种颜色。单击渐变编辑器，可以添加多个颜色滑块，借助下面的颜色框和色相条，你可以更改颜色滑块代表的颜色。

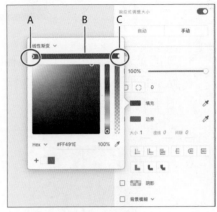

图 7.2

7.2.1 应用渐变

本节中，我们先学习几种创建渐变的方法，然后从 Home 画板开始，把渐变应用到设计中的几个形状上。

1. 在 macOS 系统下，依次选择"文件">"从您的计算机中打开"菜单；在 Windows 系统下，单击程序窗口左上角的菜单图标（≡），从弹出菜单中选择"从您的计算机中打开"菜单，打开 Lessons 文件夹中的 Travel_Design.xd 文档。

Xd 注意： 如果你使用前言中介绍的快速学习方法学习本节内容，请打开 Lessons > Lesson07 文件夹中的 L7_start.xd 文件。

2. 使用任意一种放大方法，把 Home 画板放大到文档窗口，以便看到整个画板内容。

3. 在工具箱中，选择"矩形"工具（□），从 Home 画板的左上角向右下角拖动，绘制一个覆盖整个画板的矩形，如图 7.3 所示。

4. 在矩形处于选中的状态下，在"属性检查器"中单击填充颜色框，打开"拾色器"。然后，从"拾色器"左上角的菜单中，选择"线性渐变"，如图 7.4 所示。

默认情况下，填充到矩形中的是由白到灰的渐变。此时，在矩形中出现了一个渐变控制条（图 7.5 中箭头所指部分），可以把它称为"画布"渐变编辑器。借助它，可以改变渐变的方向和范围。

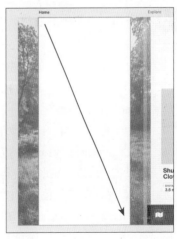

图 7.3

图 7.4

5. 在渐变编辑器上，单击最左侧的颜色滑块（见图 7.5 中的红圈内），将其选中。然后拖动大颜色框中的颜色滑块，选择任意一种红色。后面我们还会修改它，所以你选择的颜色和这里不一样也是可以的。

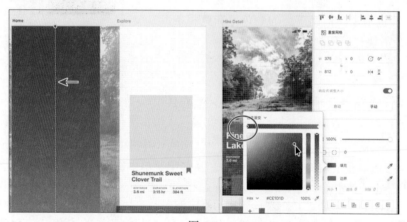

图 7.5

Xd | **注意**：当某个颜色控制块处于选中状态时，它会变成空心圆（⊙）。

---

6. 在渐变编辑器上，单击选择最右端的颜色控制块（见图 7.6 中的圆圈）。从"颜色模式"菜单中，选择 HSB，输入 H=205、S=88、B=35、A=80%，把颜色修改为蓝色，按 Return 或 Enter 键，使修改生效。

7. 在"属性检查器"中，取消勾选"边界"，删除矩形边框。

8. 按 Command+Y（macOS）或 Ctrl+Y（Windows）组合键，打开"图层"面板。在"图层"面板中，向下拖动所选的矩形，使其位于背景图片之上，其他所有元素之下，如图 7.7 所示。

接下来，保存渐变颜色，方便在多个对象上应用及编辑它。

9. 使用鼠标右键单击画板中的矩形，在弹出的菜单中选择"为资源添加颜色"，如图 7.8 所示。此时，渐变颜色就被保存到了"资源"面板中，可以把它用在任何地方。

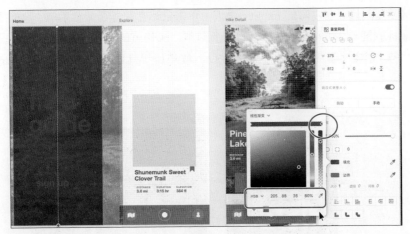

图 7.6

图 7.7

10. 按 Command+Shift+Y（macOS）或 Ctrl+Shift+Y（Windows）组合键，打开"资源"面板。可能需要拖动面板右侧的滚动条，才能看到添加的渐变颜色，它在面板中应该是高亮显示的，如图 7.9 所示。

图 7.8

图 7.9

> **提示**：查看"资源"面板中的渐变颜色时，若"资源"面板处于打开状态，可以使用鼠标右键单击应用该渐变颜色的对象，然后在弹出菜单中，选择"显示资源中的颜色"。

11. 在 Home 画板上的"矩形"处于选中的状态下，按 Command+C（macOS）或 Ctrl+C（Windows）

组合键复制，然后在右侧的 Explore 画板中单击鼠标右键，在弹出菜单中选择"粘贴"。

12. 使用鼠标右键单击 Explore 画板上的矩形副本，从弹出的菜单中选择"置为底层"（macOS），或者"排列">"置为底层"（Windows），使其位于其他所有内容之后，保持矩形处于选中状态，如图 7.10 所示。

图 7.10

13. 按 Command+S（macOS）或 Ctrl+S（Windows）组合键，保存文件。

7.2.2　编辑渐变颜色

默认的渐变颜色有两种，但你可以添加更多种颜色，还可以在对象上直接调整渐变，更加灵活地控制其外观。在本节中，我们将对前面刚创建且保存在"资源"面板中的线性渐变进行编辑。

1. 在"资源"面板中，使用鼠标右键单击上一节中保存的渐变，从弹出的菜单中选择"编辑"，如图 7.11 所示。

2. 单击渐变编辑器最左端的颜色滑块（见图 7.12 中的圆圈部分），从"颜色模式"菜单中，选择 HSB，输入 H=180、S=54、B=33、A=90%，把颜色修改为绿色，按 Return 或 Enter 键，使修改生效。

图 7.11

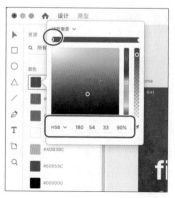

图 7.12

3. 把鼠标放到渐变编辑器中间，单击添加一个颜色滑块，把颜色修改为红色，如图 7.13 所示。

图 7.13

4. 在渐变编辑器上，向左拖动红色颜色滑块，然后向右拖动，观察这种调整对渐变的影响。

5. 把红色颜色滑块从渐变编辑器上拖离，即可将其删除，如图 7.14 所示。此时，渐变中应该只包含两种颜色。

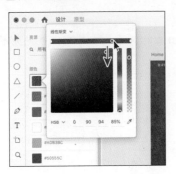

图 7.14

沿着滑动条拖动颜色滑块，可以改变渐变范围，即从一种颜色过渡到另外一种颜色的范围大小。

> **Xd** 提示：在画布中编辑时，还可以单击选择颜色滑块，然后按 Delete 键或 Backspace 键删除该颜色滑块。

---

6. 单击"拾色器"之外的区域，隐藏"拾色器"。

7.2.3　调整渐变的方向和长度

我们不仅可以在"拾色器"中编辑颜色，还可以借助应用于对象上的渐变控制条来调整渐变。接下来，我们就学习一下如何使用对象上的渐变控制条。请注意，编辑某个对象上的渐变只会影响这个对象自身。

1. 在渐变填充矩形（位于 Explore 画板上）处于选中的状态下，选择"选择"工具（▶），然后按住 Shift 键，单击 Home 画板上的矩形，将其同时选中。

调整渐变的方向和长度只会影响选中的对象。如果希望多个画板上的渐变一样，需要同时把它们选中。

2. 在"属性检查器"中，单击填充颜色。

此时，在 Explore 画板中的矩形上，显示出一根渐变控制条。当你同时选中多个形状时，渐变控制条将会出现在第一个选中的形状上。

3. 把位于渐变控制条底部的颜色控制块向上拖动，使渐变短于矩形，如图 7.15 所示。

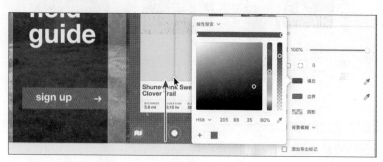

图 7.15

Xd 注意：当"拾色器"在"属性检查器"中显示出来时，才能在应用渐变的形状上看到渐变控制条。

Xd 提示：可以使用键盘上的箭头键来控制位于渐变控制条末端的颜色控制块，还可以使用箭头键移动渐变条内部的颜色控制块。

通过拖动颜色控制块，可以改变渐变的方向和长度，请多做一些尝试。多次尝试之后，你看到的渐变可能和这里不一样，没有关系。

4. 单击顶部颜色控制块（见图 7.16 中的红圈），在"拾色器"中，把 Alpha 值修改为 80%。

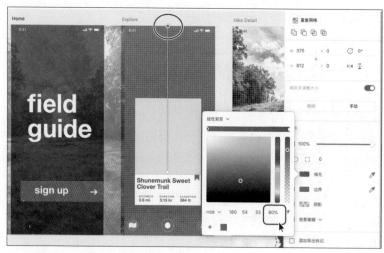

图 7.16

5. 按 Esc 键隐藏"拾色器"，然后按 Command+S（macOS）或 Ctrl+S（Windows）组合键，保存文件。

7.3 理解效果

在 Adobe XD 中，我们可以把多种效果应用到设计元素上，包括投影、透明度、模糊效果等。例如，投影可以用来表现深度，透明用来设计效果和叠加，模糊效果用来显示叠加时的聚焦点等。

本节中，我们将向设计中添加上面几种效果。

7.3.1 使用背景模糊

背景模糊使用一个叠加对象（黄色矩形）来模糊后面的内容（冲浪图片），如图 7.17 所示。大多数时候，我们用来模糊内容的叠加对象是一个形状，而且这个形状的填充颜色和边框不会对结果产生影响。

接下来，我们向设计中添加背景模糊效果。

1. 使用前面学过的任意一种方法，把 Hike Detail 画板放大到文档窗口。

2. 选择"选择"工具（▶），按 Command（macOS）或 Ctrl（Windows）键，单击 Pine Meadow Lake Loop 文本后的绿色矩形，将其选中，如图 7.18 所示。

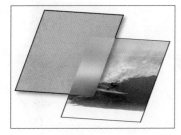

图 7.17

图 7.18

绿色矩形位于一个组中，按住 Command（macOS）或 Ctrl（Windows）键单击矩形，可以只把它选中。

3. 在"属性检查器"中，取消选中"边界"，删除矩形边框，如图 7.19 所示。

4. 在"属性检查器"中，勾选"背景模糊"，并进行如下设置，如图 7.20 所示。

- 数量（◢）：7。
- 亮度（☀）：-30。
- 不透明度（▨）：50%。

图 7.19

图 7.20

此时，矩形的颜色（叠在上面的形状）削弱了，它覆盖的部分（背景图片的一部分）变模糊了。可以反复调整一下背景模糊的设置，搞清这些设置的功能。

5. 按 Command+S（macOS）或 Ctrl+S（Windows）组合键，保存文件。

7.3.2 使用对象模糊

对象模糊用来模糊形状或图像等内容。可以使用对象模糊来指示网页（带重叠文本）上一个按钮或图像的状态或者把焦点移动到模糊对象之上的内容（比如小的弹出式表单）上。与背景模糊不同，你只需选择要模糊的内容。下面，我们对 Recording 画板中的对象做模糊处理。

1. 按 Command+0（macOS）或 Ctrl+0（Windows）组合键，在文档窗口中显示出所有内容。

2. 把 Recording 画板放大到文档窗口。

3. 单击从"Creative Cloud 库"面板拖入的图标（见第 6 课），将其选中，如图 7.21 所示。
在所选图形的左上角有一个绿色链接图标，表示它与 Creative Cloud 库中的图形链接在一起。

4. 单击左上角的链接图标，取消图标链接，嵌入图标。此时，你就可以独立编辑组中的各个对象了，如图 7.22 所示。

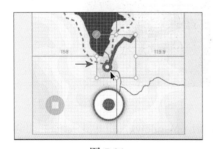
图 7.21

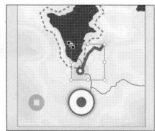
图 7.22

5. 按 Command（macOS）或 Ctrl（Windows）键，单击图标中淡橙色圆形，将其选中，如图 7.23 所示。

6. 在"属性检查器"面板中，勾选"背景模糊"，从下拉菜单中，选择"对象模糊"，把模糊"数量"（）修改为 10。

7. 在"属性检查器"中，拖动"不透明度"滑块，把"不透明度"修改为 60%。上述操作的结果如图 7.24 所示。

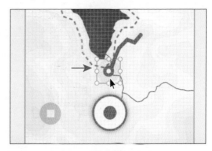

图 7.23

图 7.24

Xd 提示：修改所选内容的不透明度时，可以先选中内容，然后按如下数字：1=10%、5=50%，诸如此类。按数字 0，表示把"不透明度"设置为 100%。

调整对象的不透明度有许多用处，比如把效果分层，提高图像上文本的可读性等。

8. 单击空白区域，取消选择所有对象。

9. 按 Command+S（macOS）或 Ctrl+S（Windows）组合键，保存文件，如图 7.25 所示。

7.3.3 应用投影

设计过程中，你可以使用投影效果增加内容的设计感，表现纵深感，指示按钮的状态等。本节中，我们将学习向图像添加投影的方法。在此之前，我们先向 Journal 画板中多添加一些内容。

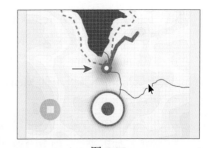

图 7.25

1. 按 Command+0（macOS）或 Ctrl+0（Windows）组合键，在文档窗口中显示所有内容。然后选择 Journal ver2 画板，将其放大到文档窗口。

2. 在"选择"工具（▶）处于选中的状态下，在 Journal ver2 画板中拖选如下内容（见图 7.26 中的左图），请注意不要选中了橙色页脚。按住 Shift 键单击 my hikes 文本和蓝色背景形状，将其取消选择。整个操作如图 7.26 所示。

图 7.26

3. 按 Command+C（macOS）或 Ctrl+C（Windows）组合键，复制所选内容。在 Journal 画板中单击鼠标右键，从弹出菜单中选择"粘贴"。

4. 按 Command+3（macOS）或 Ctrl+3（Windows）组合键，把所选内容放大到文档窗口。

5. 拖动粘贴内容，使其对齐到画板中央，同时让搜索图标与 my hikes 文本对齐，如图 7.27 所示。

6. 使用鼠标右键单击粘贴内容，选择"置为底层"（macOS）或者依次选择"排列">"置为底层"（Windows），把粘贴内容放到页脚之下，如图 7.28 所示。

图 7.27

图 7.28

执行下一步操作之前，先把文档缩小一些，或者拖移一下文档。

7. 单击灰色粘贴板区域，取消选择。然后，按住 Command（macOS）或 Ctrl（Windows）键，单击 Journal 画板中的 Meng 图片，如图 7.29 所示。

8. 在"属性检查器"中，勾选"阴影"选项，并进行如下设置，如图 7.30 所示。

- X（X 轴上的距离 [水平]）：0。
- Y（Y 轴上的距离 [垂直]）：0。
- B（阴影模糊）：10。

图 7.29

图 7.30

9. 单击"阴影"颜色框,在"拾色器"中选择黑色,并把 Alpha 设置为 70%。按 Return 键或 Enter 键,使修改生效,如图 7.31 所示。

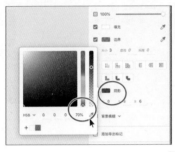
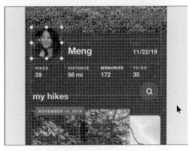

图 7.31

10. 按 Command+S(macOS)或 Ctrl+S(Windows)组合键,保存文件。

7.4 使用重复网格

设计移动 App 或网站有时需要创建重复元素或列表,比如一系列员工资料、餐馆的副菜列表。重复元素具有相同设计,有些元素也一样,但是各个元素使用的图像和文本可能不一样。创建元素网格可能很麻烦,特别是需要调整它们之间的间距或重新排列常见元素时。

在 Adobe XD 中,可以选择一个对象或一组对象,然后应用重复网格(见图 7.32),对内容进行重复。向内容应用重复网格,可以拖拉内容底部或右侧的手柄,内容会沿着拖拉的方向进行重复。当调整某一个元素的样式时,该样式会应用到网格的所有元素上。例如,当把某一个元素中的图像做成圆角之后,网格中的所有图像都会变成圆角。

对于网格中的文本元素,复制仅针对文本元素的样式,而非内容。这样,既可以快速指定文本元素样式,同时又可以让网格元素的内容保持不同。可以直接把一个文本文件拖动到重复网格

图 7.32

上，替换网格中的占位文本。Adobe XD 中的重复网格是我最喜欢的功能之一。

7.4.1　向重复网格添加内容

下面，我们添加一些内容，建立文档，以便创建重复网格。

1. 按 Command+0（macOS）或 Ctrl+0（Windows）组合键，显示出文档中的所有内容。
2. 在 Explore 画板中，把包含 "Shunemunk Sweet Clover Trail" 文本的组件实例拖动到 Home 画板之下，如图 7.33 所示。

图 7.33

这些内容是对徒步旅行活动的说明。

3. 单击灰色粘贴板，取消所有选择，然后把徒步旅行的说明内容（位于 Home 画板之下）放大。
4. 使用鼠标右键单击所选内容，从弹出的菜单中选择 "取消链接组件"，使说明内容处于选中状态，如图 7.34 所示。

可以从一个组件开始创建重复网格，在多次重复徒步旅行说明内容时，每次重复灰色矩形都需要有一张不同的图像。但作为组件实例时，所有矩形的图像都是一样的。在 "取消链接组件" 之后，它不再是组件的一个实例，而只是一个包含多个内容的组。

图 7.34

> **XD** **注意：** 若弹出菜单中没有 "取消链接组件"，而有 "取消组件编组"，选择 "取消组件编组"。不论选择哪个菜单，执行之后，组件都会变成普通编组。

5. 按 Command+S（macOS）或 Ctrl+S（Windows）组合键，保存文件。

7.4.2　创建重复网格

在内容准备好之后，接下来，我们就可以创建重复网格了。Hike Detail 画板会显示一系列徒步旅行内容。这里我们不会使用复制、粘贴操作，而是在上一节内容编组的基础上应用重复网格。

1. 在整个徒步旅行说明内容处于选中的状态下，单击"属性检查器"中的"重复网格"按钮，把所选内容转换成重复网格，如图 7.35 所示。

图 7.35

提示：还可以按 Command+R（macOS）或 Ctrl+R（Windows）组合键，创建重复网格。

注意：创建重复网格时，在所选内容中，所有锁定的内容不会被包含进去。

提示：重复网格可以嵌套，也就是说，可以基于一个已有的重复网格和其他所选内容创建重复网格。

把内容转换成重复网格时，需要注意如下事项。

- 首先，内容周围出现绿色虚线框，表示它是一个重复网格。
- 其次，你可以看到两个手柄，一个在底部，另一个在右侧。拖动手柄，可以沿垂直方向（底部手柄）或水平方向（右侧手柄）复制原始内容。原始内容和副本会分别占据重复网格的一个格子，你还可以编辑格子，调整行间或列间间距。

执行下一步操作之前，先把文档窗口缩小一些，或者向下拖动一点，看到画板之下的内容。

2. 向下拖动底部的绿色控制柄，直到你看见两个内容副本，如图 7.36 所示。

内容沿垂直方向重复，整个重复网格看起来就像一组重复元素。本课后面将学习调整重复元素之间间隔的方法。为了在原型中垂直滚动内容，我们要把画板做得更高一些。

3. 向右拖动重复网格右侧的手柄，直到出现 3 个内容副本，如图 7.37 所示。

提示：拖动网格手柄时，同时按住 Option（macOS）或 Alt（Windows）键，还可以从中心沿相反方向调整重复网格尺寸。拖动网格手柄时，按住 Shift 键，可以从中心等比例拖动两个手柄。

这会向右侧方向重复列。

4. 向上拖动底部的绿色控制柄，直到只看见一行徒步旅行说明，如图 7.38 所示。

内容沿水平方向重复，整个重复网格看起来就像一组重复元素。调整完成后，接下来我们把重复网格内容添加到 Hike Detail 画板。首先，我们需要重新调整 Hike Detail 画板大小，并安排其中内容。

图 7.36

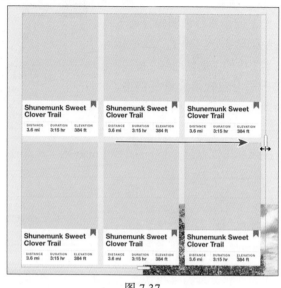

图 7.37

5. 若 Hike Detail 画板之下有图像，请先把它移开，以便加长 Hike Detail 画板。做接下来的几步操作之前，可能需要移动或缩小一下文档窗口，如图 7.39 所示。

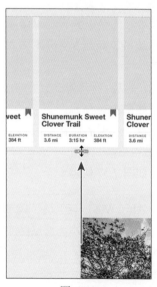

图 7.38

图 7.39

6. 单击 Hike Detail 画板名称（画板左上方）将其选中，如图 7.40 所示。向下拖动底边中心控制点，当"属性检查器"中的"高度"（H）值显示为 2300 时，停止拖动。

图 7.40

7.4.3　编辑重复网格中的内容

除了方便内容复制之外，使用重复网格的另外一个好处是，可以轻松地更改网格中的内容。若网格中包含重复图像，也可以根据需要替换多张图像。此外，还可以独立地编辑文本，但是样式仍然会应用到对象的所有副本上。接下来，我们更改重复网格中的一些内容。

图 7.41

1. 单击重复网格中的任意一个内容，选中整个重复网格。双击左侧第一个灰色矩形区域，将其选中，如图 7.41 所示。

双击重复网格中的某个对象，进入重复网格的编辑模式。重复网格周围的绿色虚线框会变成更粗的绿色实线框，表示你正处于编辑模式，并且可以编辑其中内容了。

2. 双击中间的 Shunemunk Sweet Clover Trail 文本，将其选中，然后输入 Pine Meadow Lake Loop 进行替换。

请注意，此时其他文本对象并未发生改变，可以单独编辑重复网格中每个副本的内容。

Xd | 注意：你可能需要双击多次，才能选中文本。

---

3. 双击最右侧的 Shunemunk Sweet Clover Trail 文本，将其选中，输入 Seven Hills & Reeves Brook Trail Loop 进行替换，如图 7.42 所示。

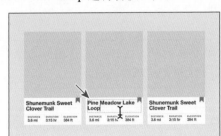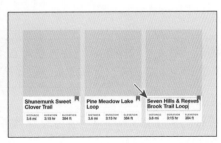

图 7.42

4. 单击重复网格之外的空白区域，取消其选择，你可能需要单击多次。

5. 单击重复网格之下的图像，按Command+C（macOS）或Ctrl+C（Windows）组合键，复制它。

6. 按住 Command（macOS）或 Ctrl（Windows）键，单击重复网格中的任意一个灰色矩形，将其选中，单击鼠标右键，从弹出的菜单中选择"粘贴外观"，如图 7.43 所示。

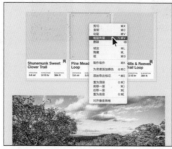

图 7.43

此时，图像会被填充到所有灰色矩形中。在重复网格中，如果更改了任意内容的外观，重复网格中的其他副本也会跟着一起变化。

7. 打开 Finder（macOS）或文件浏览器（Windows），进入 Lessons>Lesson07>repeat_grid 文件夹，保持 repeat_grid 文件夹在 Finder（macOS）或文件浏览器（Windows）中处于打开状态。把 XD 和文件夹同时显示在屏幕上，单击 hike_1.jpg 图片，按住 Shift 键，单击 hike_4.jpg 图片，把4张图片同时选中。把任意一张选中的图片拖动到重复网格中的任意一张图片上。当呈现蓝色高亮显示时，释放鼠标左键，替换图片，如图 7.44 所示。

图 7.44

Xd 提示：图片放入网格时是按照字母数字顺序排列的。因此，我在图片名称中加入了"_1""_2"等编号，这样有助于控制图片放入重复网格中的顺序。

Xd 注意：采用导入而非链接方式导入数据后，对源文件的修改不会影响到那些已经置入到 XD 文件中的数据。

通过修改单个对象或者拖入图片、纯文本文件，可以轻松改变重复网格中的内容。重复网格中内容的顺序和读写顺序（从左到右、从上到下）是一样的。本例中，重复网格只显示了前3张图片，因为重复网格只包含3个灰色矩形，如图7.45所示。当选择整个重复网格，并向右拖动扩展手柄多添加几个徒步旅行说明时，就会看到第4张图片显示出来，然后再次显示第1张图片（位于第5个徒步旅行说明中）。

图 7.45

除了图片之外，还可以把文本文件拖入重复网格中，用以替换网格中的重复文本。关于如何创建用于导入的文本文件，请参阅本节末尾的内容。

8. 保持 XD 和 repeat_grid 文件夹同时显示在屏幕上，单击名为 distance_text.txt 的文本文件，将其拖动到重复网格中任意一个"3.6 mi"文本之上。当出现蓝色高亮显示时，释放鼠标左键，替换文本，如图7.46所示。

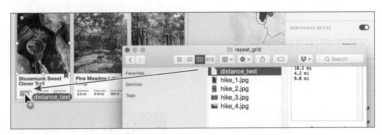

图 7.46

XD 　注意：如果文档窗口缩放级别太低，你可能很难把文本文件拖放到一个文本区域上。

第一个"3.6 mi"文本（重复网格最左侧）被文本文件中的第一个段落替换（见图7.47），依次类推。

9. 按 Command+S（macOS）或 Ctrl+S（Windows）组合键，保存文件。

图 7.47

为重复网格创建文本文件

　　拖入到重复网格中的文本文件的扩展名必须是 .txt。在 macOS 系统中，可以使用 TextEdit 进行创建（选择"格式">"制作纯文本"）；在 Windows 系统中，可以使用"记事本"来创建（保存为 .txt）。此外，还可以使用其他文本编辑器来创建。

　　在文本文件中，每块数据要单独放在一个段落中。上一节的例子中，拖动重复网格底部总共显示出 3 个重复元素。如果文本文件中包含 4 个段落（每个段落后面都有一个回车），前 4 个重复文本元素会依次被替换，然后再从头开始。

7.4.4　编辑重复网格中内容的外观

针对重复网格中的内容，接下来，我们调整各行之间的距离以及一些内部格式。

1. 在重复网格之外单击，取消选择。单击重复网格中的任意内容，选中整个重复网格。
2. 把鼠标光标移动到前两个徒步旅行说明之间，出现粉色列指示器时，向右然后向左拖动，并观察列之间距离的变化，如图 7.48 所示。距离值会显示在列指示器顶部。向右拖动，直到距离值显示为 30。

 提示： 通过拖动粉红色间距条，可以改变重复网格的行间距或列间距，甚至还可以通过拖动让行或列发生重叠，此时会在行指示器或列指示器上显示一个负值。

3. 若最右侧的徒步旅行说明内容不完整，可以把重复网格的右侧手柄向右拖动，进而把内容全部显示出来，如图 7.49 所示。

图 7.48

图 7.49

　　如果向右拖得足够远，列会在右侧重复显示。相反，如果向右拖得不够远，第三个说明内容可能会被截掉一部分。

4. 按 Command+S（macOS）或 Ctrl+S（Windows）组合键，保存文件。

7.4.5　向重复网格添加内容

创建好重复网格之后，可以使用各种方法向重复网格添加内容，或者把某些内容从重复网格中删除。下面，我们向重复网格添加内容。

1. 缩小或拖移文档，以便看到 Icons 画板。
2. 在"选择"工具（▶）处于选中的状态下，使用鼠标右键单击橙红色地图标记图标，从弹出的菜单中选择"剪切"，如图 7.50 所示。
3. 回到 Home 画板之下的重复网格，按 Command+3（macOS）或 Ctrl+3（Windows）组合键，放大文档窗口。
4. 在重复网格处于选中的状态下，双击重复网格中的一张图片，进入重复网格编辑模式。
5. 按 Command+V（macOS）或 Ctrl+V（Windows）组合键，把地图标记图标粘贴到中心位置，如图 7.51 所示。

图 7.50　　　　　　　　　　　　　　　　　　　　　　　图 7.51

接下来，我们调整一部分内容，以便设置地图标记图标的位置。

6. 单击 Shunemunk Sweet Clover Trail 文本，选择文本对象。
7. 在"属性检查器"中，把"文字大小"设置为 20，把文字缩小一些，如图 7.52 所示。
8. 向左拖动文本对象的右边缘，减少其宽度，如图 7.53 所示。

图 7.52　　　　　　　　　　　　　　　　　　　　　　　图 7.53

9. 向右拖动一下文本对象，为图标留出空间，如图 7.54 中的第一个图所示。
10. 把地图标记图标拖放到 Shunemunk Sweet Clover Trail 文本左侧。
11. 按住 Shift 键，向内拖动地图标记图标一角，将其缩小一些，使其恰好位于 Shunemunk Sweet Clover Trail 文本左侧。整个操作如图 7.54 所示。

提示：每按一次方向键，图标会移动一个像素。

图 7.54

可以在重复网格中绘制任意元素，或者添加文本到其中。你可以先添加内容再创建重复网格，也可以先创建重复网格再添加内容。重复网格会自动重复每个元素，这使得我们可以用一种新方式灵活地做设计。

12. 按 Command+S（macOS）或 Ctrl+S（Windows）组合键，保存文件。

取消网格编组

如果想单独编辑重复网格中的不同单元，那么你得先取消网格编组。取消网格编组之后，重复网格中的每个单元格就会分离，成为独立的部分。

要取消网格编组，先选中重复网格，在"属性检查器"中，单击"取消网格编组"按钮（见图 7.55），或者从菜单中选择"对象">"取消网格编组"（macOS），或者按 Command+Shift+G（macOS）或 Ctrl+Shift+G（Windows）组合键。

图 7.55

7.4.6 完成重复网格

本节是关于重复网格的最后一部分。本节中，我们会把重复网格的副本拖放到 Hike Detail 与 Exlpore 画板中，并且向这些画板添加一些收尾工作。

1. 单击灰色粘贴板区域，取消选择。把重复网格拖动到 Explore 画板中间，如图 7.56 所示。

 注意：可能需要多次单击灰色粘贴板，才能取消选择。

我们会发现，尽管重复网格放到了画板中间，但是重复网格中的内容并未对齐到画板中间。这是因为它们与最右边对象的右边缘之间存在空白。此时，你可以把重复网格的右侧手柄拖动到内容的边缘，或者按左右箭头键进行对齐。接下来，我们把重复网格的一个副本拖动到 Hike Detail 画板上。

2. 按住 Option（macOS）或 Alt（Windows）键，把重复网格拖动到 Hike Detail 画板底部，如图 7.57 所示。这个过程中，可能需要拖动文档窗口或缩小文档窗口。

图 7.56

接下来，我们向 Hike Detail 画板添加一个矩形，并使其位于重复网格之后。

3. 选择"矩形"工具，在 Hike Detail 画板底部拖绘出一个矩形，如图 7.58 所示。

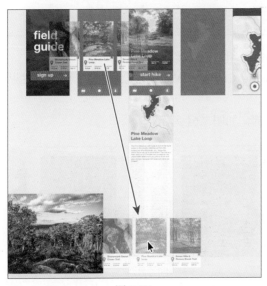

图 7.57

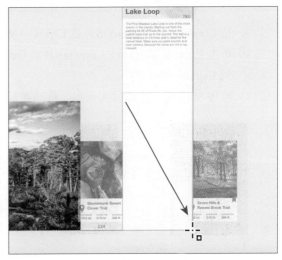

图 7.58

4. 单击程序窗口左下角的"资源"面板按钮（▱），打开"资源"面板。单击绿色（#265353），将其应用填充至矩形。

5. 使用鼠标右键单击 Hike Detail 画板上的绿色矩形，从弹出的菜单中选择"置为底层"（macOS），或"排列" > "置为底层"（Windows），如图 7.59 所示。

接下来，向 Explore 画板中加入一些内容，以便用户可以在添加交互时进行导航。

6. 按 Command+0（macOS）或 Ctrl+0（Windows）组合键，显示所有画板。

7. 把 Journal 画板放大到文档窗口，保证能看见整个画板。

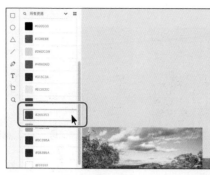

图 7.59

8. 在 Journal 画板上，选择"选择"工具（▶），拖选 my hikes 文本和右侧的放大镜图标（见图 7.60），按 Command+K（macOS）或 Ctrl+K（Windows）组合键，将其制作成组件，方便编辑副本。

> **Xd** | **注意：** 拖选时，如果多选了其他内容，请按住 Shift 键，单击不想选的内容。

9. 按 Command+C（macOS）或 Ctrl+C（Windows）组合键，复制组件。

10. 单击 Explore 画板，按 Command+V（macOS）或 Ctrl+V（Windows）组合键，把组件粘贴到 Explore 画板之中。

11. 按住 Shift 键，把组件实例向上拖动到画板顶部，如图 7.61 所示。

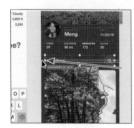

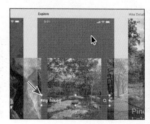
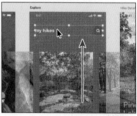

图 7.60   图 7.61

12. 按 Command+S（macOS）或 Ctrl+S（Windows）组合键，保存文件。

7.5 响应式调整大小

在 Adobe XD 中设计网站时，要充分考虑网站在多种设备上显示的问题，比如手机、平板电脑、桌面电脑，这些设备的屏幕尺寸各不相同。因此，在网站设计过程中，设计师通常需要为同一个页面创建多个不同尺寸的画板。这意味着设计师要复制和调整画板的大小，然后手动调整新画板上的所有内容。为了解决这个问题，Adobe XD 提供了一个"响应式调整大小"的功能。借助于这项功能，XD 能够自动预测你要应用哪些约束，然后在调整对象大小时，自动应用这些约束。

本节中，我们将学习使用"响应式调整大小"功能基于一个手机设计做平板电脑设计。

7.5.1 了解"响应式调整大小"

我们将打开一个文档来学习本节内容，然后学习如何打开"响应式调整大小"功能，并了解它对不同画板的影响。

1. 在 macOS 系统下，依次选择"文件">"从您的计算机中打开"菜单；在 Windows 系统下，单击程序窗口左上角的菜单图标（≡），从弹出的菜单中选择"从您的计算机中打开"菜单，打开 Lessons > Lesson 07 文件夹中的 Responsive_resize.xd 文档。

2. 按 Command+0（macOS）或 Ctrl+0（Windows）组合键，显示所有画板，如图 7.62 所示。

在 Responsive_resize.xd 文档中，一个网站的页面有两种尺寸，一种针对的是移动设备，另一种针对的是桌面电脑。接下来，我们复制针对移动设备的画板，打开"响应式调整大小"，然后调整画板尺寸，得到页面的平板电脑版本。

图 7.62

3. 在"选择"工具（▶）处于选中的状态下，单击 Journal - phone 画板名称，将其选中。

4. 按 Command+D（macOS）或 Ctrl+D（Windows）组合键，复制画板，创建出 Journal - phone - 1 画板，它当前处于选中状态。

5. 双击新画板名称，将其修改为 Journal - tablet，如图 7.63 所示。

图 7.63

6. 按 Command+3（macOS）或 Ctrl+3（Windows）组合键，把 Journal - tablet 画板放大到文档窗口。

7. 向右拖动 Journal - tablet 画板的右边缘中点，将其加宽一些，如图 7.64 所示。当在"属性检查器"中看到"宽度"（W）为 850 时，停止拖动。

默认情况下，画板中的内容不会随着画板变宽而调整大小或移动。而且画板的"响应式调整大小"选项也是关闭的，但是你可以为所选画板打开它。在为某个画板打开了"响应式调整大小"

选项之后，画板中的内容就可以跟着画板尺寸自动调整大小了。接下来，先撤销前面对画板尺寸所做的调整，然后打开"响应式调整大小"，再次尝试调整画板大小。

8. 按 Command+Z（macOS）或 Ctrl+Z（Windows）组合键，撤销对画板尺寸的调整。

 注意：除了使用 Command+Z（macOS）或 Ctrl+Z（Windows）组合键之外，还可以通过向左拖动画板右边缘中点，把画板缩小一些。但是，使用撤销命令可以更轻松地把画板准确恢复到原来的尺寸。

图 7.64

9. 在画板仍处于选中的状态下，在"属性检查器"中单击"响应式调整大小"开关，将其打开，如图 7.65 所示。

此时，画板中的内容会随着画板尺寸的变化而变化。

10. 向右拖动 Journal - tablet 画板的右边缘中点，当在"属性检查器"中看到"宽度"（W）为 800 时，停止拖动，如图 7.66 所示。

图 7.65

图 7.66

可以看到，页头图片尺寸发生变化，按钮内容被分离出来，重复网格也添加了新列。而 HIKES、DISTANCE、MEMORIES 文本及其下方的数字不再靠在一起。

打开画板的"响应式调整大小"选项之后，Adobe XD 会分析画板中的对象、编组结构、与父编组边缘的距离（比如画板），以及调整大小时的布局信息等。在调整画板中的对象或画板的尺寸时，被调整大小的内容上会出现粉红色的十字准线。这些十字准线表示有一些约束规则被应用到了一个组上。约束规则用来指定调整对象大小时对象的行为方式。下一节中，我们会讲解约束规则。

 注意：目前，响应式调整大小还不支持组件。为此，我们需要先取消组件编组，再调整编组大小。

 提示：若要按比例调整大小，请使用 Shift 键临时停用响应行为。调整大小时，可以拖拉一个位于边角的手柄，以此锁定长宽比。

11. 按 Command+Z（macOS）或 Ctrl+Z（Windows）组合键，撤销画板尺寸调整。

7.5.2 内容编组

在"响应式调整大小"选项处于开启的状态下调整画板大小时，不论画板变大还是变小，Adobe XD 都会尽量重新安排画板上的元素。在重调内容尺寸之前，你可以把类似的对象编入一个组，在它们之间建立联系。调整大小时，编组中的对象默认保持在一起，方便你在项目中建立层次结构。

接下来，我们会对内容进行分组，以便在调整大小时把它们放在一块，而且我们还要设置约束规则，当这些规则发挥作用的时候，你就会发现这么做是多么有意义。

1. 把 Journal - tablet 画板的上半部分放大到文档窗口。

2. 在"选择"工具（▶）处于选中的状态下，拖选文本 MEMORIES, 172 与其左侧的短竖线，把它们全部选中。

3. 按 Command+G（macOS）或 Ctrl+G（Windows）组合键，把它们编入一个组中。

4. 拖选文本 DISTANCE, 98 mi 与其左侧的短竖线，把它们全部选中。

5. 按 Command+G（macOS）或 Ctrl+G（Windows）组合键，把它们编入一个组中，如图 7.67 所示。

6. 单击 Journal – tablet 画板名称，将其选中，向右拖动画板右边缘中点。此时可以看到编组内容是在一起的，如图 7.68 所示。

图 7.67　　　　　　　　　　　　　　　　　　图 7.68

7. 按 Command+Z（macOS）或 Ctrl+Z（Windows）组合键，撤销对画板尺寸的调整。

接下来，我们对橙色 start hike 按钮中的内容进行编组，使其在画板尺寸发生变化时保持在一起。

8. 单击画板顶部的橙色 start hike 按钮。

你会发现，橙色 start hike 按钮其实是一个组件实例，也就是说，在画板尺寸发生变化时，橙色按钮的尺寸并不会发生变化。

9. 在橙色 start hike 按钮处于选中的状态下，按住 Shift 键，单击按钮上的双环圆和左侧的 menu 文本。按 Command+G（macOS）或 Ctrl+G（Windows）组合键，把它们编入一个组中，如图 7.69 所示。

图 7.69

10. 单击 Journal – tablet 画板名称，将其选中，向右拖动画板右边缘中点。此时，可以看到橙色按钮编组中的内容是在一起的，如图 7.70 所示。

11. 按 Command+Z（macOS）或 Ctrl+Z（Windows）组合键，撤销对画板尺寸的调整。

7.5.3 设置约束规则

在调整画板大小时，如果对画板内容的调整方式不满意，可以手动编辑约束规则，以便更好地控制在调整组件、画板或图层所在分组大小时对象的行为方式。手动设置的约束规则会覆盖 XD 的自动约束规则。

1. 单击画板顶部的橙色 start hike 按钮，如图 7.71 所示。

图 7.70

在"属性检查器"的"响应式调整大小"区域中，有两个按钮："自动"和"手动"。在开启"响应式调整大小"功能之后，画板中的内容默认采用的"自动"模式。对于选中的内容，可以手动设置约束规则，为此你需要单击"手动"按钮，然后设置我们希望它粘附在画板的哪些边上，以及我们是否希望保持其高度或宽度不变。

2. 单击"手动"按钮，为按钮组手动设置约束，如图 7.72 所示。

图 7.71

图 7.72

选中"手动"按钮后，你会看到位置和尺寸选项。位置选项用来固定对象相对于父对象的位置。本例中，按钮组的父对象是画板。"固定宽度"和"固定高度"选项用来禁止对象在水平或垂直方向上调整大小。

默认设置下，按钮的位置被固定到画板的顶部和右边缘。本例中，我们需要把按钮放到与当前一样的相对位置上。为此，我们需要选择"固定左侧"和"固定顶部"。

3. 单击"固定左侧"（┝）。

单击"固定左侧"后，"固定右侧"自动取消。此时，不论画板变得多宽，按钮组距离画板左边缘的距离都是一样的。

> **Xd** | 提示：如果编组中的内容关闭了"固定宽度"，则可以为该组选择"固定左侧"和"固定右侧"。

4. 取消选择"固定宽度"，如图 7.73 所示。

此时，按钮组的宽度会沿水平方向进行调整。但这并不意味着每个对象都会变宽，它只意味着按钮中的内容会铺开，以适应按钮宽度的变化。

图 7.73

> **Xd** | 提示：按 Command+Z（macOS）或 Ctrl+Z（Windows）组合键，可以撤销你设置的约束选项。

5. 单击 Journal – tablet 画板名称，将其选中，略微向右拖动画板右边缘中点，如图 7.74 所示。随着拖动，会看到一条微弱的粉红色线条，从橙色按钮组左边缘到画板左边缘，它就是应用到这个组上的约束规则：固定左侧。

可以看到，按钮左边缘与画板左边缘保持着相同的相对距离，这表示按钮被固定到了画板左侧。另外，还可以发现，白色双环圆是单独移动的，因为它不属于橙色按钮组件。

6. 按 Command+Z（macOS）或 Ctrl+Z（Windows）组合键，撤销对画板尺寸的调整。

7. 双击橙色按钮，选择编组中的组件，如图 7.75 所示。

图 7.74

图 7.75

你可以知道当前选中的组件实例，因为它有一个绿色边框，也可以在"图层"面板中看到它被选中了，组件实例是不能调整大小的。

8. 使用鼠标右键单击组件实例，从弹出的菜单中选择"取消组合组件"，这样就可以调整其大小了，如图 7.76 所示。

在取消组合组件之后，文本和橙色按钮不再是一个单独对象。也就是说，它们可以各自独立移动了，就像橙色按钮上的双环圆一样。为了让按钮的各个部分保持在一起，并允许调整它们的大小，我们需要把它们全部编入一个组中。

9. 按 Esc 键，选择所选内容所在的组。

10. 在"属性检查器"中，选择"手动"按钮，取消选择"固定宽度"，选择"固定右侧"（⊣），取消选择"固定左侧"（⊢）与"固定高度"（Ｉ），如图 7.77 所示。

图 7.76

图 7.77

在这里，"固定左侧"和"固定右侧"都是可以选择的，因为组中的某些内容取消了"固定宽度"，可以调整大小。

11. 单击 Journal – tablet 画板名称，将其选中，向右拖动画板右边缘中点。可以看到橙色按钮大小发生了变化，如图 7.78 所示。

12. 按 Command+Z（macOS）或 Ctrl+Z（Windows）组合键，撤销对画板尺寸的调整。

当按钮大小没有改变，并且它位于一个更大画板的右侧时，按钮看起来会更好。

13. 单击空白的灰色粘贴板区域，取消选择，然后单击橙色按钮组，将其选中。在"属性检查器"中，选择"固定宽度"、"固定右侧"（⊣）、"固定高度"（Ｉ），如图 7.79 所示。

图 7.78

当橙色按钮图形的"固定宽度"取消时，编组上的"固定宽度"就会起作用。也就是说，当编组无法调整大小（即宽度固定不变）时，其中的内容也无法进行调整。

图 7.79

14. 单击 Journal – tablet 画板名称，将其选中，向右拖动画板右边缘中点。可以看到橙色按钮的大小不再发生变化，如图 7.80 所示。

7.5.4 最终完成

在调整画板大小时，"响应式调整大小"功能大多数时候都好用，但有时也会出现一些问题。在设计的最后阶段，我们把画板设定到指定的尺寸，然后调整或移除一部分内容。

1. 在 Journal-tablet 画板仍处于选中的状态下，在"属性检查器"中，把"宽度"（W）值修改为 834，然后按 Return 或 Enter 键，使修改生效，如图 7.81 所示。

图 7.80

图 7.81

当画板大小改变时，其中的内容也会发生相应的变化，这在上一节中已经介绍过。

2. 单击重复网格对象。把鼠标移动到列之间，当出现粉红色列指示器时，向右拖动，直到距离值（位于粉红色列指示器上方）显示为 80，如图 7.82 所示。

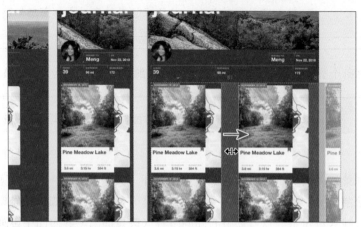

图 7.82

3. 把右侧手柄向左拖动，只显示两列，如图 7.83 所示。

图 7.83

4. 拖动网格，使其在画板上水平居中，如图 7.84 所示。

> **Xd** **注意**：如果看不到对齐参考线，在拖动对齐网格时可以不必太准确，只要它看上去在画板中间就行了。

图 7.84

5. 单击粘贴板中的空白区域，取消选择。

6. 按 Command+0（macOS）或 Ctrl+0（Windows）组合键，显示所有内容，如图 7.85 所示。

图 7.85

7. 按 Command+S（macOS）或 Ctrl+S（Windows）组合键，保存文件。

8. 选择"文件" > "关闭"（macOS），或者单击窗口右上角的"×"按钮（Windows），关闭 Responsive_resize 文件。

9. 如果你想继续学习下一课内容，可以不关闭 Travel_Design.xd 文件。因为在下一课的学习中，我们会继续使用 Travel_Design.xd 这个文件。否则，对于每个打开的文档，我们都应该选择"文件" > "关闭"（macOS），或者单击程序窗口右上角的"×"按钮（Windows），将其关闭。

Xd | **注意：** 如果你使用的是 L7_start.xd 文件，请保持该文件处于打开状态。

7.6 复习题

1. 对象模糊与背景模糊有何不同?
2. 如何向内容应用渐变?
3. 什么是重复网格?
4. 如何替换重复网格中的一系列图片?
5. 请给出两种向重复网格添加内容的方法。

7.7 复习题答案

1. 背景模糊使用一个叠加对象来模糊其后的内容。大多数时候,用来模糊内容的叠加对象是一个形状,而且这个形状的填充颜色和边框不会对结果产生影响。对象模糊用来模糊形状或图像等所选内容。
2. 在"属性检查器"中,单击填充颜色,从"拾色器"顶部菜单中,选择"线性渐变"或"径向渐变",即可把渐变填充到所选内容上。
3. 在 Adobe XD 中,选择一个对象或一组对象,然后应用重复网格,即可轻松实现对内容的重复。应用重复网格之后,可以拖动内容底部或右侧的手柄,此时内容会沿着拖动的方向进行重复。当调整某个元素的样式时,同样的样式会应用到网格中的所有元素上。例如,如果把某个元素中的图片做成圆角,网格中的所有图片都会变成圆角。
4. 替换重复网格中的图片时,先在 Finder(macOS)或文件浏览器(Windows)中打开一个文件夹。把 XD 和文件夹同时显示在屏幕上,拖动图片到重复网格的某个图片上,当出现蓝色高亮时,释放鼠标左键,替换图片。
5. 双击重复网格中的内容,或者按住 Command(macOS)或 Ctrl(Windows)键,单击重复网格中的内容,进入内容编辑模式,然后就可以在重复网格中创建内容或把内容粘贴进去了。

第8课 创建原型

本课概述

本课介绍的内容包括：

- 了解原型；
- 学习"设计"模式和"原型"模式；
- 设置主屏幕；
- 链接内容和取消链接；
- 使用"自动制作动画"；
- 使用拖移触发；
- 保留滚动位置；
- 添加定时过渡；
- 创建叠加；
- 使用语音触发和语音。

 本课大约要用 60 分钟完成。开始之前，请先将本书的课程资源下载到本地硬盘中，并进行解压。在学习本课时，将覆盖相应的课程文件。建议先做好原始课程文件的备份工作，以免后期用到这些原始文件时，还需重新下载。

　　借助于原型，可以把画板（屏幕）之间的导航可视化。
使用原型有助于我们收集有关设计可行性和可用性的反馈意
见，从而节省开发时间。本课中，我们将基于已有的设计创
建一个可用原型，并在 Adobe XD 中进行本地预览。

8.1 开始课程

本课中，我们会基于你的 App 设计创建一个可工作的原型，并在 XD 中进行测试。正式开始学习之前，让我们先看一下最终课程文件，了解一下本课要做什么。

> **Xd** **注意**：如果尚未把本课的项目文件下载到本地计算机，请先阅读本书前言，查找相关文件的下载方法。

1. 若 Adobe XD CC 尚未打开，先启动它。
2. 在 macOS 系统下，依次选择"文件">"从您的计算机中打开"菜单；在 Windows 系统下，单击程序窗口左上角的菜单图标（≡），从弹出菜单中选择"从您的计算机中打开"菜单。

不论在 macOS 还是 Windows 系统下，如果显示的"主页"界面中没有文件打开，请单击"主页"界面中的"您的计算机"。在"打开"文件对话框中，转到硬盘上的 Lessons > Lesson08 文件夹之下，打开名为 L8_end.xd 的文件。

3. 如果在程序窗口底部显示出字体缺失信息，单击信息右侧的"×"按钮，将其关闭即可。
4. 按 Command+0（macOS）或 Ctrl+0（Windows）组合键，显示所有设计内容，如图 8.1 所示。通过这些内容，可以了解本课我们要做什么。

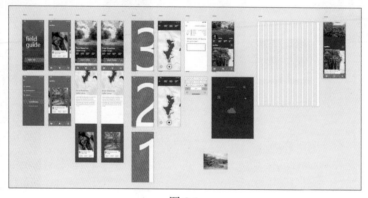

图 8.1

> **Xd** **注意**：本课配图是在 Windows 系统下截取的。在 macOS 系统下，XD 的用户界面会有一些不同。

5. 你可以不关闭 L8_end.xd 文件，将其放在一边作为参考。当然，也可以选择"文件">"关闭"（macOS），或者单击程序窗口右上角的"×"按钮（Windows），关闭文件。

8.2 创建原型

为设计创建一个交互式原型有助于测试其用户体验。在设计过程中，可以在任意一个时间点上创建原型。原型可以帮助你把屏幕之间或线框之间的导航关系可视化出来。这有助于我们收集有关设计可行性和可用性的反馈意见，从而节省开发时间。例如，如果你想测试一款 App 的结算（购买）流程，那么可以创建一个原型，允许用户单击按钮，切换到下一屏。这可以让每一个人了解最终的 App 是如何工作的。

在 Adobe XD 中，我们可以把交互元素链接起来，在各屏之间创建连接，即在各画板（或对象和其他画板）之间创建链接（也叫连接），其中用到的方法接下来会介绍。

> **Xd** **注意：** 这里的 "链接" 和 "连接" 含义相同，它们可以换用，就像 "画板" 和 "屏幕" 之间的关系一样。

> **Xd** **注意：** 图 8.2 显示的只是某个交互式原型中连接的一个例子。 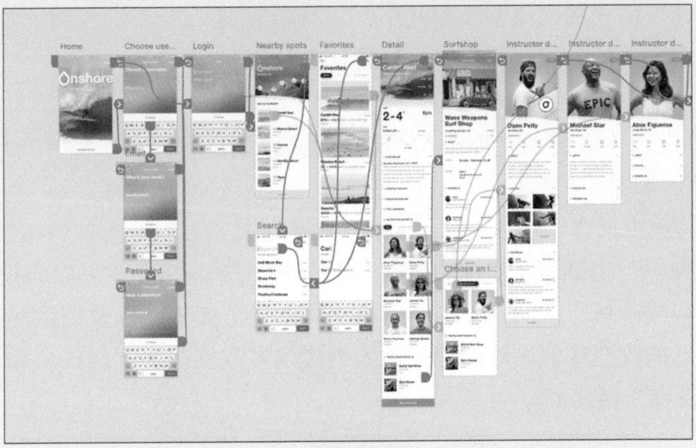
>
> 图 8.2

在图 8.3 中，覆盖在 Create Account 按钮上的蓝色区域（图中箭头所指的部分）表示一个热点或交互区域。从蓝色区域右边缘引出的蓝色连接器（又叫连接线）表示的是热点和目标屏幕（画板）之间的连接（链接）。

测试原型时，当你单击 Create Account 按钮时，就会切换（比如溶解或滑动）到下一个画板中。

8.2.1 "设计" 模式与 "原型" 模式

当你在 Adobe XD 中打开一个文件时，默认处在 "设计" 模式下。在 "设计" 模式下，你可以使用所有设计工具和面板来创建和编辑设计元素。在创建原型时，需要切换到 "原型" 模式下，

图 8.3

以便创建所需要的交互连接。

在这一小节中，我们了解一下如何在两种模式之间进行切换。

1. 选择"文件">"从您的计算机中打开"（macOS），或者单击程序窗口左上角的菜单图标（≡），从弹出菜单中选择"从您的计算机中打开"（Windows），从 Lessons 文件夹中打开 Travel_Design.xd 文档。

 注意： 如果你使用前言中提到的"快速学习法"学习这部分内容，请打开 Lessons > Lesson08 文件夹中的 L8_start.xd 文件来学习本课内容。

2. 按 Command+0（macOS）或 Ctrl+0（Windows）组合键，显示所有设计内容。

在程序窗口的左上角，你会看到两个模式："设计"模式和"原型"模式。其中，"设计"模式是默认选择的模式。在"设计"模式和"原型"模式下，工具箱和属性检查器有很大的不同，因此你可以轻松地区分这两种模式。

3. 单击"设计"右侧的"原型"，切换到"原型"模式下，如图 8.4 所示。

图 8.4

此时，工具箱中只有"选择"和"缩放"两个工具，并且"属性检查器"也隐藏了起来。在"原型"模式下，你仍然可以向设计中导入或粘贴内容、复制与粘贴内容或画板、访问"资源"面板和"图层"面板，以及把组件从"资源"面板拖入到设计中，但是不能改变其他设计内容，比如创建内容或修改文本样式。如果你的确需要修改，则需要返回到"设计"模式下。

 注意： 进入"原型"模式之后，如果文档中的画板是空的，你会看到一条消息，告知你画板中需要有内容。此外，如果文档中只有一个画板，进入"原型"模式后，你也会看到一条消息，告诉你需要向文档中添加更多画板。

4. 按 Control+Tab（macOS）或 Ctrl+Tab（Windows）组合键，切换回"设计"模式。再次按 Control+Tab（macOS）或 Ctrl+Tab（Windows）组合键，切换回"原型"模式。在执行下一步操作之前，确保当前处在"原型"模型下。

8.2.2 设置主屏幕

 注意： 不要把主屏幕与 Travel_Design.xd 文件中的 Home 画板搞混了。

在"原型"模式下，首先要做的一件事情是设置主屏幕。主屏幕是用户观看原型时看到的第一个屏幕，可以把任意一个画板设置为主屏幕。如果没有设置主屏幕，默认情况下，主屏幕是最上面、最左边的画板（按照这个顺序）。假设你打算发送一个原型给同事，想就设计的某个部分（比如 App 的结算流程）征求他的意见。此时，最好不要把默认屏幕（Travel_Design 文件中的 Home 画板）设置为主屏幕，而是把包含结算流程的画板设置成主屏幕。这样，你的同事打开原型时看到的第一个画板就是结算流程画面。

本节中，我们将把主屏幕设置成 Home 画板，它是用户看到的第一个屏幕。

1. 在"原型"模式下，使用"选择"工具（▶），单击 Home 画板左上方的名称，选中整个画板，如图 8.5 所示。

2. 按 Command+3（macOS）或 Ctrl+3（Windows）组合键，将所选画板放大到文档窗口。

在画板处于选中的状态下，在画板外部左上角的位置应该能够看到一个灰色图形（里面包含一个白房子图标），它叫主屏指示器，如图 8.6 所示。如果所选画板是主屏幕，主屏指示器就会呈现蓝色高亮状态。

图 8.5

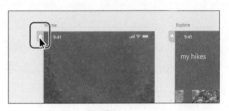

图 8.6

注意：如果在画板左上角之外的灰色图形中看不到白色小房子图标，那可能需要把文档进一步放大。

3. 单击灰色图形中的小房子图标，把 Home 画板设置为主屏幕，如图 8.7 所示。

默认情况下，Home 画板就是主屏幕，因为它是最上方、最左侧的画板。这里，我们单击小房子图标明确把 Home 画板设置为主屏幕，防止以后把另外一个画板添加到最上方和最左侧而将其用作主屏幕。

4. 单击画板之外的空白粘贴板区域，取消选择所有内容。

图 8.7

8.2.3 链接画板

下面我们创建交互式原型，用以测试设计的用户体验。在创建好原型之后，就可以通过各屏之间的链接对原型做交互测试了。原型有很多用处，比如你（设计师）可以借助原型向开发人员阐述各屏之间的交互关系等。本节中，我们学习如何创建链接（连接），并对这些链接进行测试。

1. 按几次 Command+ 减号（macOS）或 Ctrl+ 减号（Windows）组合键，把 Home 画板缩小一些。确保能看到 Home 画板右侧的几个画板。此外，还可以按住空格键并拖动文档窗口，或者在触控板上用双指拖动，在文档窗口中显示出更多画板。

2. 单击 Home 画板左上角的画板名称，或者在"图层"面板中单击 Home 画板，将其选中，如图 8.8 所示。

在"原型"模式下，选中某个画板之后，在画板右侧会看到一个小的蓝色图形，里面是一个白色箭头（如图 8.9 中红圈所示）。我们把它叫作连接手柄，你可以使用它创建连接。

图 8.8

图 8.9

3. 拖动画板右侧的连接手柄，会看到一条蓝色连接线，将其拖动到 Explore 画板上。当 Explore 画板周围出现蓝色线条时，释放鼠标左键，把 Home 画板与 Explore 画板连接在一起，如图 8.9 所示。

测试原型可以在 XD 的桌面预览中或者设备上的 Adobe XD 移动 App 中进行，在主屏幕中单击会切换到 Explore 屏幕。

4. 创建好连接之后，在弹出的面板中进行如下设置，如图 8.10 所示。

图 8.10

- 触发：点击（默认设置，触发是你设置的一个交互行为，当该行为出现时会从当前屏幕过渡到下一个屏幕）。

- 动作：过渡（默认设置，当触发发生时，即执行该动作）。

- 目标：Explore（当用户点击或单击带连接的画板或对象时，就会跳转到该屏幕 [画板]）
- 动画：左滑（当一个屏幕 [画板] 替换另一个屏幕时播放该动画）。
- 缓动：渐出（默认设置，缓动让过渡显得更自然。选择"渐出"时，开始时过渡很快，然后逐渐变慢）。
- 持续时间：0.3 秒（默认设置，持续时间指从一个屏幕 [画板] 过渡到下一个屏幕所花的时间）。
- 保留滚动位置：不勾选（过渡到另外一个画板时，保持垂直滚动位置）。

> **Xd** | 提示：你可以把连接的持续时间设置为 2 秒或 3 秒，然后测试原型，观察推出和滑动过渡之间的差异。你会学会如何快速测试原型。

5. 单击空白粘贴板区域，隐藏菜单，取消选择画板。

此时，蓝色连线消失不见。要在"原型"模型下查看连接器，你需要选择内容或画板。

> **Xd** | 提示：你还可以按 Esc 键。

6. 单击 Home 画板或 Explore 画板名称（画板左上方），显示创建的连接器在蓝色连接线的右端点（Explore 画板左边缘），你会看到一个包含箭头的连接手柄（▶），箭头表示的是连接的方向和终点，如图 8.11 所示。

7. 按 Command+S（macOS）或 Ctrl+S（Windows）组合键，保存文件。

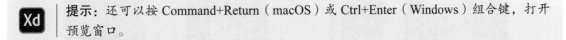

图 8.11

8.2.4　本地预览链接

添加好连接、创建好原型之后，接下来就该预览和测试这些连接了。方法有好几种，包括在桌面电脑和 Adobe XD 移动 APP 上预览。本节中，我们介绍用于测试的预览窗口。第 9 课会介绍有关预览的更多方法。

1. 单击程序窗口右上角的"桌面预览"按钮（▶），如图 8.12 所示。

> **Xd** | 提示：还可以按 Command+Return（macOS）或 Ctrl+Enter（Windows）组合键，打开预览窗口。

此时，XD 会打开一个预览窗口，其大小与当前焦点画板大小一致。你可以一边在预览窗口中预览，一边在原型中修改设计和交互，这些修改会立即反映到预览窗口中。

2. 拖动预览窗口顶部的标题条，移动一下位置，以便你能看到大部分画板。

3. 在 Home 画板中，单击任意内容，将其选中，然后再单击选择 Explore 画板中的内容，如图 8.13 所示。不论选择哪个画板，它都会在预览窗口中立即显示出来。在继续下一步操作之前，确保预览窗口中显示的是 Home 画板。

图 8.12

4. 把鼠标移动到预览窗口中的 Home 画板上。此时，光标变为手形（🖐），表示该区域中存在一个连接（链接）。在 Home 画板中，单击任意内容，将从当前画板滑动到 Explore 画板，如图 8.14 所示。

图 8.13

图 8.14

5. 按键盘上的左方向键，在预览窗口中，返回到上一屏（Home）。按左方向键或右方向键，可以让预览窗口轻松地在两个屏幕之间来回切换。

> **Xd** **注意：**要在预览窗口处于选中的状态（激活状态）下，按方向键在多个屏幕之间来回切换。

6. 关闭预览窗口。

8.2.5 编辑连接

有时，我们需要删除连接、重新连接或更改连接设置。下面，我们编辑上一节中创建的连接。然后，删除连接，创建从一个 Home 画板中的对象到另外一个画板（从另外一个文档复制而来）的连接。

1. 单击 Home 画板或 Explore 画板名称（画板左上角），显示前面创建的连接器。单击连接器端点处的连接手柄，再次显示菜单。从"动画"菜单中选择"向左推出"，如图 8.15 所示。

预览原型时，你会观察到"左滑"与"向左推出"之间的不同。"左滑"时，下一个画板会叠在上一个画板上向左滑出。"向左推出"时，下一个画板会紧贴着上一个画板的右边缘自右向左把它推出去。

图 8.15

2. 单击空白区域隐藏菜单，然后再次单击 Home 或 Explore 画板名称，显示出连接器。把鼠标移动到连接器的一端，将其从画板拖入空白的粘贴板区域，释放鼠标左键，删除连接。整个操作如图 8.16 所示。

接下来，我们向 Home 画板中添加一个登录表单，这样就可以创建一个连接，把 Sign Up 按钮（位于 Home 画板中）和你添加到新画板中的表单连接起来。

3. 选择"文件">"从您的计算机中打开"（macOS），或者单击程序窗口左上角的菜单图标（≡），从弹出菜单中选择"从您的计算机中打开"（Windows），从 Lessons >Lesson08 文件夹中打开 Sign_up.xd 文档。

图 8.16

4. 在"选择"工具处于选中的状态下，单击 Sign up 画板名称，将其选中，如图 8.17 所示。按 Command+C（macOS）或 Ctrl+C（Windows）组合键，进行复制。

5. 选择"文件">"关闭"（macOS），或单击程序窗口右上角的"×"按钮（Windows），关闭 Sign_up.xd 文件。

6. 回到 Travel_Design 文件中，单击 Home 画板名称，将其选中。按 Command+V（macOS）或 Ctrl+V（Windows）组合键，粘贴 Sign up 画板。

此时，Sign up 画板出现在 Home 画板之下，或 Journal ver2 画板右侧。如果 Sign up 画板出现在了 Journal ver2 画板右侧，缩小文档窗口，拖动 Sign up 画板到 Home 画板之下。

7. 若 Home 画板下方的图片被添加到了你粘贴的 Sign up 画板中，可以先选择它，然后按 Backspace 或 Delete 键，将其删除，如图 8.18 所示。

图 8.17　　　　　　　　　　　　　　　　　　　图 8.18

在粘贴画板之前先选择一个画板，粘贴时，XD 通常会直接把你复制的画板粘贴到所选画板之下。这里说"通常"是因为缩放级别和画板的选择对画板的粘贴位置有影响。

接下来，我们把状态条和回退箭头组件从 Recording 画板添加到 Sign up 画板中。这个过程中，我们会从已有画板中复制组件实例，这样可以把它们粘贴到 Sign up 画板的相同位置上。

8. 单击 Recording 画板顶部的白色状态条。可能需要拖动文档窗口或者缩放文档，才能看到 Recording 画板。按住 Shift 键，单击其下的白色箭头组件，按 Command+C（macOS）Ctrl+C（Windows）组合键，进行复制，如图 8.19 所示。

9. 在 Sign up 画板中，单击鼠标右键，在弹出的菜单中选择"粘贴"，如图 8.20 所示。

现在，Sign up 画板中已经准备好了所需要的一切，接下来，我们创建一个从 sign up 按钮（位于 Home 画板之中）到 Sign up 画板的连接。

10. 单击 Home 画板中的 sign up 按钮。

在"原型"模式下，选择画板中的某个对象时，该对象会蓝色高亮显示，并且在其右侧会出现连接手柄，就像在"原型"模式下选择一个画板一样。可以把连接手柄拖至另外一个画板（非另外一个对象），把它们连接起来。

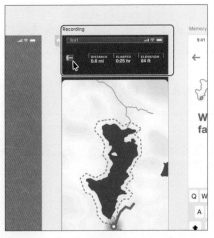

图 8.19

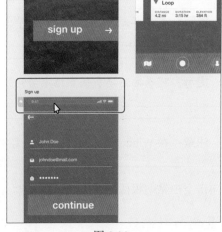

图 8.20

11. 把连接手柄拖动到其下的 Sign up 画板上。当 Sign up 画板出现蓝色外框时，释放鼠标左键，如图 8.21 所示。

12. 创建好连接之后，在弹出面板中进行如下设置，如图 8.22 所示。

- 触发：点击（默认设置）。
- 动作：过渡（默认设置）。
- 目标：Sign up。
- 动画：溶解。
- 缓动：渐出（默认设置）。
- 持续时间：0.5 秒（需要直接输入 0.5，因为 0.5 并未在右侧的下拉菜单中，按 Enter 或 Return 键，使修改生效）。
- 保留滚动位置：不勾选。

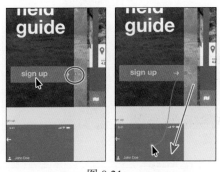

图 8.21

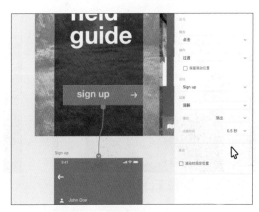

图 8.22

在下一节中，我们会测试这个连接。

提示：可以单击连接手柄，打开弹出面板，依次选择"目标">"无"，取消连接到画板。

提示：可以把连接手柄直接拖动到另外一个画板来修改连接。

注意：在 Windows 系统下，可能需要拖动文档窗口，才能看到整个连接设置面板。

13. 单击空白粘贴板区域，关闭弹出面板。

8.2.6 复制与粘贴连接

在"预览"模式（非"设计"模式）下复制画板或者复制带有连接的对象时，连接会一同被复制下来。此外，你还可以把一个连接（非对象）从一个对象或画板复制、粘贴到另外一个对象或画板。当多个画板中的内容（比如页脚）有相同的连接时，对连接进行复制、粘贴可以大大节省时间。接下来，我们尝试把连接从一个对象复制到另外一个。

1. 按 Control+Tab（macOS）或 Ctrl+Tab（Windows）组合键，切换回"设计"模式。

2. 把 Hike Detail 画板的上半部分放大到文档窗口，双击画板顶部的白色小箭头组件实例以编辑它，如图 8.23 所示。

接下来，我们要向位于 Hike Detail 画板顶部的左箭头添加一个连接。此时，我们会遇到一个问题，那就是如果直接使用箭头作为热点，那么用户可点击（单击）的区域会非常小。这种情况下，我们可以添加一个透明的矩形（或其他形状），将其用作热点（一块用来接受单击的更大区域）。

3. 在工具箱中，选择"矩形"工具（□），在白色箭头之上绘制一个矩形（覆盖住白色箭头），在"属性检查器"中，把"不透明度"设置为 0%，如图 8.24 所示。

图 8.23

图 8.24

注意：隐藏矩形时，我首先想到的是取消边框和填充。但是这样做了之后，你会发现在"原型"模式下很难选择它。

4. 按 Control+Tab（macOS）或 Ctrl+Tab（Windows）组合键，切换回"原型"模式。

5. 按 Esc 键，选择整个组件实例（箭头和你刚绘制的矩形）。单击（非拖动）连接手柄（右边缘小箭头），在弹出面板中，做如下设置，如图 8.25 所示。

• 动作：上一个画板（这会创建一个从 Hike Detail 画板到上一个画板的连接）。

选择"上一个画板"之后，连接手柄会显示到左侧边缘，变为一个弯曲的箭头（ ），并且不带指向另外一个画板的连线。

6. 单击空白粘贴板区域，隐藏弹出面板，然后再次单击箭头组件实例，将其选中，单击鼠标右键，在弹出菜单中，选择"复制"。

7. 把鼠标移动到 Recording 画板的白色箭头组件上。当出现矩形的蓝色高亮时，单击鼠标右键，在弹出菜单中选择"粘贴交互"，如图 8.26 所示。可能需要拖动文档窗口，或者缩小文档窗口，才能看到 Recording 画板。

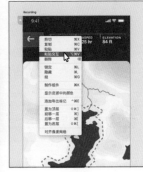

图 8.25　　　　　　　　　　　　　　　　图 8.26

此时，"交互"就从一个组件实例粘贴到了另外一个。接下来，我们把"交互"粘贴到 Sign up 画板中的白色箭头组件上。

Xd │ **注意**：当前，应用到组件实例的连接器并未应用到文档中其他任何一个组件实例上。

---

8. 把鼠标移动到 Sign up 画板的白色箭头组件上。当出现矩形的蓝色高亮时，单击鼠标右键，在弹出菜单中选择"粘贴交互"。

9. 单击 Explore 画板，这样当你打开预览窗口时，它会显示在其中。单击程序窗口右上角的"桌面预览"按钮（ ▶ ）。

10. 在打开的预览窗口中，按几次右箭头键，切换到 Recording 画板中。在 Recording 画板上，单击白色箭头，返回到上一个画板，如图 8.27 所示。

11. 关闭预览窗口。

12. 按 Command+S（macOS）或 Ctrl+S（Windows）组合键，保存文件。

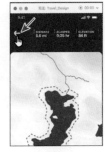

图 8.27

8.3　进一步设置原型

借助于原型，我们可以把设计可视化并测试我们的想法。随着不断深入了解在 Adobe XD 中创建原型的方法，我们会发现更多原型设置选项。可以设置连接为画板间的内容做动画，制作语音触发连接，或者使用拖动手势模拟用户体验，比如在幻灯片中拖动图片等。本部分中，我们会学习这些内容，并了解如何利用它们使设计更加生动、有动感。

8.3.1　自动制作动画

在画板之间创建连接时，连接的默认动作是"过渡"。除了"过渡"之外，还有其他 5 种动作可以选用。这里，我们要介绍的第一种动作是"自动制作动画"，在这种原型中，连接在一起的画板之间的内容会从一个动态变化到下一个。你可以复制画板，调整内容的某些属性（比如大小和位置），然后应用"自动制作动画"动作到连接上，创建一个动态过渡，让原型从一个画板切换到下一个。

本节中，我们先复制一个 Explore 画板，对副本做一些修改，制作动态幻灯片效果。

1. 在 Travel_Design.xd 文档处于打开的状态下，按 Command+0（macOS）或 Ctrl+0（Windows）组合键，显示所有设计内容。

> **Xd** 注意：*如果你使用前言中提到的"快速学习法"直接学习这部分内容，请打开 Lessons>Lesson08 文件夹中的 L8_prototyping_start.xd 文件来学习本课内容。*

2. 在"选择"工具（▶）处于选中的状态下，按住 Option（macOS）或 Ctrl（Windows）键，拖动 Explore 画板名称，在其下复制出一个副本，如图 8.28 所示。复制好之后，依次释放鼠标左键和功能键。

在使用"自动制作动画"之前，先确保要制作动画的对象在各个画板的"图层"面板中有相同的名称。通过复制画板，可以确保画板内容的名称是一样的。

3. 把 Explore 画板及其副本放大到文档窗口，确保同时看到它们两个。

4. 在 Explore 画板中，向右拖动重复网格，把第一个徒步旅行说明显示出来，如图 8.29 所示。保持重复网格处于选中状态。

我们的想法是在任意一个画板上更改内容或外观，比如更改内容的位置、不透明度、字号、旋转等。

图 8.28

5. 在"原型"模式下，在 Explore 画板上的重复网格处于选中的状态下，把连接手柄拖动到 Explore – 1 画板上。当 Explore – 1 画板周围出现蓝框时，释放鼠标左键，如图 8.30 所示。

图 8.29

图 8.30

6. 创建好连接之后，在弹出的设置面板进行如下设置，如图 8.31 所示。

- 触发：点击（默认设置）。
- 动作：自动制作动画。
- 目标：Explore‑1。
- 缓动：渐入渐出。
- 持续时间：0.3 秒。

7. 单击程序窗口右上角的"桌面预览"按钮（▶）。

8. 在打开的"预览窗口"中，移动鼠标到重复网格上并单击，此时可以看到从 Explore 画板到 Explore‑1 画板的切换动画，如图 8.32 所示。

图 8.31

图 8.32

Xd **注意**：在向两个画板添加内容时，要确保在画板的"图层"面板中对象的名称相同。另外，如果向一个画板添加内容，根据你要把内容添加到哪个画板，它会进行淡出或淡入。

对于"自动制作动画"，可以做很多尝试，比如移动 Explore – 1 画板中的其他内容或者引入另外一个对象。你甚至可以复制 Explore – 1 画板，拖动新画板上的重复网格显示最后一个徒步旅行说明，创建一个连接，并应用"自动制作动画"，从 Explore – 1 上的重复网格切换到 Explore – 2 画板。然后，可以在预览窗口中预览连接。多尝试、多探索，使你的设计内容与众不同。

9. 关闭预览窗口。

10. 按 Command+S（macOS）或 Ctrl+S（Windows）组合键，保存文件。

> **Xd** **注意：** 在 Windows 系统下保存之前，需要先单击返回到 Travel_Design 程序窗口中。

8.3.2 添加"拖移"触发

创建连接时，可以把触发设置为"拖移"，以便模拟用户的操作，比如在图片幻灯片中拖动改变图片。从触发列表中选择"拖移"时，XD 会自动把"动作"切换为"自动制作动画"。接下来，我们将向 Explore 和 Explore - 1 画板之间的连接应用"拖移"触发。这样，查看动画时就不用单击了，直接拖动就好，并且拖动的快慢控制着动画的速度。

1. 单击 Explore 画板上的重复网格，显示出连接。

2. 单击连接的起点或终点（见图 8.33 红圈中部分），弹出连接设置面板。

3. "触发"选择"拖移"，"缓动"选择"无"，如图 8.33 所示。

当选择"拖移"触发时，"持续时间"选项将不再可见，这是因为持续时间由用户拖移的快慢控制。

4. 单击程序窗口右上角的"桌面预览"按钮（▶）。

5. 在打开的"预览窗口"中，把鼠标移

图 8.33

动到重复网格上并向左拖动，可以看到图片会随着你的拖移而移动，如图 8.34 所示。

在切换到第二张图片后，可能想返回到第一张图片中，以便再次查看第一段徒步旅行的说明内容。为此，我们需要创建一个从 Explore – 1 画板的重复网格到 Explore 画板的连接。

> **Xd** **提示：** 如果你想再次尝试动画，可以在 Explore 画板中单击第一张图片，这样它会立即显示在预览窗口中。

> **Xd** **注意：** 在从 Explore 画板过渡到 Explore – 1 画板时，不必一直向左拖动第一张图片。当向左拖动超过图片的一半时，XD 就会自动为你完成切换动画。

6. 单击 Explore – 1 画板上的重复网格，将其选中。

7. 把重复网格右侧的连接手柄拖动到 Explore 画板之上。当 Explore 画板周围出现蓝框时，释放鼠标左键。

8. 创建好连接之后，在弹出的设置面板中进行如下设置（除了"目标"之外，其他设置都与上一个连接一样），如图 8.35 所示。

- 触发：拖移。
- 动作：自动制作动画。
- 目标：Explore。
- 缓动：无。

图 8.34

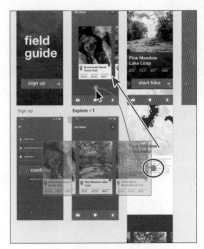

图 8.35

9. 单击程序窗口右上角的"桌面预览"按钮（▶）。当预览窗口中显示出 Explore – 1 画板后，向右拖动，返回到 Explore 画板中，然后向左拖动，切换到 Explore – 1 画板。

10. 关闭预览窗口。

8.3.3 为"保留滚动位置"创建内容

默认情况下，如果你沿垂直方向滚动屏幕并单击了一个对象（比如按钮），且该对象设置了到另外一个画板的连接，则会显示下一个画板的顶部，并不会保持在前一个屏幕中的滚动位置。创建连接时，可以选择"保留滚动位置"，这允许原型切换到下一个屏幕，同时保持前一个屏幕中的垂直滚动位置。在本节中，我们将创建设计对象，用以创建"保留滚动位置"的连接。

1. 拖选 Home、Sign up、Explore、Explore – 1、Hike Detail 画板，把它们全部选中，如图 8.36 所示。

2. 拖动任意一个画板名称，把所选画板向左拖动，以便在其右侧留出足够的空间用来放置 Hike Detail 画板副本，如图 8.37 所示。

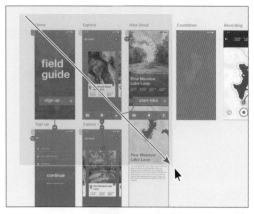

图 8.36

图 8.37

3. 按 Control+Tab（macOS）或 Ctrl+Tab（Windows）组合键，切换回"设计"模式。

4. 单击 Hike Detail 画板底部的重复网格，将其选中。

5. 按 Command+3（macOS）或 Ctrl+3（Windows）组合键，将其放大到文档窗口。

6. 把鼠标置于两列之间，当出现紫色的列指示器时，按下鼠标左键并向右拖动，当紫色列指示器上方显示的距离值为 100 时，停止拖动，并释放鼠标左键，如图 8.38 所示。

7. 按住 Shift 键，向右拖动重复网格中的一个说明卡片，当显示出第一个徒步旅行说明卡片，且其位于画板中间时，停止拖动，依次释放鼠标左键和 Shift 键，如图 8.39 所示。

图 8.38

图 8.39

> **Xd** **注意**：在拖动说明卡片并对其进行居中对齐时，不会看到有任何对齐参考线，因为说明卡片本身就是重复网格的一部分。

8. 单击画板之外的灰色粘贴板区域，取消选择所有内容。

9. 按 Command+0（macOS）或 Ctrl+0（Windows）组合键，显示所有内容。

10. 单击 Hike Detail 画板名称，按 Command+D（macOS）或 Ctrl+D（Windows）组合键进行复制。

类似于 Explore 与 Explore – 1 画板上的重复网格，我们将对 Hike Detail 画板及其副本底部的重复网格做处理。

11. 按住 Shift 键，向左拖动 Hike Detail – 1 画板上的重复网格，把第二个说明卡片显示出来。然后释放鼠标左键和 Shift 键，如图 8.40 所示。

12. 按 Control+Tab（macOS）或 Ctrl+Tab（Windows）组合键，切换回"原型"模型。

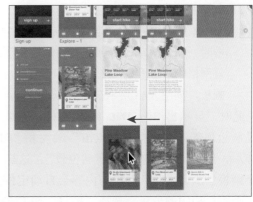

图 8.40

8.3.4　保留滚动位置

现在，我们已经创建好了内容。接下来，我们要在画板之间创建一个连接，并了解一下"保留滚动位置"这个选项。

1. 单击 Hike Detail 画板底部的重复网格，把位于重复网格右边缘的连接手柄拖向 Hike Detail – 1 画板，当 Hike Detail – 1 画板周围显示出蓝框时，释放鼠标左键，如图 8.41 所示。

2. 创建好连接之后，在弹出的面板中，做与上一个连接类似的设置（但目标不一样）。这里，我们希望用户在单击重复网格后从一个画板溶解到下一个画板中，设置如下，如图 8.42 所示。

- 触发：点击。
- 动作：过渡。
- 目标：Hike Detail – 1。
- 动画：溶解。
- 缓动：渐入渐出。
- 持续时间：0.3 秒。
- 保留滚动位置：不勾选（默认设置）。

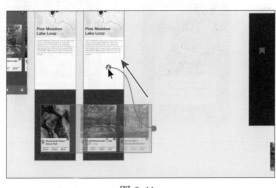

图 8.41

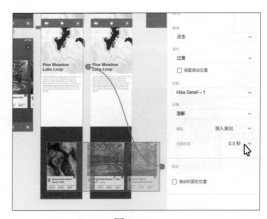

图 8.42

3. 单击程序窗口右上角的"桌面预览"按钮
（▶）。当 Hike Detail 画板显示在预览窗口
中时，向上滚动，直到能看到画板底部的重
复网格。单击重复网格，前往 Hike Detail – 1
画板，如图 8.43 所示。

此时，显示出 Hike Detail – 1 画板，但是显示
的是画板顶部。在选择了"点击"触发和"过渡"
动作后，你可以勾选"保留滚动位置"，这样当下
一个画板显示出来时，其中的内容会自动定位到与
上一个画板相同的位置。选择"拖移"触发或"自
动制作动画"动作也会自动滚动到相同位置上。

图 8.43

> **注意：** 你可能会看到有一些内容在位置固定的橙色页脚条上滚动。遇到这种情况
> 时，可以使用鼠标右键单击 Hike Detail 画板上的橙色页脚组件，选择"置为顶层"
> （macOS），或者依次选择"排列" > "置为顶层"（Windows）。对 Hike Detail – 1 画板
> 做同样操作。

4. 回到 Travel_Design 文档中，在 Hike Detail 画板中，单击重复网格连接的起点或终点，在
   设置面板中，勾选"保留滚动位置"选项，如图 8.44 所示。

5. 单击 Hike Detail 画板，将其在预览窗口中显示出来。回到预览窗口中，向下滚动，显示出
   重复网格。

6. 单击重复网格，显示位于 Hike Detail – 1 画板底部的徒步旅行说明卡片，如图 8.45 所示。

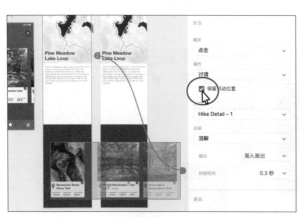

图 8.44

图 8.45

注意：大家可能已经注意到，画板切换时，重复网格中内容的位置出现了"移位"现象，这是因为重复网格在两个画板中的水平位置并非完全一致。为了解决这个问题，可以在画板之外复制一个重复网格。然后，把两个画板上的重复网格取消编组。

7. 关闭预览窗口。

8.3.5 为定时切换创建内容

另外一种你可以使用的触发器是时间。时间触发器（目前）只能应用到画板之间的连接上，而无法应用到从一个对象到画板的连接上。对于一个带有时间触发连接的画板，当经过特定的时间间隔之后，它会自动切换到下一个画板，这很适合于为新用户引导流程、学习、定时器等创建原型。

本节中，我们将使用 Countdown 画板创建一个定时器，用于记录徒步旅行。为此，我们需要向 Countdown 画板添加一些文本，复制几个画板，还要对复制的画板做一些修改。

1. 按 Control+Tab（macOS）或 Ctrl+Tab（Windows）组合键，返回到"设计"模式。
2. 把 Countdown 画板（带有橙色背景的画板）放大到文档窗口。
3. 选择"文本"工具（**T**），单击 Countdown 画板，添加文本，输入 3，按 Esc 键，选择文本对象，如图 8.46 所示。

你可能看不见刚刚创建出的文本，因为它实在太小了。接下来，我们修改一下字号。

4. 在"属性检查器"中进行如下设置。
- 字体：Helvetica Neue（macOS）或 Segoe UI（Windows）。
- 字体粗细：Bold。
- 字体大小：1000。
- 颜色：白色（使用"资源"面板修改填充颜色）。

注意：如果文本带有描边，请在"属性检查器"中取消勾选"边界"。

5. 使用"选择"工具（▶），把数字 3 拖到如图 8.47 所示的位置上。

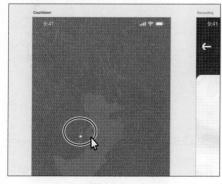
图 8.46

图 8.47

6. 按 Command+0（macOS）或 Ctrl+0（Windows）组合键，显示所有画板。

7. 按住 Option 键（macOS）或 Alt 键（Windows），向下拖动 Countdown 画板名称，复制出一个副本。然后依次释放鼠标左键和功能键。

8. 执行相同操作，复制 Countdown – 1 画板，总共创建 3 个一样的画板，如图 8.48 所示。

9. 双击 Countdown – 1 画板（位于中间）中的数字 3，输入 2；双击 Countdown – 2 画板（位于底部）中的数字 3，输入 1。整个操作如图 8.49 所示。

图 8.48   图 8.49

8.3.6 设置定时过渡

准备好画板和内容之后，接下来，我们设置定时过渡来创建定时器。

1. 按 Control+Tab（macOS）或 Ctrl+Tab（Windows）组合键，切换回"原型"模式。

2. 把 Hike Detail 和 Countdown 画板放大一些。

3. 单击 Hike Detail 画板上的 start hike 按钮，把连接器拖至 Countdown 画板，在设置面板中进行如下设置，如图 8.50 所示。

- 触发：点击（在下拉列表中，只能看到"点击""拖移""语音"，里面并没有"时间"。这是因为你必须选择整个画板才能设置时间触发）。

- 动作：过渡。

- 目标：Countdown。

- 动画：溶解。

- 缓动：渐入 / 渐出。

- 持续时间：0.3 秒。

- 保留滚动位置：不勾选（默认设置）。

XD **注意：** 实际操作中，可以复制这个交互，将其粘贴到 Hike Detail - 1 画板的 start hike 按钮上。如果用户拖动底部的重复网格来显示 Hike Detail - 1 画板，然后向上滚动，他们需要有一个选项来单击画板上的 start hike 按钮。

图 8.50

4. 单击 Countdown 画板名称，将其选中。单击画板右边缘的连接器，进行如下设置，如图 8.51 所示。

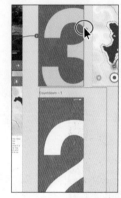

- 触发：时间。
- 延迟：0.4 秒。
- 动作：过渡。
- 目标：Countdown-1。
- 动画：溶解。
- 缓动：渐入渐出。
- 持续时间：0.3 秒。
- 保留滚动位置：不勾选。

图 8.51

> **Xd** 　**注意**：可以选择 Countdown 画板，复制它，把交互粘贴到其他画板，但是还要为每个连接修改目标。

5. 单击 Countdown – 1 画板名称，将其选中。单击画板右边缘上的连接器，进行如下设置，如图 8.52 所示。
- 目标：Countdown-2。

6. 单击 Countdown – 2 画板名称，将其选中。单击画板右边缘上的连接器，进行如下设置，如图 8.53 所示。
- 目标：Recording。

7. 单击 Hike Detail 画板，然后单击程序窗口右上角的"桌面预览"按钮（▶）。在预览窗口中，单击 start hike 按钮，观察定时器动作，如图 8.54 所示。预览完成后，关闭预览窗口。

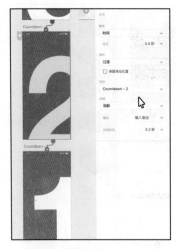

图 8.52

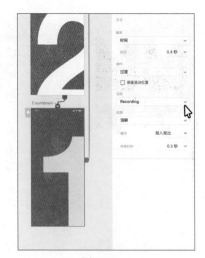

图 8.53

图 8.54

> **注意：** 图 8.54 中只显示了几个屏。当所有定时器运行完毕后，在预览窗口中最后看到的应该是 Recording 画板。

8. 按 Command+S（macOS）或 Ctrl+S（Windows）组合键，保存文件。

8.3.7 为"叠加"创建内容

在 Adobe XD 中，叠加是一个令人激动的动作类型，你可以使用它创建滑动菜单、模态叠加、格式叠加等。本节中，我们将向 Memory 画板添加一个文本输入框，供用户输入内容。当用户在文本框中点击（或单击）时，会弹出键盘，然后就可以输入文本了。键盘作为一个叠加对象需要单独放在一个画板上。

1. 按 Control+Tab（macOS）或 Ctrl+Tab（Windows）组合键，切换回"设计"模式。

2. 缩小或拖移文档窗口，以便能同时看见 Memory 和 Icons 画板。

3. 从工具箱中选择"矩形"工具（□）。在键盘上方绘制一个矩形，同时使其位于"What kinds of fauna do you see?"文本之下，如图 8.55 所示。

4. 在"属性检查器"中，把"大小"（描边宽度）修改为 4，"圆角半径"设置为 10，如图 8.56 所示。

图 8.55

图 8.56

5. 按 Command+Shift+Y（macOS）或 Ctrl+Shift+Y（Windows）组合键，打开"资源"面板。使用鼠标右键单击橙红色（#FF491E），从弹出的菜单中选择"作为边框应用"，把矩形边框颜色更改为橙红色，如图 8.57 所示。

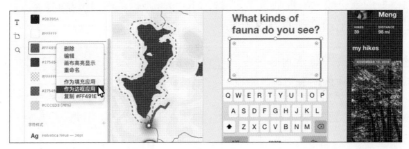

图 8.57

Xd | **注意**：在"资源"面板中，单击面板顶部的"列表视图"按钮（☰），可以在颜色右侧将其名称显示出来。在"网格视图"（▦）下，把鼠标移动到某个颜色上，也可以显示出颜色名称。

---

6. 为了在 Memory 画板之下为新画板留出空间，拖动 Icons 画板名称，将其拖动到 Journal 画板之下。

7. 在"选择"工具（▶）处于选中的状态下，按住 Option（macOS）或 Alt（Windows）键，向下拖动 Memory 画板，在原 Memory 画板之下复制出一个名为 Memory－1 的新画板，然后依次释放鼠标左键和功能键，如图 8.58 所示。

8. 拖选新画板（Memory－1）中除键盘之外的所有内容，将它们全部选中，按 Delete 键或 Backspace 键，把所选内容删除。然后，把键盘拖动到画板顶部，如图 8.59 所示。

图 8.58

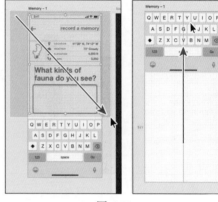

图 8.59

接下来，我们根据键盘尺寸调整画板大小。可以不调整 Memory－1 画板尺寸，使其与原 Memory 画板一样大，但是这样，就无法把键盘放到 Memory 画板上了。另外，我们还需要删除 Memory－1 画板上的填充颜色，否则当键盘滑到 Memory 画板上时，Memory－1 画板将会覆盖掉 Memory 中的内容，因为它叠在那些内容之上。

> **Xd** 注意：画板不会与键盘内容对齐。可以单击键盘，从"属性检查器"中获得高度值，而后再次选择画板，在"属性检查器"中改成同样的尺寸。

9. 单击 Memory－1 画板名称，将其选中。向上拖动画板底边中点，使画板与键盘一样高，如图 8.60 所示。

10. 单击 Memory 画板上的键盘，按 Delete 或 Backspace 键，将其删除。

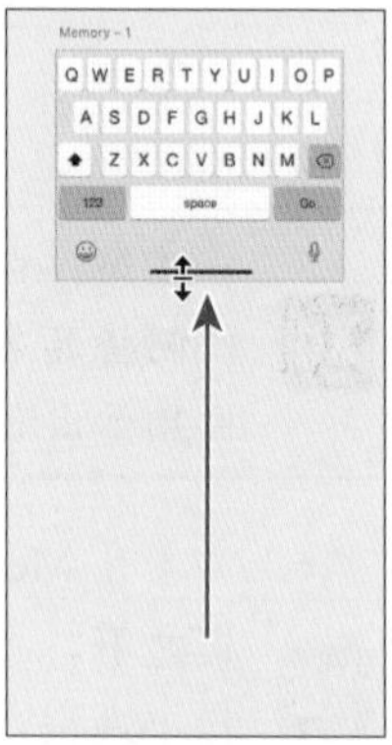

8.3.8 创建"叠加"

现在，所有内容已经准备就绪。接下来，我们创建键盘叠加。

1. 按 Control+Tab（macOS）或 Ctrl+Tab（Windows）组合键，切换回"原型"模式。

2. 单击 Memory 画板上的矩形（带有橙红色边框），把右侧的连接器拖向其下的 Memory－1 画板上，如图 8.61 所示。

图 8.60

3. 在连接设置面板中进行如下设置，如图 8.62 所示。

- 触发：点击。
- 动作：叠加。
- 目标：Memory–1。
- 动画：上滑。
- 缓动：渐入渐出。
- 持续时间：0.3 秒。

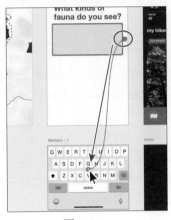

图 8.61

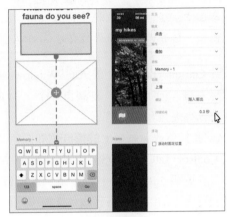

图 8.62

把"动作"设置为"叠加"之后，在 Memory 画板上显示出一个绿框，中间有一个"⊕"，用来指示叠加的大小和位置。在"动画"中选择"上滑"后，绿框移动到 Memory 画板底部，表示键盘会从 Memory 画板底边开始滑入到 Memory 画板中。

4. 在绿框中心位置按下鼠标左键，预览键盘滑出的样子。请一定确保绿框在 Memory 画板底部。若不是，请拖动中心位置的绿圆，使键盘位于 Memory 画板之中，如图 8.63 所示。

5. 单击程序窗口右上角的"桌面预览"按钮（▶）。在预览窗口中，单击矩形，观看键盘从 Memory 画板底部滑入的效果。预览完成后，关闭预览窗口。

6. 按 Command+S（macOS）或 Ctrl+S（Windows）组合键，保存文件。

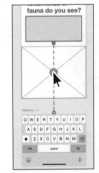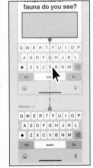

图 8.63

Xd **注意**：要在 Windows 系统下进行保存，可能需要先在 Travel_Design 程序窗口中单击返回。

8.3.9　添加语言触发

下面我们学习最后一种原型交互类型——语音触发。在为某个连接选择了"语音"触发之后，可以输入一个短语。预览原型时，只要你说出那个短语，就会触发指定的动作。使用语音命令或时间触发时，还可以选择"语音播放"作为交互动作。预览期间，当触发发生时，你可以让原型播放语音。本节中，我们先向 Recording 画板添加语音交互。

> **Xd**　**注意**：语音命令和语音回放功能可在英语、德语、日语、韩语、汉语和法语中使用。请注意，这些功能依托于计算机中的语言和区域设置。语音检测已经针对口音进行了优化，语音回放根据你所在地区的口音提供了多种语音支持。

1. 按住 Option（macOS）或 Alt（Windows）键，把鼠标移动到 Recording 画板名称上，按下鼠标左键，向下拖动，复制出一个名为 Recording – 1 的画板，如图 8.64 所示。然后依次释放鼠标左键和功能键。

接下来，我们修改新画板上的橙红色和白色圆圈（录制按钮）的外观。

2. 按 Control+Tab（macOS）或 Ctrl+Tab（Windows）组合键，切换回"设计"模式。

3. 单击新画板（Recording – 1）底部的橙红色与白色圆圈。单击左上角的绿色链接图标，断开到资源库的链接，将其嵌入文档中，如图 8.65 所示。

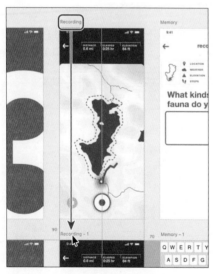

图 8.64

图 8.65

> **Xd**　**注意**：Recording 画板上的某些内容是从"Creative Cloud 库"面板中拖入进来的。这些内容与面板中的内容链接在一起，编辑它们之前，需要先断开链接。

4. 按住 Command（macOS）或 Ctrl（Windows）键，单击所选内容中心的橙红色部分，将其选中。

5. 在"资源"面板中，单击黑色，将其填充到所选区域，如图 8.66 所示。

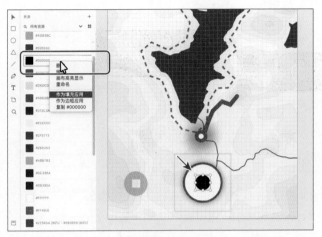

图 8.66

Xd | **提示**：若"资源"面板当前未打开，可以按 Command+Shift+Y（macOS）或 Ctrl+Shift+Y（Windows）组合键，将其打开。

6. 按 Control+Tab（macOS）或 Ctrl+Tab（Windows）组合键，切换到"原型"模式。

7. 单击 Recording 画板底部的橙白色录制按钮。

Xd | **注意**：你可能需要单击多次，才能选中录制按钮。

8. 把录制按钮右侧的连接手柄向下拖动到 Recording – 1 画板上。当 Recording – 1 画板周围出现蓝框时，释放鼠标左键。在连接设置面板中进行如下设置，如图 8.67 所示。

- 触发：语音。
- 命令：Start recording（输入）。
- 动作：自动制作动画。
- 目标：Recording – 1。
- 缓动：渐入渐出。
- 持续时间：0.3。

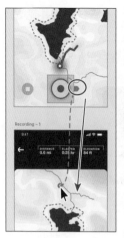
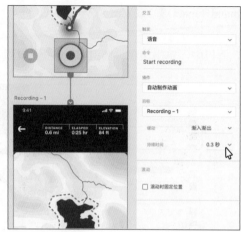

图 8.67

9. 单击 Recording 画板上的录制按钮，隐藏连接设置面板。

10. 按 Command+Return（macOS）或 Ctrl+Enter（Windows）组合键，打开预览窗口。单击文档窗口中的 Recording 画板，将其显示在预览窗口中。

当 Recording 画板在预览窗口中显示出来时，可能会在程序窗口底部看到一条信息，如图 8.68 所示。

图 8.68

11. 确保预览窗口当前获得焦点（单击它），按下空格键，说出短语"Start recording"，然后释放空格键。

不久，Recording – 1 画板就会在预览窗口中显示出来，其中录制按钮的中心区域是黑色的。

12. 关闭预览窗口，按 Command+S（macOS）或 Ctrl+S（Windows）组合键，保存文件。

8.3.10　添加语音播放

在"动作"选项中，还可以选择"语音播放"作为触发的响应动作。当原型中出现画板时，可以让它播放一段语音。就 Travel_Design 应用来说，我们添加语音播放动作，当用户完成录制后，他们会被带到 Memory 画板中，稍等片刻之后，播放"What kinds of fauna do you see?"这句话。

1. 单击 Recording – 1 画板底部的录制按钮。

2. 把录制按钮右侧的连接手柄拖到 Memory 画板上。当 Memory 画板周围出现蓝框时，释放鼠标左键，在连接设置面板中进行如下设置，如图 8.69 所示。

- 触发：点击（用户点击按钮前往 Memory 画板）。
- 动作：过渡。
- 目标：Memory。

- 动画：溶解。
- 缓动：渐入 / 渐出。
- 持续时间：0.3。
- 保留滚动位置：不勾选。

图 8.69

3. 单击 Memory 画板名称，选中画板。
4. 单击画板右边缘上的连接器。
5. 在连接设置面板中进行如下设置，如图 8.70 所示。
- 触发：时间（这样经过一段时间后，就会播放你输入的句子）。
- 延迟：0.2 秒。
- 动作：语音播放。
- 语音：Kendra。
- 语音（输入）：What kinds of fauna do you see? Click the field to enter your answer。

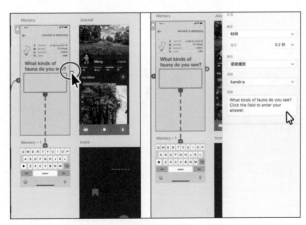

图 8.70

6. 单击 Recording – 1 画板，使其在预览窗口中显示出来。按 Command+Return（macOS）或 Ctrl+Enter（Windows）组合键，打开预览窗口。

7. 在预览窗口中，单击黑色录制按钮，前往 Memory 画板。

短暂停顿之后，你会听到语音播放："What kinds of fauna do you see? Click the field to enter your answer."。请确保你的计算机的扬声器是打开的。

8. 关闭预览窗口。

9. 按 Command+S（macOS）或 Ctrl+S（Windows）组合键，保存文件。

10. 如果你想继续学习下一课内容，可以不关闭 Travel_Design.xd 文件。因为在下一课的学习中，我们会继续使用 Travel_Design.xd 这个文件。否则，对于每个打开的文档，我们都应该选择"文件">"关闭"（macOS），或者单击程序窗口右上角的"×"按钮（Windows），将其关闭。

 注意： 如果本课学习中你使用的是 L8_start.xd 文件或 L8_prototyping_start.xd 文件，请保持其处于打开状态。

8.4 复习题

1. 什么是"主屏幕"?
2. 在原型中,可以创建哪两种连接?
3. 在"原型"模式下,如何编辑连接?
4. 原型中,触发指什么?
5. 为了使"自动制作动画"在画板之间正常工作,当画板之间的内容变化时,必须做什么?
6. 时间触发器可以应用到哪里?

8.5 复习题答案

1. "主屏幕"指用户使用 App 或网站原型时看到的第一个屏幕。默认情况下,位于文档窗口左上方的第一个画板就是"主屏幕"。
2. 在 Adobe XD 原型中,你可以创建两种类型的连接:一种是对象和画板之间的连接;另一种是画板与画板之间的连接。
3. 在"原型"模式下,编辑连接(链接)时,可以选择要连接的对象、画板或所有内容。可以把连接器从连接的对象拖离,释放鼠标左键可删除它,或者拖向另外一个画板。
4. 在原型中,"触发"就是你设置的一个交互,它会引起从一个屏幕切换到另外一个屏幕。
5. 为了保证"自动制作动画"正常工作,在"图层"画板中,画板间的动态内容需要有相同的名称。
6. 要使用时间触发,必须先选择画板。

第9课　预览原型

本课概述

本课介绍的内容包括：

- 录制原型交互；
- 借助 USB 在设备上预览；
- 在设备上预览云文档。

 本课大约要用 30 分钟完成。开始之前，请先将本书的课程资源下载到本地硬盘中，并进行解压。在学习本课时，将覆盖相应的课程文件。建议先做好原始课程文件的备份工作，以免后期用到这些原始文件时，还需重新下载。

　　本课中，我们会在Adobe XD中预览工作原型，录制原型交互视频供其他人观看，通过USB在运行Adobe XD移动App的设备上预览你的原型和云文档。

9.1 开始课程

本课中，我们会为你设计的 App 创建一个工作原型，并在本地机或手持设备上进行测试。开始之前，我们先打开最终课程文件，大致了解一下本课我们要做什么。

 注意：如果尚未把本课的项目文件下载到本地计算机，请先阅读本书前言，查找相关文件的下载方法。

1. 若 Adobe XD CC 尚未打开，先启动它。
2. 在 macOS 系统下，依次选择"文件">"从您的计算机中打开"菜单；在 Windows 系统下，单击程序窗口左上角的菜单图标（≡），从弹出菜单中选择"从您的计算机中打开"菜单。

不论在 macOS 还是 Windows 系统下，如果显示的"主页"界面中没有文件打开，请单击"主页"界面中的"您的计算机"。在"打开"文件对话框中，转到硬盘上的 Lessons > Lesson09 文件夹之下，打开名为 L9_end.xd 的文件。

3. 如果在程序窗口底部显示出字体缺失信息，单击信息右侧的"×"按钮，将其关闭即可。
4. 按 Command+0（macOS）或 Ctrl+0（Windows）组合键，显示所有设计内容，如图 9.1 所示。通过这些内容，可以了解本课我们要做什么。

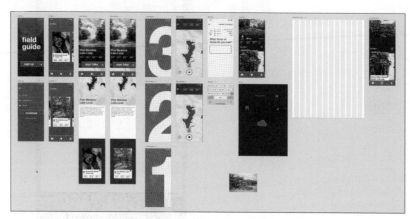

图 9.1

5. 你可以不关闭 L9_end.xd 文件，将其放在一边作为参考。当然，你也可以选择"文件">"关闭"（macOS），或者单击程序窗口右上角的"×"按钮（Windows），关闭文件。

9.2 录制原型交互视频

第 8 课学习了如何在 Adobe XD 中使用预览窗口预览原型。设计过程中，有时可能还想把原型的交互过程分享给其他人。常用的一种方法是把原型交互过程录制下来，制成 MP4 视频，然后把视频发送给对方。本节中，我们将把 Travel_Design 文件中的原型交互过程录成视频。

在 macOS 和 Windows 系统下，录制过程有所不同，因此我们分成两部分来讲解，请根据所使用的操作系统类型，选择相应的部分进行学习。

1. 选择"文件">"从您的计算机中打开"（macOS），或者单击程序窗口左上角的菜单图标（≡），从弹出菜单中选择"从您的计算机中打开"（Windows），从 Lessons 文件夹中打开 Travel_Design.xd 文档。

> **注意**：如果使用前言中介绍的快速学习法直接从这里开始学习，请打开 Lessons > Lesson09 文件夹中的 L9_start.xd 文件。

2. 单击灰色粘贴板，取消对所有内容的选择。在下一节中，我们会打开预览窗口，在不选择任何内容的情形下，你将看到 Home 画板显示其中。

9.2.1 在 macOS 系统下录制

首先，我们学习如何在 macOS 系统下录制原型交互视频。Windows 用户可以跳过本节内容，直接学习下一节（在 Windows 系统下录制）。

1. 单击程序窗口右上角的"共享"按钮，从弹出的菜单中选择"录制视频"。此时，预览窗口打开，录制立即开始，如图 9.2 所示。

图 9.2

> **提示**：此外，还可以单击程序窗口右上角的"桌面预览"按钮（▶），打开预览窗口。然后，单击预览窗口右上角的录制选项（由一个录制图标和一个时间码组成），开始录制原型。

2. 移动鼠标到预览窗口上，单击 sign up 按钮，切换到 Sign up 屏幕中，如图 9.3 所示。

录制期间，鼠标在预览窗口中显示为一个圆圈，这更容易在视频中看见并跟随。请注意，预览窗口右上角的计时器开始变化，表示当前正在录制，如图 9.4 所示。

图 9.3

图 9.4

录制视频时可以同时录制声音。在 macOS 系统下录制视频时，如果不想同时录制声音，可以在预览窗口中单击时间码右侧的箭头，取消选择"启用麦克风"，然后重新录制。

> **Xd** 注意：在 macOS 系统下，当你离开 Adobe XD 程序时，录制会自动停止。

3. 按 Esc 键停止录制。在弹出的对话框中，输入名称 Travel_Design，转到 Lessons > Lesson09 文件夹下，单击"存储"按钮，如图 9.5 所示。

使用上述方法，可以很轻松地录制原型交互视频，这使它成为你与他人共享原型交互的好方法。一旦保存好视频文件，就可以通过电子邮件或其他多种方式与别人共享它了。

4. 关闭预览窗口。

macOS 用户可以跳过下面一节内容。

图 9.5

9.2.2 在 Windows 系统下录制

在 Windows 系统下，Adobe XD 不支持直接录制原型交互视频。不过，我们可以使用 Windows 游戏栏应用程序（Windows Game Bar）来录制预览窗口中的交互。

> **Xd** 注意：学习本节内容，需要你的计算机中安装有"游戏栏"（Game Bar）应用程序，你可以在 Microsoft Store 中找到它。

1. 单击程序窗口右上角的"共享"按钮，在弹出的菜单中选择"录制视频"，打开预览窗口，如图 9.6 所示。

在预览窗口中会显示一条信息，提示你按 Win+G 组合键开始录制，录制使用的是 Windows 游戏栏应用程序（Windows Game Bar），该程序已经默认安装在 Windows 系统中。

2. 按 Win+G（Windows）组合键，开始录制。

3. 在打开的游戏栏（Game Bar）中，单击"开始录制"按钮（黑色圆圈），即可开始录制，如图 9.7 所示。此时，其他控件全部消失，只留下一个小工具条，里面包含一个计时器和停止按钮，你可以通过该工具条控制录制过程。

图 9.6

> **Xd** 提示：此外，还可以在游戏栏中打开或关闭麦克风来控制是否录制音频。

4. 移动鼠标到 XD 的预览窗口中，单击 sign up 按钮，从当前屏幕切换到 Sign up 屏幕。

5. 在浮动工具条中，单击"停止录制"按钮（如图 9.8 中红色圆圈所示），停止录制视频。此外，还可以按 Win+G 组合键，然后在打开的游戏栏中单击"停止录制"按钮。

> **Xd** | **注意**：在 Windows 系统下，当你离开 Adobe XD 程序或预览窗口失去焦点时，录制不会自动停止。

图 9.7   图 9.8

6. 如果想观看刚刚录制的视频，可以按 Win+G 组合键再次打开游戏栏。然后，单击"显示全部捕获"显示刚刚捕获的视频，如图 9.9 所示。

7. 在"捕获"窗口中，找到刚刚录制的视频，单击"播放"按钮，即可播放它，如图 9.10 所示。

图 9.9   图 9.10

9.3 在设备上预览

在 Adobe XD 中使用预览窗口进行本地预览是测试连接、了解设计整体样貌的有效方法。但是要想真正地体验原型，我们应该直接在 iPhone 等真实设备上进行测试。可以使用免费的 Adobe XD CC 移动应用在 iOS 与 Android 设备上预览你的设计。

使用移动 App 在设备上测试原型有以下两种方法。

- **借助 USB 实时预览**：可以把多种设备经由 USB 连接到运行 Adobe XD 程序的计算机上，在计算机中修改设计和原型，然后在所有连接的移动设备上进行实时预览。
- **从 Creative Cloud 加载云文档（适用于在 macOS 或 Windows 10 系统下使用 Adobe XD 创建的文档）**：在把 XD 文档保存为云文档之后，可以在运行 Adobe XD 移动应用的设备上加载它们。

9.3.1 安装 Adobe XD 移动应用

本节中，我们将在移动设备上安装 Adobe XD 移动应用，安装之前需要做如下准备。

- 可用的互联网连接，用来下载 Adobe XD 移动 App 并进行登录。
- 一个免费或付费的 Creative Cloud 账号（最好与 Adobe XD 中使用的账号一样）。
- 从 App Store（针对 iPhone 和 iPad）或 Google Play（针对 Android 手机和平板）下载免费的 Adobe XD 移动应用。

1. 在移动设备中安装好 Adobe XD 移动应用之后，运行该应用。

2. 使用如下方法之一登录到 Adobe XD 应用中（见图 9.11）。

- 如果有 Creative Cloud 账号，单击 Sign In，使用常用的 Adobe ID 登录。
- 如果没有 Creative Cloud 账号，可以单击 Sign Up，新建一个免费 Adobe ID。

登录完成后，首先看到的是 App 主屏幕。默认情况下，在主屏幕上，会看到所有保存到 Creative Cloud 中的云文档。如果没有保存任何云文档，你会看到如图 9.12 所示的界面。有关把文档保存为云文档的更多内容，将在第 10 课讲解。

图 9.11

图 9.12

在图 9.12 所示的屏幕底部，会看到 My Documents（默认选择状态）、Live Preview（实时预览）、Settings（设置）几个选项。Live Preview（实时预览）用来在设备上预览你在 Adobe XD 中打开的文件，在"设置"选项中，可以选择"退出"、查看存储用量等。

9.3.2　通过 USB 预览

在 macOS 与 Windows 系统下，通过 USB 预览或实时预览都可用（目前，如果设备中的 Adobe XD 运行在 Windows 10 之下，则不支持通过 USB 在 Android 上进行实时预览）。本节中，我们将测试在你的设备的 Adobe XD 中打开的 Travel_Design.xd 原型。

1. 首先，把你的移动设备通过 USB 端口连接到运行 Adobe XD 程序的计算机上。

检查 Creative Cloud 桌面应用，确保运行在计算机上的 Adobe XD 是最新版本。

> **Xd** | **注意**：设备需要解锁。在 macOS 系统下，根据通过 USB 连接到电脑中的设备和操作系统的不同，有可能会打开 iTunes。

2. 点击屏幕底部的 Live Preview（实时预览）选项，如图 9.13 所示。

此时，打开实时预览屏幕，并且在屏幕中心出现提示，请你连接设备到计算机，或者在运行在计算机上的 XD 中打开一个 XD 文档。

> **Xd** | **注意**：请确保你使用的 USB 线缆可以用来传输数据。有些 USB 线缆只能用来为移动设备充电，而无法用来传输数据。

> **Xd** | **注意**：在 Windows 系统下，如果你在 iPhone 等 iOS 设备下进行预览，则需要先安装最新版本的 iTunes。

3. 确保计算机正在运行 Adobe XD，并且 Travel_Design.xd 文件也处于打开状态。此时，主屏幕（或当前选中的屏幕）应该在移动设备的 App 中显示了出来，如图 9.14 所示。

图 9.13

图 9.14

图 9.15

通过 USB 线缆把 iPhone 连接到笔记本计算机。

如果在计算机的 XD 中打开的文档没有在移动设备中显示出来，请拔掉 USB 线缆，然后重新尝试连接一下计算机的 USB 端口。你还可以先关闭移动设备上的 Adobe XD 应用，然后再次将其打开。

4. 在计算机的 Adobe XD 程序中，如果预览窗口仍处于打开状态，请把它关闭。单击程序窗口右上角的"移动预览"图标（🔲），查看连接设备列表，如图 9.16 所示。

如果当前通过 USB 连接到计算机的移动设备有多台，并且都被设置为数据输出模式，那么你会在预览设备窗口中看到它们。

5. 当原型的 Home 屏幕在你的设备上显示出来时，点击屏幕上无链接的区域，出现蓝色热点提示。你可能需要先轻敲几下屏幕，才能清除有关使用三根手指点击显示菜单的信息。下图中箭头所指的就是热点提示。

默认情况下，蓝色热点提示出现那些你在

macOS   Windows

图 9.16

Adobe XD 中创建连接的地方。可以在移动 App 的设置中关闭热点提示。

注意： 如果还没有在"原型"模式下创建交互（连线），可以通过左右滑动在移动设备上浏览画板。一旦创建了交互（连线），就不能再用滑动来导航了。原因是，你定义的任何交互都会被保留下来，并用来在特定画板之间进行导航，而不是让用户（测试原型的人）随意使用一个滑动手势在画板之间导航。

注意： 在移动设备上查看原型时，如果原型中用到的字体在设备上不存在，你会收到一条警告信息，告知你将使用设备中现有字体来代替它们。

提示： 你可以轻松地关闭在前一节中看到的蓝色热点提示，方法是用三根手指轻击以显示选项，然后点击热点提示开关。

注意： 如果你旋转设备，屏幕会按比例缩放，并用宽屏（带黑边）显示。

6. 点击 Home 屏幕中的 sign up 按钮，前往登录界面。

7. 点击 sign up 屏幕（包含登录表单），查看热点提示。点击屏幕顶部的白色返回箭头，返回到 Home 屏幕，如图 9.17 所示。

8. 在 Adobe XD 中打开的 Travel_Design 文件中，把 Home 画板放大一些。使用"选择"工具（▶），把 Home 画板上的 sign up 按钮向下拖动一点，在移动 App 中实时预览变化，如图 9.18 所示。

9. 按 Command+Z（macOS）或 Ctrl+Z（Windows）组合键，撤销移动对象。

图 9.17

10. 按 Command+S（macOS）或 Ctrl+S（Windows）组合键，保存文档。

11. 返回到运行在移动设备上的 Adobe XD 移动 App 中，使用三根手指在设备屏幕上点击，打开 Adobe XD 菜单。点击屏幕左上方的箭头（位于 Travel_Design 名称左侧）返回到移动 App 主界面中，在屏幕底部会看到查看选项，如图 9.19 所示。

提示： 使用三根手指轻敲之后，将在屏幕底部的菜单中看到 Browse Artboards（浏览画板）选项。你可以通过点击画板缩略图在画板之间快速跳转。

图 9.18

图 9.19

12. 断开 USB 连接电缆，保持移动 App 处于打开状态。

下一节中，我们会加载一个云文件，所以并不需要连接电缆。如果你想对一个打开的 XD 文档进行实时预览，则需要重新连接 USB 电缆。

你可以拔掉 USB 电缆，继续查看和测试原型的缓存版本。但是，当在计算机中使用 Adobe XD 进行更改时，如果不连接 USB 电缆，将无法进行实时更新。如果在同一会话中重新连上 USB 电缆，并且设计文件在 Adobe XD 中仍处于打开状态，则移动设备中的 App 界面会自动进行刷新。

从移动设备删除下载的 XD 文件

为了节约移动设备上的存储空间，可以在 App 的主界面（登录后看到的界面）中，依次点击"设置 > 首选项"删除下载的文件。

在"首选项"中，可以查看本地存储空间的用量，单击 Remove Offline Documents（删除离线文档），删除下载到设备中的 XD 文档，如图 9.20 所示。

——摘自 Adobe XD 帮助

图 9.20

9.3.3 预览云文档

在 Adobe XD 移动 App 中，还可以查看存储在 Creative Cloud 上的云文档。要在移动 App 中打开一个云文档，那个云文档应该被分享给了你，或者在计算机的 Adobe XD 中被保存为云文档，接下来我们会这么做。

在较早版本的 Adobe XD 中，XD 移动 App 允许查看 Creative Cloud 文件。现在，移动 App 不再显示保存为 Creative Cloud 文件的文档。换言之，把一个 Adobe XD 文档（.xd）保存到本地硬盘的 Creative Cloud Files 文件夹或 Creative Cloud 中的方式行不通了。你可以把那些想在 XD 移动 App 中查看的文件在 Adobe XD 中打开，然后将其保存为云文档。

1. 在计算机的 Adobe XD 程序中，打开 Travel_Design 文件，选择"文件">"另存为"（macOS），或者单击程序窗口左上角的菜单图标（≡），从中选择"另存为"（Windows），在弹出的"保存"面板中，输入文档名称"Travel_Design_cloud"。

 注意： 执行这步操作时，需要使用你的 Creative Cloud 账号访问云端存储空间。

2. "保存位置"选择"云文档"，然后单击"保存"按钮，如图 9.21 所示。

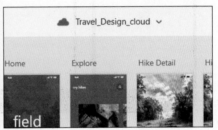

图 9.21

 注意： 在保存文档到 Creative Cloud 时，会在文件名（位于文档上方的标题栏）右侧看到"保存…"字样（这可能需要花一些时间）。当文档保存完毕后，"保存"字样消失，取而代之的是"已保存"字样。只有保存完成之后，文件才能在 XD 移动 App 中显示出来。

在文档上方的标题栏中，你会看到一个云朵图标（☁，位于文档名称左侧），表示当前文档是云文档。

在把一个 XD 文档保存为云文档之后，可以在 Creative Cloud 上一个名为 Cloud Documents 的文件夹中找到它。查看保存在 Creative Cloud 中的云设计文件时，不必把移动设备通过 USB 端口连接到运行 Adobe XD 的计算机中，只要移动设备可以访问互联网就可以了。

 注意： 把文档保存为云文档可能要花一些时间，这要看你的网速。

3. 在 Adobe XD 移动 App 中，点击主屏幕底部的 My Documents（图 9.22 左图中红圈内部分）。即使把文件保存为云文档，如果移动设备无法联网，则无法查看它们。

4. 在显示的文件列表中，点击 Travel_Design_cloud 文档，进行加载，如图 9.22 所示。

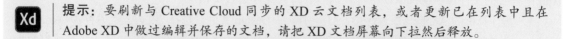

图 9.22

5. 使用三根手指点击设备屏幕，打开 Adobe XD 菜单。点击屏幕左上角的箭头（位于 Travel_
   Design_cloud 名称左侧），返回到移动 App 的主界面，再次显示出云文档列表。

接下来，我们先在 Adobe XD 中更新 XD 文件，然后看看会发生什么。

6. 在计算机的 Adobe XD 中，打开 Travel_Design_cloud 文件。使用"选择"工具（▶），对
   Home 画板做一些修改，比如把 Home 画板上的 sign up 按钮移动位置，如图 9.23 所示。

图 9.23

更改之后，会在文档上方的标题栏中看到"已编辑"字样（位于文档名称右侧），这表示进行了更改。如果在计算机的 Adobe XD 中修改了设计文件，云文档会自动保存。过一会儿，就能在标题栏中看到"已保存"字样（位于文档名称右侧）。如果你的设备已经连接到互联网，并且当前没有查看文件，那么这个文件就会在移动 App 中更新。如果需要，可以创建一个云文档，供离线使用。这样，它就可以自动下载当前状态，无论是否有可用的互联网连接，都可以查看它。

7. 返回到 XD 的移动 App 中，在云文档列表中向下拖动屏幕刷新列表，如图 9.24 所示。这样就可以快速获取更新后的文件列表，里面包含的文件都是最新版本的。

图 9.24

如前所述，需要连接到网络才能查看云文档并更新它们。如果需要查看某个云文档，并且明确知道没有可用网络，那该怎么办？此时，可以在 App 中设置云文档，将其下载到移动设备上，以便在没有网络的情况下查看它们。

8. 在移动 App 中，点击 Travel_Design_cloud 名称右侧三个点的图标（…）。

9. 点击 Available Offline（离线可用）选项，将其打开。这样，当前文档就会被下载到移动设备上，供你在没有网络的情况下查看。点击空白屏幕区域，隐藏屏幕底部的菜单，如图 9.25 所示。

Travel_Design_cloud 文档被下载到移动设备之后，文件名上出现一个带有白色箭头的蓝圆圈。当把云文档设置为"离线可用"时，只要有可用的互联网连接，你在 Adobe XD 中对文档所做的任何修改都会得到体现。一旦互联网连接不可用，文档就保持在互联网不可用之前最后一次保存的状态。网络连接一旦可用，云文档就会立即更新，不管它是否被设置了"离线可用"。

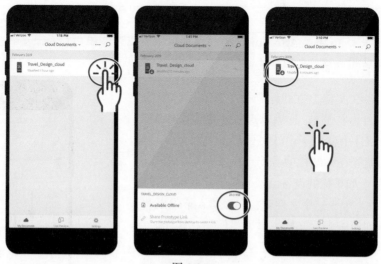

图 9.25

10. 关闭移动设备上的 XD App，回到计算机上的 Adobe XD 软件中。

11. 选择"文件" > "关闭"（macOS），或者单击文档右上角的"×"按钮（Windows），把打开的文档全部关闭。

9.4 复习题

1. 如何在计算机的 Adobe XD 软件中录制原型交互视频？
2. 录制原型交互视频时，Adobe XD 会生成什么文件格式？
3. 在 Adobe XD 移动 App 中，有哪两种预览 XD 文档的方式？
4. 在 XD 移动 App 中预览原型有两种方式，一种是通过 USB 端口，另一种是通过 Creative Cloud 云文档。哪种方式允许实时更新？
5. 什么是云文档？

9.5 复习题答案

1. 要在计算机上的 Adobe XD 软件中录制原型交互视频，需要先单击程序窗口右上角的"共享"按钮，然后从弹出菜单中选择"录制视频"菜单。在 macOS 系统下，录制会立即开始。测试完原型之后，按 Esc 键，停止录制。在弹出对话框中输入视频名称，然后单击"保存"。在 Windows 系统下，打开预览窗口后，按 Win+G 组合键，在弹出的游戏栏中，单击"录制"按钮，开始录制。完成录制后，再次按 Win+G 组合键，单击"停止"按钮。
2. 录制好原型交互视频后，视频文件以 MP4 格式保存。
3. 在 XD 移动 App 中预览 XD 文档时，可以查看保存为云文档的文档，或者使用实时预览查看在计算机 Adobe XD 中打开的文档。
4. 仅通过 USB 端口进行预览时，才能进行实时更新。
5. 在计算机上的 Adobe XD 中，可以把一个 XD 文档保存到 Creative Cloud 中，这样的文档就称为"云文档"。

第10课　分享文档、原型、设计规范

本课概述

本课介绍的内容包括：

- 了解几种不同的分享方法；
- 分享云文档；
- 分享原型供审查；
- 更新分享的原型；
- 分享原型的评论；
- 分享设计规范；
- 更新设计规范；
- 管理分享链接。

 本课大约要用 60 分钟完成。开始之前，请先将本书的课程资源下载到本地硬盘中，并进行解压。在学习本课时，将覆盖相应的课程文件。建议先做好原始课程文件的备份工作，以免后期用到这些原始文件时，还需重新下载。

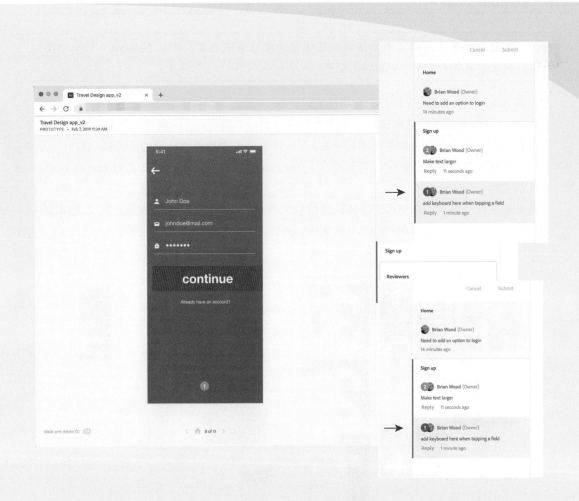

与他人共享你的项目是整个设计周期的一个重要组成部分。这样做可以实现协作编辑、收集大家对设计的反馈意见（评论形式）、共享设计规范等。本课中，我们将学习几种文档共享方法，不同方法可以满足不同的需求。

10.1 开始课程

本课中，我们将学习几种共享原型的方法，以及如何使用评论、管理你的共享原型。

 注意： 如果尚未把本课的项目文件下载到本地计算机，请先阅读本书前言，查找相关文件的下载方法。

 注意： 如果使用前言中介绍的快速学习法学习本课内容，请从 Lessons > Lesson10 文件夹中直接打开 L10_start.xd 文件。

1. 若 Adobe XD CC 尚未打开，先启动它。
2. 在 macOS 系统下，依次选择"文件">"从您的计算机中打开"菜单；在 Windows 系统下，单击程序窗口左上角的菜单图标（≡），从弹出菜单中选择"从您的计算机中打开"菜单。在"打开"文件对话框中，转到硬盘上的 Lessons 文件夹之下，打开名为 Travel_Design.xd 的文档。
3. 如果在程序窗口底部显示出字体缺失信息，单击信息右侧的"×"按钮，将其关闭即可。
4. 按 Command+0（macOS）或 Ctrl+0（Windows）组合键，显示所有设计内容，如图 10.1 所示。不要关闭 Travel_Design.xd 文件。

图 10.1

10.2 共享方法

当需要把设计和原型共享给其他人（比如邀请合作人共同编辑云文档、收集人们对设计或原型的反馈意见、和开发人员共享设计规范）时，可以使用 Adobe XD（桌面版本）提供的"共享"功能。在整个设计过程中，可以选择在任意时刻分享（无任何交互的原始设计到包含交互的原型）。

Adobe XD 支持如下分享方式。

- **邀请编辑**。可以使用该命令与其他人分享云文档。所有被邀请人都可以编辑文档，并且可以把修改保存到原始文件中。
- **共享以审阅**。可以把设计与原型保存到 Adobe Creative Cloud 账户，并将其分享到 Web 上。共享时，你把一个分享链接发给别人，这样他就可以在浏览器中查看并点评你的设计。分享原型的目标是供别人审阅，并听取他们的意见。
- **为了开发而共享**。通过这种方式，开发人员可以获取设计的尺寸、颜色和字符样式等信息，然后复制它们，把它们应用到移动 App 或网站的开发过程中。此外，他们还可以下载所有带有批量导出标记的资源。

共享原型或设计规范时，还可以开放评论。用户可以在浏览器中添加评论，这些评论会随原型一起保存到 Creative Cloud 中。你分享的项目与登录 Adobe XD 时使用的 Adobe ID 密切相关。

本课中，我们学习如何分享云文档、分享与更新原型、共享以开发、添加与收集反馈，以及管理分享链接。

10.2.1 分享云文档

第 2 课与第 9 课分别讲解了什么是云文档，以及如何把一个 XD 文档保存为云文档。本课中，我们会把另外一个文档保存为云文档，然后将其分享给其他用户。为了学习本课内容，需要有另外一个 XD 用户，以便把文件发送给他，让他进行编辑，从而可以了解其中的工作原理。如果没有另外一个 XD 用户，只阅读本节内容即可。

云文档是 XD 的云原生（cloud native）文档类型，它向用户提供了管理、共享、保留最新文档的快捷方法。可以把 XD 设计存储为云文档，确保它们是最新的，而且可以离线访问。可以把云文档与其他 Creative Cloud 用户分享，并邀请他们一同参与设计。在把 Travel_Design 文档共享给其他人做编辑之前，首先要把 Travel_Design 文档存储为云文档。

 注意：不论是在"设计"模式下还是在"原型"模式下，"分享"功能都可用。图 10.2 显示的是在"设计"模式下打开的"共享"菜单。

1. 单击程序窗口右上角的"共享"按钮，如图 10.2 所示。

弹出菜单中包含"邀请编辑""共享以审阅""共享以开发"三个共享命令。下一节会着重讲解"共享以审阅"这个命令。可以使用这个方法把原型发布到 Web 上，然后把访问链接发送给其他人，这样他们就可以在网络浏览器中观看并点评你的原型了。

2. 从弹出的菜单中选择"邀请编辑"。

选择"邀请编辑"之后，会看到一个面板，里面包含着提示信息，要求先把文档保存为云文档。

3. 在"共享"窗口中单击"继续"按钮，如图 10.3 所示。

4. 在保存设置窗口中，把文档名称修改为 Travel_Design_share，点选"云文档"，然后单击"保存"按钮，如图 10.4 所示。

图 10.2   图 10.3

注意：在 Windows 系统下，保存设置窗口会显示在文档窗口中央。

把文档保存到 Creative Cloud 之后，就可以把它共享给其他人了。保存完毕后，在共享窗口中会看到有一个地方供你添加要共享的对象。添加文档共享对象时，要输入对方的电子邮件地址。如果有多个共享对象，则需要在各个电子邮件地址之间添加逗号（,）进行分隔。

5. 在 Add People（添加共享人）中，输入一个电子邮件地址，如图 10.5 所示。

图 10.4   图 10.5

如果你输入的电子邮件地址以前曾经输入过，就会在输入列表中看到它。但是现在我们可能看不到它，因为这是第一次共享文档。

6. 在 Message（信息）框中输入一条信息。这里输入的是 "Can you make the changes we discussed?"，如图 10.6 所示。

这段信息是可选的，我们可以根据需要选择是否输入信息。如果输入了信息，则这些信息会以邮件的形式发送给用户。

7. 单击 Invite（邀请）按钮。

在共享文档之后，共享对象会从 Creative Cloud 桌面程序中收到一条通知信息，如图 10.7 所示。同时，共享对象的电子邮箱中也会收到一封邮件。

图 10.6

图 10.7

XD 发送邀请之后，你（发起人）会看到一条信息，指示邀请已经完成，如图 10.8 所示。

8. 再次单击"共享"按钮，然后选择"邀请编辑"。在共享窗口中，你会看到一个用户列表，这些用户就是你邀请的共享对象，当然这其中还包括文档所有者（大多数时候是你本人），如图 10.9 所示。

图 10.8

图 10.9

XD **注意：**当将某个用户从共享对象列表中删除后，这个用户就无法再编辑文件了。

在共享对象列表中，可以看到有哪些人可以访问文档。还可以把某个邀请对象从共享对象列表中删除，这样他就无法再编辑文档了。删除某个（或某些）共享对象时，先把鼠标移动到目标对象（文档所有者除外）的电子邮件地址上，单击 Remove（删除），然后单击"保存"，即可完成删除操作，如图 10.10 所示。

9. 按 Esc 键，隐藏共享文档窗口。

所有被邀请的合作者都可以编辑你的文档并将更改保存到原始文件中。如果有多个合作者同时打开了同一个文档，那么第一个合作者所做的更改会被更新到云文档，第二个合作者可以选择把自己所做的更改保存为单独的文档。

当受邀的合作者打开 Creative Cloud 桌面应用程序时，他会看到一个通知，并可以单击打开文件，如图 10.11 所示。合作者还可以在收到的电子邮件中单击打开文件。如果合作者对共享文档进行了更改并且保存了文件，那么文件所有者会收到一条消息，指示文档有一个更新版本可用。

图 10.10　　　　　　　　　　　　　　　　　　图 10.11

单击 Accept Changes（接受更改）按钮之后，XD 会重新加载文档，加载完成后，你就能在文档中看到新做的更改，如图 10.12 所示。

10.2.2　共享原型以审阅

本节中，我们会共享 Travel_Design_share 原型，收集其他人对原型设计的反馈意见与用户体验。共享文档可以是云文档，也可以是保存在本地的文档。

图 10.12

1. 在 Travel_Design_share 文档处于打开的状态下，单击程序窗口右上角的"共享"按钮，打开"共享"窗口，如图 10.13 所示。

注意： 使用 Adobe XD 的"共享"功能共享原型时，必须使用 Adobe 账户登录到 Adobe Creative Cloud 或其他任意一个 Adobe 程序中。

2. 在"共享"窗口中选择"共享以审阅"，如图 10.14 所示。

3. 第一次执行"共享以审阅"命令时，会看到一个界面，里面包含一个"查看示例"链接和一个 Continue（继续）按钮。可以单击"查看示例"做进一步了解，此时你的计算机中的默认浏览器会打开，了解完后，返回到 Adobe XD 中，单击 Continue（继续）按钮，如图 10.15 所示。

图 10.13　　　　　　　　　　图 10.14　　　　　　　　　图 10.15

4. 在弹出的"共享以审阅"窗口中进行如下设置。

* 从窗口顶部的菜单中，选择 Anyone with the link can view。共享原型时，可以允许拥有浏览器和互联网连接的任意用户访问它，也可以选择 Only invited people can view，只向特定用户发送电子邮件邀请。

* Title（标题）：Travel Design app（在浏览器中浏览共享原型或者管理共享链接时，你会看到这个标题。通过不同命名，我们可以很容易地把项目的不同版本区分开）。

* Allow Comments（允许评论）：不勾选（勾选该选项后，用户可以在浏览器中对原型做评论。用户可以先使用一个 Creative Cloud ID 登录或者作为游客进行评论。这里，我们并不需要用户评论原型，所以不勾选）。

* Open in Full Screen（全屏打开）：不勾选（默认不勾选，如果你想要用户单击链接时在全屏下打开原型，则需要勾选该选项）。

* Show Hotspot Hints（显示热点提示）：勾选（默认勾选，勾选该选项后，用户能够看到原型中的热点提示。当用户点击非交互区域时，交互区域就会高亮显示出来，提示你要点击哪些地方）。

* Require Password（需要密码）：不勾选（可以为自己的原型与设计规范添加密码保护来限制用户对其访问。只能对新原型或设计规范做密码保护）。

5. 单击 Create Link（创建链接），创建一个共享项目，如图 10.16 所示。

Xd **注意**：发布原型可能需要花一些时间，这要取决于你的网速。

创建好原型并将其保存到 Creative Cloud 之后，就可以在 SHARE FOR REVIEW（共享以审阅）窗口中看到更多命令。若想在计算机的默认浏览器中查看原型，可以单击"在浏览器中打开"（⤴）。若想把原型链接共享给其他人，可以单击"复制链接"图标（🔗）。复制链接之后，可以把它粘贴到电子邮件，以便与其他人共享。想了解"复制嵌入代码"命令（</>），请阅读"在 Web 页面中嵌入共享原型"中的内容。

6. 单击 SHARE FOR REVIEW（共享以审阅）窗口右上角的"在浏览器中打开"图标（⤴），在计算机的默认浏览器中打开原型，如图 10.17 所示。

图 10.16

图 10.17

此时，原型在计算机的默认浏览器中打开。原型主界面出现在浏览器窗口中央，尺寸与 Adobe XD 中的 Home 画板一样，如图 10.18 所示。在原型上方，可以看到共享时设置的原型标题，以及生成的日期、时间。

图 10.18

 **提示**：还可以链接到设计中指定的画板。当原型在浏览器中打开时，导航到指定的画板，复制画板的 URL，然后将其共享给其他人。他们看到的第一个屏幕就是你在浏览器中复制 URL 时看到的画板。

在 Web 页面的右上角，会看到一个登录图标（若已经登录，则为退出图标）和全屏预览图标（ $\nearrow$ ）。在主屏幕下，有左右两个箭头（用来在画板之间导航）、一个主页图标（用来返回到主屏幕）、一个画板计数器。如果我们的设计中包含连接，则只有那些直接或间接（通过其他画板）连接到主画板的画板才会被上传、共享。

 **注意**：开启全屏模式会隐藏浏览器窗口中的所有 UI 元素。按 Esc 键，可以退出全屏模式。

查看共享项目时，不必先使用 Adobe ID 登录。只要获取访问链接，任何人都可以在桌面浏览器或移动设备的浏览器中查看原型。

7. 与原型交互时单击主屏幕，会看到热点提示。单击主屏幕上的 sign up 按钮，切换到下一个画板，如图 10.19 所示。

8. 单击画板下方的主页按钮（🏠），返回到原型的主屏幕下，如图 10.20 所示。

9. 关闭浏览器窗口，返回到 Adobe XD 中。

图 10.19

图 10.20

在 Web 页面中嵌入共享原型

在 Adobe XD 中共享的原型可以嵌入到支持内联框架（iframes）的任意 Web 页面中。想通过 Web 页面展示自己在 Adobe XD 中的设计成果时，这会非常有用。

基于一个打开的 Adobe XD 文件，为共享原型复制嵌入代码的方法如下所述。

1. 在 Adobe XD 中，单击程序窗口右上角的 share（共享）按钮，如图 10.21 所示。
2. 从弹出的菜单中选择"共享以审阅"。
3. 在打开的"共享以审阅"窗口中，单击"复制嵌入代码"图标（ </> ）。当嵌入代码被复制到剪切板时，图标下方出现一条信息：已复制。

图 10.21

复制代码之后，可以把它粘贴到网页代码中或者发送给其他人。嵌入代码的例子如下：

\<iframe width="375" height="812" src="https://xd.adobe.com/embed/8a9c6c62-4e51-4424-5877-2605fc324238-fcad/" frameborder="0" allowfullscreen\>\</iframe\>

10.2.3 更新共享原型

在共享了原型之后，我们可能想再次修改原型或者更改主屏幕以便只共享原型的特定部分。修改项目之后，可以再次共享该项目。然后，可以创建一个新的共享原型或更新现有原型。创建新的共享原型是为你的原型创建多个版本的好方法。

接下来，我们对 Travel_Design_share 原型进行更新，向它多添加几个连接。

1. 回到 Adobe XD 中，单击程序窗口左上角的"原型"进入"原型"模式，以编辑画板中的连接。

2. 在 Sign up 画板（位于 Home 画板之下）中，单击 continue 按钮，将其连接手柄拖动到 Explore 画板之中。当 Explore 画板周围出现蓝框时，释放鼠标左键，如图 10.22 所示。

3. 创建好连接之后，在连接设置面板中进行如下设置，如图 10.23 所示。

- Trigger（触发）：Tap（点击）（默认设置）。
- Action（动作）：Transition（过渡）（默认设置）。
- Destination（目标）：Explore。
- Animation（动画）：Slide Left（左滑）。
- Easing（缓动）：Ease Out（渐出）（默认设置）。
- Duration（持续时间）：0.3（默认设置）。
- Preserve Scroll Position（保留滚动位置）：不勾选。

图 10.22

图 10.23

4. 单击空白灰色粘贴板区域，隐藏连接设置面板。

接下来，我们把 Explore－1 画板和 Hike Detail 画板连接起来。

5. 在 Explore－1 画板（位于 Sign up 画板右侧）的重复网格中，双击中间图片（在画板上水平居中的图片），如图 10.24 所示。

6. 把连接手柄从所选图片的右边缘拖动到 Hike Detail 画板之中。当 Hike Detail 画板周围出现蓝框时，释放鼠标左键，如图 10.25 所示。

图 10.24

图 10.25

7. 创建好连接之后，在连接设置面板中进行如下设置，如图 10.26 所示。

- Trigger（触发）: Tap（点击）（默认设置）。
- Action（动作）: Transition（过渡）（默认设置）。
- Destination（目标）: Hike Detail。
- Animation（动画）: Slide Left（左滑）。
- Easing（缓动）: Ease Out（渐出）（默认设置）。
- Duration（持续时间）: 0.3（默认设置）。
- Preserve Scroll Position（保留滚动位置）: 不勾选。

到这里，我们就修改完成了。接下来，我们更新到原型的连接。

8. 单击程序窗口右上角的 share（共享）按钮，打开"共享"菜单，从中选择 Share for Review（共享以审阅）。

9. 在打开的 SHARE FOR REVIEW（共享以审阅）窗口中，设置标题为 Travel Design app，其他设置保持默认不变。然后，单击 Update（更新）按钮，如图 10.27 所示。

图 10.26

图 10.27

此时，共享原型进行了更新，前面的修改得到了体现。有共享链接的用户只需在浏览器中刷新原型即可。单击 New Link（新建链接）会创建一个新的原型链接，它带有一个不同的标题，你可以把它共享给其他人。修改合适的标题有助于区分同一个项目的不同链接，而且对于创建和跟踪版本也很有用。

10. 更新共享链接之后，在 SHARE FOR REVIEW（共享以审阅）窗口中，单击"在浏览器中打开"图标（），即可在默认浏览器中查看原型，如图 10.28 所示。

在浏览器中打开原型时，你看到的第一个屏幕是 Home 画板。此时，还应该能够看到 13 个画板。任

图 10.28

何与 Home 画板有直接或间接连接的画板都是共享原型的一部分，你都可以在浏览器中查看它们。

与其他人共享原型链接

可以把在 Adobe XD 中制作的项目原型共享给其他人，只要复制指向该原型的链接，而后发送给其他人即可。如果想听取相关人士或团队成员对原型的反馈意见，就可以使用这种方式把原型共享给他们。

基于一个打开的 Adobe XD 文件，共享原型链接的方法如下。

1. 在 Adobe XD 中，单击程序窗口右上角的 Share（共享）按钮。

2. 从弹出的菜单中选择 Share for Review（共享以审阅）。

3. 在打开的 SHARE FOR REVIEW（共享以审阅）窗口中，单击"复制链接"图标（ $\mathscr{O}$ ），如图 10.29 所示。

复制代码后，就可以把它粘贴到电子邮件中发送给其他人了。

图 10.29

10.2.4　共享原型评论

在 Adobe XD 中共享一个项目原型时，默认情况下，允许用户评论共享原型。用户在浏览器中查看共享原型时可以进行评论，而且无需先使用 Adobe ID 登录。也就是说，任何人都可以对原型发表评论。收到评论后，你可以回到 Adobe XD 中，根据这些评论更新原型。修改原型之后，可以更新现有原型，或者新建一版原型，再次进行共享。

本节中，我们继续共享项目，重点讲解与评论有关的内容。

1. 在 Adobe XD 中，打开 Travel_Design_share 云文档，进入"原型"模式。单击 Home 画板，将其选中。

这里，我们打算收集用户对设计的反馈意见。前面，我们发布 Travel Design app 原型时，关闭了评论功能。接下来，在共享原型时，我们将把评论功能打开。

2. 单击程序窗口右上角的 Share（共享）按钮，从弹出菜单中，选择 Share for Review（共享以审阅）。

3. 把标题修改为 Travel Design app_v2，勾选 Allow Comments（允许评论），单击 New Link（新建链接），这样不会覆盖你在前面共享的原型，如图 10.30 所示。

图 10.30

4. 共享之后，在 SHARE FOR REVIEW（共享以审阅）窗口中，单击"在浏览器中打开"图标（⬀），打开默认浏览器，查看共享原型，如图 10.31 所示。

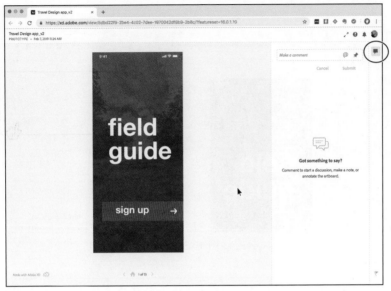

图 10.31

此时，在浏览器窗口的右上角，你可以看到一个评论图标（图 10.31 中红圈内部分）。

5. 若评论"面板"没有显示，单击浏览器窗口右上角的评论图标（💬），打开"评论"面板，如图 10.32 所示。

图 10.32

6. 单击显示 Make a comment 的文本区域，输入 Need to add an option to log in，单击 Submit（提交）按钮，或者按 Return 或 Enter 键，添加评论，如图 10.33 所示。不要关闭浏览器，保持原型打开状态。

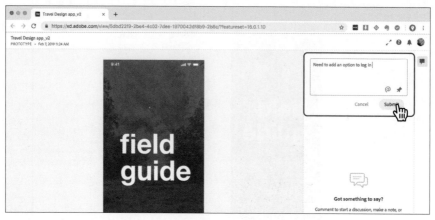

图 10.33

用户添加的评论会显示在"评论"面板中。如果你使用 Adobe ID 账户登录并发起审阅，在你的名字旁边会出现 Owner（所有者）字样，如图 10.34 所示。作为所有者，你可以添加、回复、删除、处理你或游客的评论。

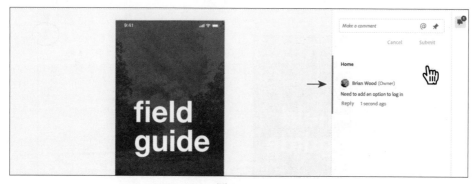

图 10.34

以游客身份评论

在评论功能开启的状态下，用户在浏览器中查看共享原型并进行评论时，可以先使用 Adobe ID 账号登录后评论，也可以使用游客身份发表评论。

在以游客身份评论时，要单击"评论"面板底部的"Comment as Guest"（以游客身份评论）按钮。然后，提供一个名字，选择"I'm not a Robot for the Captcha"，最后单击"Submit"提交即可，如图 10.35 所示。

在以游客身份发表评论并通过关闭浏览器或刷新浏览器结束会话后，就不能再次编辑之前发表过的评论了。但是，如果事先使用 Adobe ID 登录，那么你仍然可以再次编辑之前发表的评论。

图 10.35

10.2.5 标注评论

通过标注评论，我们可以把一条评论与画板中指定的区域联系起来。标注评论时，Adobe XD 会为评论指定一个数字编号。你可以在"评论"面板中看到这些数字编号，而且能够轻松地把评论与画板中的数字对应起来。一般评论（比如你添加的第一条评论）不会被标注，也不会显示数字编号。接下来，我们添加另一条评论，并把它钉到画板中。

1. 在浏览器中显示的共享原型上，单击 Home 屏幕中的 sign up 按钮，切换到下一屏。

前一个画板的评论仍然显示在"评论"面板中，因为"评论"面板中的 All Screen Comments（所有屏幕评论）选项处于选中状态。评论是按屏幕组织的，可以在"评论"面板列表中看到屏幕名称。如果只想查看特定面板的评论，可以取消选择 All Screen Comments，但此时，我们不打算这么做。

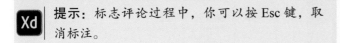

Xd 提示：单击屏幕名称（比如 Home），相应屏幕就会在浏览器中显示出来。

2. 单击显示有 Make a comment 的文本区域，输入 add keyboard here when tapping a field。

3. 单击评论下的图钉图标（📌），如图 10.36 所示。

Xd 提示：标志评论过程中，你可以按 Esc 键，取消标注。

4. 把鼠标移动到 sign up 屏幕之上，在底部单击，设置一个评论标注，如图 10.37 所示。可以把数字拖动到屏幕的任意位置上。

图 10.36

5. 在"评论"面板中，单击 Submit 按钮，接受评论，如图 10.38 所示。

图 10.37 　　　　　　　　　　　　　图 10.38

可以使用与评论关联的数字在"评论"面板与共享项目中查找相应评论，如图 10.39 所示。

6. 单击"评论"面板中的图钉图标（📌），把鼠标移动到屏幕之上，在 John Doe 文本之上单击，设置评论标注，如图 10.40 所示。

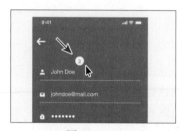

图 10.39 　　　　　　　　　　　　　图 10.40

7. 在"评论"面板中输入 Make text larger，添加另外一条评论，然后单击 Submit 按钮。

8. 把鼠标移动到第一个评论标记（位于屏幕底部）之上，此时，在"评论"面板中，与之关联的评论就会高亮显示出来，如图 10.41 所示。

图 10.41

标注评论带有数字编号，这有助于在"评论"面板中查找与之相关的评论。

9. 不要关闭浏览器，保持原型显示状态。

10.2.6　使用评论

前面我们已经把评论添加到了共享原型的画板中，这一节中，我们继续学习如何回复、删除原型中的评论。

1. 在原型仍处于打开的状态下，打开"评论"面板，把鼠标移动到右侧评论列表中编号为 2 的评论之上，此时，原型中相应的标注就会高亮显示出来，如图 10.42 所示。

图 10.42

提示：单击评论图标（▬），隐藏"评论"面板。这样，在浏览器中查看原型时，画板中的评论标注就不会再显示。

你可以编辑、删除、回复共享原型中的评论，也可以把评论标记为已解决。

2. 单击评论下方的图钉图标（📌），如图 10.43 所示。把鼠标移动到屏幕上，在"Already have an account?"文本右侧单击鼠标。

可以使用上面这种方式轻松地编辑评论标注的位置。

3. 针对同一条评论，单击其下的"编辑"图标（✏），把文本从 Make text larger 修改为 Make text larger and bold，单击 Save Changes（保存修改）按钮，如图 10.44 所示。

图 10.43　　　　　　　　　　　　　　　　图 10.44

不仅可以编辑评论，还可以回复评论。

接下来，我们为编号为 2 的评论添加一条回复。

4. 在评论列表中，把鼠标移动到 2 号评论上。单击 Reply（回复），即可在当前评论下进行回复，输入"How about changing the text color instead?"，按 Return 或 Enter 键，添加回复。整个操作如图 10.45 所示。

图 10.45

5. 单击 1 Reply 左侧的箭头，可以把评论回复收起，如图 10.46 所示。

评论的回复显示在原评论之下。对其他评论者来说，你添加的评论回复默认为收起状态，他们必须把它展开才能看到你添加的评论回复。

6. 把鼠标移动到标签为 2 的评论之上，单击 Resolve（已解决），如图 10.47 所示。

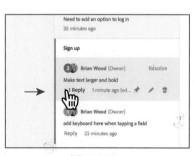

图 10.46   图 10.47

把一条评论标记为"已解决"后，这条评论就会从评论列表中消失。你可以使用这种方法把某些评论标记为"已解决"。那些"已解决"的评论仍然可以在过滤器评论列表中查看。接下来，我们就尝试一下。

7. 单击"评论"面板底部的过滤器图标（▼），打开一个包含过滤选项的窗口。在窗口的 Status（状态）区域单击 Resolve（已解决），查看所有标记为"已解决"的评论，如图 10.48 所示。

过滤器窗口中包含多个有用的过滤选项，包括按评论者和时间过滤。请注意，此时过滤器图标（▼）上带有一个指示器，表示应用了一个或多个过滤器。

> **Xd** 提示：在"评论"面板中，浏览已解决的评论时，你可以把鼠标移动到某条评论上，然后单击 Move To Unresolved（移动到未解决）按钮，将其重新变为"未解决"状态。

8. 在浏览器中，单击空白区域，关闭过滤器窗口。把鼠标移动到"评论"面板中的评论之上，单击出现的 Move To Unresolved（移动到未解决），如图 10.49 所示。

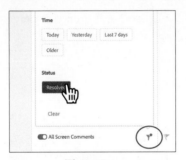

图 10.48

图 10.49

此时，评论应该重新出现在主评论列表中。要查看这些评论，需要清除"已解决"过滤器。

9. 单击过滤器图标（▼），显示带过滤选项的窗口。在该窗口中，单击 Clear（清除）按钮，删除过滤器，返回到主评论列表中，如图 10.50 所示。

用户添加的评论与共享原型存储在一起。要查看共享项目的上一个版本中的评论，则需要管理共享链接。

图 10.50

> **Xd** 提示：还可以在"评论"面板中看见"清除过滤器"，而无需单击过滤器图标。

10. 关闭浏览器窗口，返回到 Adobe XD 中。

当打开相关项目文件时，在浏览器中为原型添加的评论将不会显示在 Adobe XD 中。

Creative Cloud 评论通知

如果你是共享原型的发起人，并且与你共享原型的人添加了评论，那么当你在浏览器中查看原型时，会看到一个通知信息（见图 10.51）。你可以单击通知图标来查看他们的评论。

此外，在 Creative Cloud 桌面应用中，还可以单击通知图标来浏览评论（见图 10.52）。

图 10.51   图 10.52

对于你（发起人）与之共享原型的用户，无论他们使用 Adobe ID 或以游客身份登录，都只能在浏览器的评论图标上看到一个数字，而不会收到通知信息。

注意： 当有新评论时，共享原型发起人还会收到电子邮件通知。

这需要你用登录 Adobe XD 时所使用的 Adobe ID 登录。

10.2.7　共享设计规范

当设计流程接近尾声，准备从 Adobe XD 转到开发时，你就可以发布设计规范了。为此，我们需要创建一个公共 URL，这类似于共享设计原型。通过这些规范，开发人员可以查看画板的顺序和流程，以及每个画板的详细规范（包括尺寸、颜色、字符样式、元素之间的相对间距等），大大提高了沟通效率。

本节中，我们会共享设计规范，并在默认浏览器中查看这些规范。当其他人在浏览器中查看设计规范时，他们可以下载相关资源，这也是你与人共享规范的一个组成部分。要允许别人下载资源，需要在"图层"面板中为资源添加导出标记。当然，在共享设计规范时，也可以不为资源添加导出标记。

1. 单击程序窗口左上角的"设计"选项卡，进入"设计"模式。

2. 按 Command+Y（macOS）或 Ctrl+Y（Windows）组合键，打开"图层"面板。

3. 使用"选择"工具，在 Home 画板中，单击 field guide 文本背后带渐变填充的矩形。此时，应该能够看见图片边缘，如图 10.53 所示。单击画板之外的图片区域，或者单击"图层"面板列表中的图片。

4. 在"图层"面板中，把鼠标移动到所选图片之上。单击"添加导出标记"图标（⤤），允许查看设计规范的人下载该图片，如图 10.54 所示。

| 图 10.53 | 图 10.54 |

添加好导出标记之后，接下来，我们来共享设计规范。

5. 单击程序窗口右上角的 Share（共享）按钮，打开 Share（共享）菜单，从中选择 Share for Development（共享以开发），如图 10.55 所示。

不管是在"设计"模式还是在"原型"模式下，都可以进行共享。

> **XD** | **提示**：与共享原型一样，用户在设计规范中看到的第一个画板是设置为主屏的那个画板。与主屏画板有直接或间接连接的画板都会被发布。

6. 在打开的窗口中，如果看到一条信息，显示到示例的链接，只需单击 Continue（继续）即可，如图 10.56 所示。

| 图 10.55 | 图 10.56 |

> **XD** | **注意**：使用 Adobe XD 的"共享"功能共享原型或设计规范时，必须使用 Adobe ID 登录到 Adobe Creative Cloud 应用或其他任意一个 Adobe 应用程序。

7. 在 SHARE FOR DEVELOPMENT（共享以开发）窗口中进行如下设置，如图 10.57 所示。

• 从窗口顶部的菜单中，选择 Only invited people can view（仅允许受邀者查看）。与共享原型一样，共享设计规范时，你可以允许任何拥有浏览器和网络连接的人查看共享规范，或者仅允许接收到电子邮件邀请的人查看共享规范。

- Title（标题）：Travel_Design_Share（在浏览器中查看共享原型以及管理共享链接时会显示标题）。
- Export For（导出为）：iOS（默认设置，共享原型的单位是基于主屏画板尺寸的。文件中的主屏设置为 iPhone X/XS 预设尺寸。Adobe XD 会默认把主屏画板看作 iPhone[iOS] 的尺寸，并据此设置单位。在浏览器中浏览设计规范时，单位非常重要，因为你可以根据需要复制和粘贴数值以及测量单位——px、dp 或 pt）。

图 10.57

 注意：iOS 的默认单位是 pt，网页的默认单位是 px，Android 的默认单位是 dp，自定义画板时使用的默认单位是 px。这些默认单位都是不可编辑的。

- Include Assets for Download（包含下载资源）：勾选（当资源被添加导出标记时，该选项可用；若无资源被添加导出标记，则该选项不可用）。

共享设计规范时的"导出"选项

根据设计所针对的平台，每个平台都有一套不同的分辨率设置。网页导出资源的分辨率为 1x 与 2x。iOS 导出资源的分辨率为 1x、2x、3x。针对下列 Android 屏幕密度，优化并导出资源：

- ldpi——低密度（75%）；
- mdpi——中密度（100%）；
- hdpi——高密度（150%）；
- xhdpi——超高密度（200%）；
- xxhdpi——超超高密度（300%）；
- xxxhdpi——超超超高密度（400%）。

——摘自 Adobe XD 帮助

8. 单击 Create Link（创建链接）按钮，如图 10.58 所示。

由于你在 SHARE FOR DEVELOPMENT（共享以开发）窗口顶部菜单中选择了 Only invited people can view（仅允许受邀请人查看），所以，接下来你看到的一屏是邀请用户访问设计规范。

9. 在邀请窗口中，Invite（邀请）选项默认处于选中状态，在 Add People（添加邀请人）文本框中，输入一个或多个电子邮件地址（多个电子邮件之间用逗号隔开）。你还可以添加一段信息，供用户查看。单击 Invite（邀请）按钮，如图 10.59 所示。

此时，设计规范被发布出去，同时保存到 Creative Cloud 之中。

10. 单击 SHARE FOR DEVELOPMENT（共享以开发）窗口顶部的"在浏览器中打开"图标（⤢）。

可能需要先单击 Share（共享）按钮，然后选择 Share for Development（共享以开发），才能看到 SHARE FOR DEVELOPMENT（共享以开发）窗口，如图 10.60 所示。

图 10.58

图 10.59

图 10.60

![Xd] **注意**：不带链接的画板不会在设计规范中被发布出来。浏览设计规范时，画板在浏览器中的位置与其在设计文档中的位置一致。

![Xd] **注意**：移动浏览器不支持用来浏览设计规范，不推荐大家使用。

在浏览器中网页的左上角，会看到有关设计规范的信息，比如画板名称、数量等。而在右上角，会看到 Invite（邀请）按钮（用来邀请其他人查看设计规范）、搜索框、视图百分比、登录点（或退出点）。接下来，我们检查设计规范。

10.2.8　检查设计规范

基于浏览器的设计规范允许项目涉及的每个人在所谓的 UX 流程视图中查看画板的顺序和流程。在设计规格中，通过全部画板（屏幕）视图，可以了解需要开发的画板数量（有助于规划开发工作的范围）、设计规格的顺序和流程（有助于理解终端用户工作流），以及设计规格最后更新日期等。

为了查看设计规范，接收设计规格共享链接的一方应该做如下准备。

- 有连接至设计规范的链接（上一节中，我们曾见过"复制链接"这个选项，在 Adobe XD 中，可以使用该选项从"发布设计规范"窗口中复制设计规范链接。然后把链接放入电子邮件或者用其他方式传递给其他人）。
- 可用的桌面浏览器和网络连接。

接下来，我们一起了解一下当前在浏览器中打开的设计规范。

1. 在浏览器中，在设计规范处于打开的状态下，把鼠标移动到各个画板上，看一下它们彼此之间是如何连接在一起的，如图 10.61 所示。

图 10.61

在 UX 流视图中，通过页面右上角的名称，可以缩放或拖动文档或者搜索特定画板等。

2. 单击 Home 画板，查看细节内容，如图 10.62 所示。

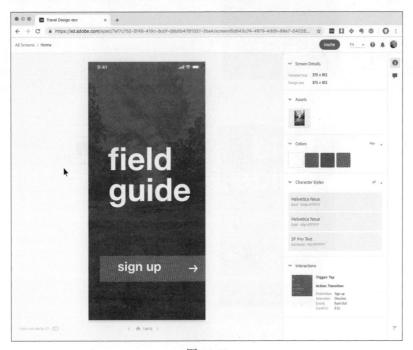

图 10.62

在浏览器窗口中，在画板右侧可以看到画板上所有屏幕的细节、颜色、字符样式和交互。在浏览器中查看单个画板时看到的颜色和字符样式可能与在 Adobe XD 中打开的原始项目文件中在"资源"面板中看到的不同。设计规范会显示应用到内容上的所有格式，而不管它们是否已经保存到了"资源"面板中。

3. 在右侧的颜色区域中，把鼠标移动到白色之上，这样，画板中带有白色填充或边框颜色的对象就会被高亮显示，如图 10.63 所示。

4. 在页面右侧的颜色区域中，单击橙色，如图 10.64 所示。

单击颜色或字符样式会把格式复制到剪贴板。例如，复制颜色实际就是复制颜色的十六进制值（这里是 #FF491E）。如果单击复制字符样式，则只复制字体的名称。你可以把值粘贴到代码或电子邮件中。

图 10.63

图 10.64

接下来，我们切换到下一个画板。

> **提示**：单击色板之上的 Hex，选择另外一种格式，比如 HSLA，你可以修改颜色格式。单击"字符样式"最右侧的菜单选择另外一个单位，比如 px 或 dp，可以修改字符样式中的单位。修改会在整个会话中一直保留着，浏览其他屏幕时，使用的也是同样的颜色格式和测量单位。

5. 在右侧区域中，向下滚动，显示出交互区域。

屏幕交互指的是在"原型"模式下创建的连接。你可以看到连接设置选项，单击它，所连接的画板就会出现在浏览器窗口中。

6. 把鼠标移动到交互区域之上，会看到 sign up 按钮高亮显示。可能需要滚动浏览器窗口，才能看到浏览器底部。单击你看到的交互区域，前往 Sign up 画板，如图 10.65 所示。

在"原型"模式选择带有连接的对象后，会在浏览器的右侧显示出目标屏幕（画板）的缩略图。在大多数情况下，可以单击目标屏幕来转到它。对于某些连接，像那些连接到上一个画板的连接，如果你单击它，所选内容的目标将无法正常工作。

注意：写作本书之时，在浏览器中查看设计规范时，如果选择一个编组对象，将无法看到在 Adobe XD 中创建原型时设置的目标。在浏览器中查看设计规范期间，选择对象时只会选择单个对象。

7. 在 Sign Up 画板上单击 John Doe 文本，如图 10.66 所示。

图 10.65   图 10.66

选择画板中的一个元素后，可以在页面右侧查看它的高度、宽度，以及所选内容的属性。另外，还可以从设计规格中复制字符样式、颜色值、内容。

Adobe XD 关注的是元素之间的关系。所以，如果设计的是一个尺寸为 375 × 812 的 iPhone X/XS 画板，并且使用的是 10 个单位大小的字号，不管你把设计缩放到哪种物理尺寸，元素之间的关系都是一样的。

但是，在浏览器的设计规范中，高度、宽度，以及 X 和 Y 坐标都以 px、pt 或 dp 为单位显示。在浏览器中查看设计规范时，可以根据需要把度量单位从一种单位转换成另外一种单位（见图 10.67）。这个功能允许你复制和粘贴数值，以及所需的测量单位（px、pt 或 dp）。

提示：在显示的文本格式上，可以单击特定属性，比如字体名称（在 macOS 系统下为 Helvetica Neue），将其复制到粘贴板中。

8. 单击画板下方的"下一个"箭头（>），切换到 Explore – 1 画板，如图 10.68 所示。

图 10.67   图 10.68

9. 单击文本 Pine Meadow Lake Loop。你可能需要滚动页面，才能看到它。

10. 单击页面右侧 Content（内容）区域中的文本，复制它，如图 10.69 所示。

此时，文本会被复制到粘贴板中，接下来，你就可以把它粘贴到任意一个地方。这点对于开发应用程序的开发者而言非常友好，因为他们可以很轻松地把文本等粘贴到任意指定的位置上。

11. 单击图 10.70 中间的图片，然后把鼠标移动到右侧图片上，查看对象之间的相对距离。

图 10.69

图 10.70

这对于开发者来说非常有用，他们在开发应用程序时会用到这些信息。

12. 单击页面左上角的 All Screens（所有屏幕），回到 UX 流视图下，如图 10.71 所示。

13. 关闭浏览器窗口，返回到 Adobe XD 中。

10.2.9　更新设计规范

分享了设计规范之后，你可能还想修改一下项目。在这种情形之下，首先需要在 Adobe XD 中编辑你的项目，然后通过重写原始设计规范或创建副本来共享更新之后的设计规范。

图 10.71

接下来，我们对设计做一点简单的修改并更新设计规范。

1. 返回到 Adobe XD 中，检查 Travel_Design_share.xd 文件是否处在"设计"模式之下。若不是，单击程序窗口左上角的"设计"选项卡。

2. 把 Home 画板放大到文档窗口。

3. 单击 sign up 按钮，向下拖动它，使之位于画板底部，如图 10.72 所示。

4. 按 Command+S（macOS）或 Ctrl+S（Windows）组合键，保存文件。

Xd　　**注意：** 更新设计规范时，并不需要保存设计文档。因为它是一个云文档，带有自动保存功能。

---

5. 单击程序窗口右上角的 Share（共享) 按钮，从弹出菜单中，选择 Share for Development（共享以开发）。

6. 在 SHARE FOR DEVELOPMENT（共享以开发）窗口中，单击 Settings（设置）选项卡，把 Title（标题）修改为 Travel Design dev v2。单击 New Link（新建链接），新建设计规范

以共享，如图 10.73 所示。

修改标题有助于区分你为同一个设计规范创建的不同链接。新建设计规范之后，你还需要把刚创建的新链接共享给那些持有旧设计规范链接的人，以便他们看到更新。指向设计规范的旧链接仍能正常工作，但是当你在 XD 中修改了原始项目文件时，旧链接并不会被更新。

图 10.72

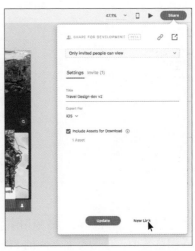

图 10.73

在 SHARE FOR DEVELOPMENT（共享以开发）窗口中，单击"在浏览器中打开"图标（⤴），即可在你的默认浏览器中看到新版本的设计规范。

7. 设计规范完成上传之后，单击 SHARE FOR DEVELOPMENT（共享以开发）窗口之外的区域，将其隐藏起来。

10.2.10 管理共享链接

每个共享的云文档、原型或设计规范都保存在 Creative Cloud 中，并且与你用来登录 Adobe XD 的 Adobe ID 绑定在一起。

接下来，我们学习一下如何管理共享的云文档、原型和设计规范。

1. 单击 Share（共享）按钮，在弹出的菜单中选择 Manage Links（管理链接），如图 10.74 所示。

此时，你的默认浏览器会打开一个网页，在其中你可以管理已经发布的原型和设计规范。如果你尚未使用 Adobe ID 登录，请先登录，这样才能看到共享项目。

图 10.74

在每个链接名称之下，你会看到类似"原型""设计规范"的标签，用来指示共享链接的类型。单击缩略图可以打开原型或设计规范。借助这种方法，你不但可以再次访问之前分享过的原型，还可以通过复制浏览器窗口中的 URL 再次共享它。

2. 把鼠标移动到前面共享过的设计规格之上，单击省略号（...）显示一个菜单，从中可以复制指向设计规范的链接或者将其删除，如图 10.75 所示。

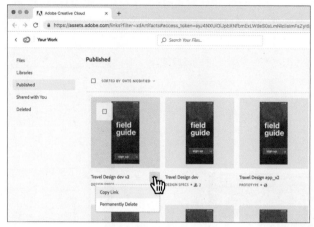

图 10.75

共享窗口中的"管理链接"命令用来显示共享原型、设计规范，但你也可以访问云文档。

3. 在浏览器中，单击页面左侧的 Files（文件），把存储在 Creative Cloud 中的文件显示出来，包括云文档。

4. 单击顶部的 Cloud Documents（云文档），显示你的云文档，如图 10.76 所示。

图 10.76

此时，应该能够看见保存的云文档。单击缩略图，可以查看云文档，当然你也可以把它删除。

5. 关闭浏览器窗口，返回到 Adobe XD 中。

6. 选择"文件"＞"关闭"（macOS），或者单击右上角的"×"按钮（Windows），关闭 Travel_Design_share.xd 文件。若弹出保存文件提示，单击"保存"。

10.3　复习题

1. 共享文档功能有什么用？
2. 共享原型时，文件保存在哪里？
3. 如何在网页中嵌入共享原型？
4. 哪些人可以对共享原型发表评论？
5. 什么是标记评论？
6. 何为"已解决"评论？

10.4　复习题答案

1. 可以使用"共享文档"选项，把云文档与其他人共享。所有受邀请人都可以编辑你的文档，并把更改保存到原始文件中。
2. 共享原型与你用来登录 Adobe XD 的 Adobe ID 有关联，原型就存储在该 Adobe ID 关联的 Creative Cloud 账户中。
3. 要在网页中嵌入共享原型，首先在 Adobe XD 中打开文件，单击"共享"按钮，从弹出菜单中，选择"共享以审阅"。共享原型之后，你会在"共享以审阅"窗口顶部看到一系列选项。单击"复制嵌入代码"选项（</>），然后把代码粘贴到网页中或者分享给其他人，方便他们把共享原型嵌入到他们的网页中。
4. 用户使用 Adobe ID 或以游客身份（无 Adobe ID）登录后，即可在浏览器中发表评论。
5. 在默认浏览器中查看共享原型时，可以把评论标在画板相应的位置上，同时这个评论会得到一个数字。可以在"评论"面板中的评论上看到这些数字，这有助于你把评论与画板中相应的位置对应起来。那些没有钉到画板上的评论不会显示数字。
6. 在默认浏览器中查看共享原型时，如果把某条评论标记为"已解决"，那么这条评论就会被从评论列表中移除。因此，你可以使用这种方式把那些已经解决的评论屏蔽掉。单击"评论"面板底部的"过滤器"图标（▼），会显示一个带过滤选项的窗口，在"状态"区域中，单击"已解决"，即可看到所有标记为"已解决"的评论。

第11课　导出与集成

本课概述

本课介绍的内容包括：

- 导出资源；
- 使用 XD 插件。

本课大约要用 30 分钟完成。开始之前，请先将本书的课程资源下载到本地硬盘中，并进行解压。在学习本课时，将覆盖相应的课程文件。建议先做好原始课程文件的备份工作，以免后期用到这些原始文件时，还需重新下载。

在共享原型、收集反馈并做出相应的修改之后，就可以创建用来开发实际产品的资源了。本课中，我们不但学习各种资源导出格式，还将学习使用插件增强 XD 功能的一些内容。

11.1　开始课程

本课中，我们学习通过导出来共享设计资源的方法，还将学习使用第三方插件增强设计工作流程的方法。

> **Xd** **注意**：如果尚未把本课的项目文件下载到本地计算机，请先阅读本书前言，查找相关文件的下载方法。

> **Xd** **注意**：如果你使用前言中介绍的快速学习法学习本部分内容，请从 Lessons > Lesson11 文件夹中直接打开 L11_start.xd 文件。

1. 若 Adobe XD CC 尚未打开，先启动它。
2. 在 macOS 系统下，依次选择"文件">"从您的计算机中打开"菜单；在 Windows 系统下，单击程序窗口左上角的菜单图标（≡），从弹出菜单中选择"从您的计算机中打开"菜单。在"打开"文件对话框中，转到硬盘上的 Lessons 文件夹之下，打开名为 Travel_Design.xd 的文档。
3. 如果在程序窗口底部显示出字体缺失信息，单击信息右侧的"×"按钮，将其关闭即可。
4. 按 Command+0（macOS）或 Ctrl+0（Windows）组合键，显示所有设计内容，如图 11.1 所示。请不要关闭 Travel_Design.xd 文件。

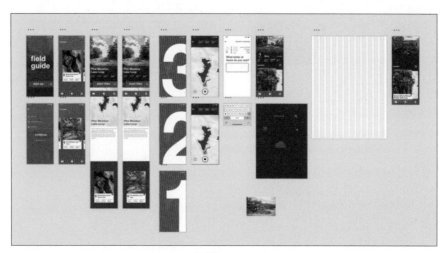

图 11.1

11.2　导出资源

在设计过程中的任何阶段，都可以创建用于开发实际产品的资源。在 Adobe XD 中，可以为参与项目的开发者与其他相关人员导出资源，所支持的导出格式有 PNG、SVG、PDF、JPG。

- PNG（便携式网络图形）：一种栅格图形格式，很适合用来导出栅格图像，比如横幅图片。
- SVG（可缩放的矢量图形）：这种矢量图形格式适用于图标、Logo、页面元素。
- PDF（便携式文档格式）：这种文档格式能够如实地保留原稿的所有矢量图形、图像、文本内容，适合用来共享项目设计。
- JPG 或 JPEG（联合图像专家组）：这是一种栅格图像格式，适合于照片和其他图像。

如果创建 XD 项目是为了进行概念验证，那么可以把画板以 PDF（单个 PDF 或多个 PDF）或图像格式进行导出。可以使用上面这几种格式把项目中的各种资源导出，以供开发人员开发应用。要创建响应式网站和移动 App，可能需要提供多种尺寸的栅格图像资源，以便支持在具有不同屏幕尺寸和像素密度的设备上使用。

导出资源时，项目中所有选择的内容或画板都会被导出。若无任何内容处于选中状态，则导出所有画板。导出资源依据"图层"面板中资源或画板的名称进行命名。在接下来的几节中，我们将学习如何使用不同的格式导出画板和设计内容。

11.2.1　导出为 PDF

"导出为 PDF"允许用户导出屏幕上看到的所有内容（画板或所选内容）。可以使用"另存为 PDF"这种方式来共享内容，这样最终用户就不需要使用 Adobe XD 来查看你的设计了。本节中，我们会把所有画板导出为 PDF，并学习一下各个导出选项。

1. 在 Travel_Design.xd 文件处于打开的状态下，单击程序窗口左上角的"设计"选项卡，进入"设计"模式。

不论是在"设计"模式下还是在"原型"模式下，都可以导出内容。

2. 使用"选择"工具（▶），单击画板之外的空白区域，取消选择所有内容。

3. 选择"文件">"导出">"所有画板"（macOS），或者单击程序窗口左上角的菜单图标（≡），从中选择"导出">"所有画板"（Windows）。

由于当前没有内容处于选中状态，所以在"导出"菜单中，只有"批处理"与"所有画板"两个菜单项可用。导出之前，如果选择了多个画板，除了"批处理"与"所有画板"两个菜单项之外，"所选内容"菜单项也是可用的，可以使用这个菜单项只把选中的画板导出。如果选择了"所有画板"菜单项，则不管选择了哪些画板，最终所有画板都会被导出。

4. 在"导出资源"对话框中，转到 Lessons>Lesson11 文件夹下（macOS），或者单击"选择目标"，转到 Lessons>Lesson11 文件夹下（Windows），然后进行如下设置。

- 格式：PDF。
- 将所选资源另存为：单个 PDF 文件（默认设置）（如果选择"多个 PDF 文件"，则每个画板都会被单独保存为一个 PDF 文件）。

Xd │ 注意：粘贴板中与画板无关的内容不会被包含到 PDF 之中。

5. 单击"导出所有画板"按钮，导出所有画板，如图 11.2 和图 11.3 所示。

macOS 平台下的"导出资源"对话框

图 11.2

Windows 平台下的"导出资源"对话框

图 11.3

导出完毕后，会在 Lesson11 文件夹中看到一个名为 Travel_Design.pdf 的 PDF 文件，里面包含所有画板。可以采用这种格式与其他人共享设计，他们只需要安装一个 PDF 阅读器就能查看。

11.2.2　导出为 SVG

如果我们的项目中用到了矢量图形，那么最好使用 SVG 格式导出它们。与其他矢量图形一样，SVG 格式的图形也是可以随意缩放的，因此对于同一个图形，我们无需导出具有不同分辨率的版本。SVG 图形可以随意缩放，适配具有不同屏幕大小的设备，同时又不会降低图形质量，非常适合用于图标、Logo，以及其他绘制（非绘画）的页面元素。本节中，我们学习如何用 SVG 格式导出地图，并了解一下相关的导出选项。

1. 按 Command+Y（macOS）或 Ctrl+Y（Windows）组合键，打开"图层"面板。
2. 在无任何文档内容处于选中的状态下，在"图层"面板中，双击 Sign up 画板图标（▢），将其放大到文档窗口，如图 11.4 所示。
3. 双击 John Doe 文本左侧的人物图标，选中图标编组，如图 11.5 所示。

在"图层"面板中，可以看到人物图标的名称为 Icon。在 macOS 平台下导出资源时，可以在"导出资源"对话框中修改资源名称。而在 Windows 平台下，资源名称和"图层"面板中的名称是一样的，并且不能在"导出资源"对话框中进行修改。

图 11.4

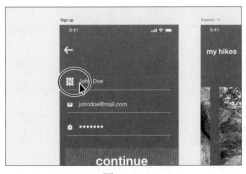

图 11.5

注意：选择文档中的多个对象，导出时，每个对象会对应一个 SVG 文件。

4. 在"图层"面板中，双击人物图标名称 Icon，将其修改为 icon-person，然后按 Return 或 Enter 键，使修改生效，如图 11.6 所示。

如果所选内容中包含文本，在将其保存为 SVG 之前，需要先把文本转换成轮廓。在浏览器或 Adobe Illustrator 等程序中查看 SVG 文件时，需要有相应的字体。可以考虑把文本转换成轮廓（形状），具体做法是先选中文本对象，然后选择"对象" > "路径" > "转换为路径"（macOS），或者使用鼠标右键单击文本对象，再依次选择"路径" > "转换为路径"（Windows）。

图 11.6

注意：在为 Web 或 App 中的资源命名时，最好不要用空格。在名字中，可以使用连字符或下划线代替空格。

提示：导出资源时，资源名称是根据其在"图层"面板中的名称确定的。根据"图层"面板中的资源命名约定对内容进行命名，可以加快资源的导出速度。

5. 选择"文件" > "导出" > "所选内容"（macOS），或者单击程序窗口左上角的菜单图标（≡），依次选择"导出" > "所选内容"（Windows）。

6. 在"导出资源"对话框中，转到 Lessons > Lesson11 文件夹下（macOS），或者单击"选择目标"，转到 Lessons > Lesson11 文件夹下（Windows），然后进行如下设置，如图 11.7 和图 11.8 所示。

macOS 平台下的"导出资源"对话框

图 11.7

Windows 平台下的"导出资源"对话框

图 11.8

- 另存为（macOS）：icon-person（该名称会自动显示出来，因为导出资源时默认使用的就是"图层"面板中的名称。请不要在资源名称中使用空格）。
- 格式：SVG。
- 样式：演示文稿属性（默认设置，选择"演示文本属性"后，所有格式[宽度、高度]都会被写入到SVG代码中）。
- 保存图像：嵌入（默认设置，该选项会直接把所有选中的栅格内容保存到SVG文件中。如果选择"链接"，所选栅格内容就会被导出为单独的图像文件，该图像文件与SVG文件链接在一起。这样最终会导出多种资源。如果你需要频繁更新栅格内容，而非SVG内容，建议选择"链接"选项）。
- 文件大小：勾选"优化文件大小（缩小）"（macOS）或者"已优化（缩小）"（Windows），缩小SVG可能会进一步缩小文件尺寸。

> **Xd** **注意**：在导出SVG并发送给开发者供他们使用时，可以事先咨询一下开发者是否需要对SVG文件做优化。

7. 单击"导出"按钮。

11.2.3　导出为PNG

PNG文件是栅格文件，它们由像素点组成，缩放时，图像质量会发生变化。在为网站导出PNG资源时，最好每个图像文件都保存多个版本：一个是XD设计中的原始尺寸版本；另一个是两倍尺寸版本，以适应不同屏幕大小和像素密度。在为iOS应用导出PNG资源时，应该导出3种尺寸的PNG文件。在为Android应用导出PNG资源时，也需要导出多个尺寸版本。

本节中，我们学习如何把内容导出为PNG文件，同时了解一下有哪些导出选项。

1. 按Command+0（macOS）或Ctrl+0（Windows）组合键，显示所有设计内容。
2. 单击Hike Detail画板上的地图对象，如图11.9所示。
3. 按Command+E（macOS）或Ctrl+E（Windows）组合键，导出所选内容。

图11.9

> **Xd** **注意**：这组键盘快捷键的功能等同于选择"文件" > "导出" > "所选内容"（macOS），或者单击程序窗口左上角的菜单图标（≡），从中选择"导出" > "所选内容"（Windows）。

4. 在"导出资源"对话框中，转到Lessons>Lesson11文件夹下（macOS），或者单击"选择目标", 转到 Lessons>Lesson11 文件夹下（Windows），然后进行如下设置。

- 另存为（macOS）：Map（XD 会根据所选格式自动为每个保存的资源添加后缀）。
- 格式：PNG。

选择 PNG 后，会看到 4 个"导出用于"选项："设计""Web""iOS""Android"，根据图像的用途选择相应的选项。

- 设计：该选项是默认选项。选择该选项后，XD 只为所选内容生成一幅原始尺寸大小的图像。也就是说，最终得到的图像与你在屏幕上看到的完全一样。共享单个图像和屏幕设计时，请使用该选项。
- Web：选择该选项，XD 会以两种尺寸导出每个资源：一种是 1x（针对于非视网膜屏或 HiDPI）；另一种是 2x（两倍尺寸，适用于视网膜屏或 HiDPI）。
- iOS：选择该选项，XD 会以 3 种尺寸导出每个资源：第一种是 1x；第二种是 2x（两倍于原始尺寸）；第三种是 3x（三倍于原始尺寸）。
- Android：选择该选项，XD 会以 6 种尺寸导出每个资源：ldpi、mdpi、hdpi、xhdpi、xxhdpi、xxxhdpi。
  - 导出用于：iOS（针对于为 iOS 开发的应用）。
  - 用此大小进行设计：1x（默认设置）。

若勾选"Web""iOS"或"Android"，在导出之前，先要把尺寸设置成设计所使用的尺寸。勾选"iOS"后，在"采用以下大小进行设计"中提供了 3 个选项：1x（非 Retina 屏或非 HiDPI）、2x、3x。默认情况下，画板尺寸（比如 iPhone X/XS）及画板中的资源尺寸都是 1x（非 Retina 屏）。如果你没有更改画板尺寸（这里指的是宽度，高度控制着是否需要滚屏），那么"用此大小进行设计"也应该设置为 1x。

在"导出用于"中勾选"Web"，在"用此大小进行设计"中，你会看到两个选项：1x、2x。你可以以默认尺寸的两倍尺寸（2x）创建画板，然后导出时缩小到一倍尺寸（1x），也可以使用小尺寸（默认画板尺寸 1x）进行设计，导出时放大到两倍尺寸（2x）。

单击"导出"按钮，如图 11.10 和图 11.11 所示。

macOS 平台下的"导出资源"对话框

图 11.10

Windows 平台下的"导出资源"对话框

图 11.11

本例中，我们生成了3种PNG文件，两倍（2x）和三倍（3x）图像的名称最后分别为"@2x""@3x"，如图11.12所示。

要想了解如何为iOS应用程序调整尺寸，请参考"为iOS导出PNG图像"内容。

图 11.12

为 Android 导出 PNG 图像

我们使用下面的图11.13了解一下：以不同分辨率进行设计时该如何为Android导出设计资源：ldpi——低密度（75%）、mdpi——中密度（100%）、hdpi——高密度（150%）、xhdpi——超高密度（200%）、xxhdpi——超超高密度（300%）、xxxhdpi——超超超高密度（400%）

——摘自 Adobe XD 帮助

图 11.13

为 iOS 导出 PNG 图像

使用下面的图11.14了解一下：当你以1x与2x进行设计时该如何为iOS导出设计资源。

——摘自 Adobe XD 帮助

图 11.14

11.2.4 导出为 JPG

最后讲一下 JPG（或 JPEG）。在以 JPG 格式导出资源（比如照片）时，可以根据实际需要设置导出质量。当为制作网站导出图像或者有人要求 JPG 文件时，可以选择把项目资源以 JPG 格式导出。

1. 单击 Hike Detail 画板上方的图像，如图 11.15 所示。

2. 按 Command+E（macOS）或 Ctrl+E（Windows）组合键，打开"导出资源"对话框。

3. 在"导出资源"对话框中，转到 Lessons>Lesson11 文件夹下（macOS），或者单击"选择目标"，转到 Lessons>Lesson11 文件夹下（Windows），然后进行如下设置。

图 11.15

- 另存为（macOS）：HikeDetail-header。

- 格式：JPG。

- 品质：80%（品质设置决定着图像文件的大小和质量。品质设置得越低，文件尺寸越小，同时图片质量会越低）。

- 导出用于：设计（默认设置，勾选该选项，将以原始尺寸导出单个 JPG 文件；勾选"Web"选项，将以两种尺寸（1x 和 2x）进行导出。导出资源时，要判断一下是需要一种资源还是两种）。

4. 单击"导出"按钮，如图 11.16 和图 11.17 所示。

5. 按 Command+S（macOS）或 Ctrl+S（Windows）组合键，保存文件。

macOS 平台下的"导出资源"对话框

图 11.16

Windows 平台下的"导出资源"对话框

图 11.17

导出到 After Effects

如果你想使用 After Effects，把你的 XD 设计转换成自定义动画或微交互形式，请遵循如下步骤。

1. 在 XD 中，选择想在 After Effects 中制作动画的图层或画板。

2. 选择"文件" > "导出" > After Effects（macOS），或者单击程序窗口左上角的菜单图标（≡），依次选择"导出" > After Effects（Windows）。如果你的电脑中尚未安装 After Effects，则该菜单不可用。此外，还可以使用 Command+Option+F（macOS）或 Ctrl+Alt+F（Windows）键盘快捷键。此时，After Effects 启动，并跳到前台。

此时，你选择的图层或画板会转换成 After Effects 项目中的形状、文本、资源或内嵌合成。你可以把多个资源放入同一个 After Effects 项目，或者使用多个 XD 文件来创建动画。

——摘自 Adobe XD 帮助

11.3 使用插件

在 Adobe XD 中，可以使用来自 Adobe 和第三方开发者的插件与应用程序集成增强设计流程，把复杂和重复的任务自动化，并实现与外部工具和服务的深度整合。本节中，我们了解一下如何在 Adobe XD 中查找插件，以及使用其中一个插件把多个用户图像添加到画板中。

注意： 在 XD 13.0 或更高版本中，才可以查看、管理、创建插件。不论是 Windows 系统还是 macOS 系统，都支持插件开发和管理。

注意： XD 还支持外部集成，比如 JIRA 和应用程序内扩展，以便为设计师和相关人员提供完整的解决方案。

提示： XD 插件是以 XDX 格式保存的。下载好一个 .xdx 插件文件之后，可以双击进行安装。

提示： 按 Command+N（macOS）或 Ctrl+N（Windows）组合键，打开"主页"界面。在"主页"界面中，单击左侧的"附近设备"，即可访问插件、用户界面套件（比如 UI 套件）、应用程序集成。

11.3.1　安装插件

在 Adobe XD 中，可以在插件管理器中查看与管理可用插件。本节中，我们将一起了解一下插件管理器，并学习安装插件的方法。

1. 选择"插件">"发现插件"（macOS），或者单击程序窗口左上角的菜单图标（≡），从中选择"插件">"发现插件"（Windows）。

使用插件之前，先要安装它们。当安装了多个插件之后，可以选择"插件">"管理插件"来管理它们。

2. 在打开的插件管理器窗口中，单击左侧的"所有插件"，查看所有可用插件，如图 11.18 所示。由于会经常添加新插件，所以大家看到的插件列表可能和这里不一样。

图 11.18

3. 在顶部搜索框中，输入"ui faces"，此时应该会在列表中看到 UI Faces。如果没有看到，请清空搜索框，然后再次尝试一下。

4. 如果想进一步了解插件，请单击"详细显示"。此时会看到插件的详细信息，如图 11.19 所示。

图 11.19

5. 单击"安装"按钮，进行安装，如图 11.20 所示。

图 11.20

插件安装成功后，会显示一条安装成功信息。接下来就可以使用它了。

6. 在窗口左侧，单击"安装的插件"，可以看到所有安装的插件，如图 11.21 所示。

移动鼠标到某个插件上，可以看到三个点的图标（…）。单击此图标，可以禁用或卸载该插件。

7. 单击左上角的红圈（macOS）或者右上角的"×"按钮（Windows），关闭插件管理器。

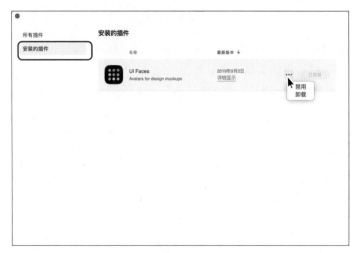

图 11.21

11.3.2　使用插件

安装好一个插件之后，就可以使用它了。在 Travel_Design 文档中，我们会使用 UI Faces 插件插入多个用户图像（头像）。

1. 在 Travel_Design.xd 文件处于打开的状态下，单击左上角的"设计"选项卡，进入"设计"模式下。
2. 把 Hike Detail 和 Hike Detail – 1 画板的下半部分放大到文档窗口。
3. 在左侧工具箱中，选择"椭圆"工具（○）。
4. 按住 Shift 键，在 Hike Detail 画板的空白区域中绘制一个圆形，如图 11.22 所示。在"属性检查器"中，当圆形的"宽度"（W）与"高度"（H）为 64 时，依次释放鼠标左键和 Shift 键。
5. 选择"选择"工具（▶），向左拖动圆形，使其左边缘与上方文本框的左边缘对齐。当两者对齐时，会看到对齐参考线，如图 11.23 所示。

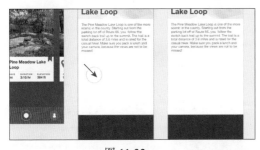

图 11.22

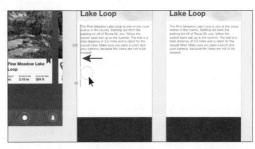

图 11.23

接下来使用重复网格创建多个圆形副本。

6. 在圆形处于选中的状态下，在"属性检查器"中，单击"重复网格"按钮。此时，在圆形右边缘显示出重复网格手柄，将其向右拖动，总共创建 7 个圆形，如图 11.24 所示。
7. 把鼠标移动到两个圆形之间，出现粉红色列指示器时，向左拖动，盖住左侧圆形的一部分。当圆形出现在画板的宽度范围内时，停止拖动，如图 11.25 所示。

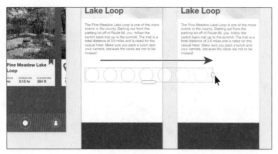

图 11.24

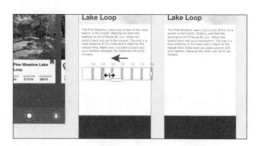

图 11.25

8. 此时，可以编辑插件需要的每一个圆形，在"属性检查器"中单击"取消网格编组"。

9. 在圆形处于选中的状态下，选择"插件">"UI Faces"（macOS），或者单击程序窗口左上角的菜单图标（≡），依次选择"插件">"UI Faces"（Windows）。可以在插件菜单中看到所有已经安装好的插件。在打开的 UI Faces 对话框中，可以选择图片来源、年龄范围、性别等。在 Randomize 中勾选 Yes，随机选择图片，最后单击 Apply Faces。整个操作如图 11.26 所示。

图 11.26

添加好人物头像之后，会看到一条成功信息，可以把它关掉。如果某个人物头像添加失败，请选择填充失败的圆形，再次应用 UI Faces（选择"插件">"UI Faces"（macOS），或者单击程序窗口左上角的菜单图标（≡），依次选择"插件">"UI Faces"（Windows）。

10. 选中所有圆形，按 Command+G（macOS）或 Ctrl+G（Windows）组合键，把它们编入一组中。

11. 把它们拖动到如图 11.27 所示的位置上。

图 11.27

11.3.3　完成设计

最后，添加一些文本，然后把新内容复制到 Hike Detail－1 画板中，完成整个设计。

1. 按住 Option（macOS）或 Alt（Windows）键，向下拖动绿色文本——Pine Meadow Lake Loop，使其位于人物头像之上，如图 11.28 所示。然后依次释放鼠标左键和功能键。

2. 双击文本，将内容修改为 Hikers，如图 11.29 所示。

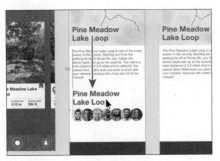
图 11.28

图 11.29

3. 在"选择"工具（▶）处于选中的状态下，按 Esc 键，选择文本对象，然后将其拖动到如图 11.30 所示的位置上。

接下来，把 Hikers 文本和人物头像编入一组，然后复制到 Hike Detail－1 画板之中。

4. 拖选 Hikers 文本和人物头像，把它们全部选中。拖选时，上方内容的文本框可能会盖住它们。此时，单击内容之外的区域，取消选择，然后单击上方文本框，向上拖动底部控制点，缩小文本框，如图 11.31 所示。

图 11.30

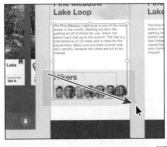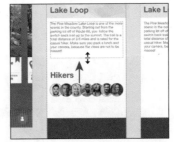
图 11.31

5. 再次拖选 Hikers 文本和人物头像，把它们全部选中，如图 11.32 所示。按 Command+G（macOS）或 Ctrl+G（Windows）组合键，把它们编组在一起。

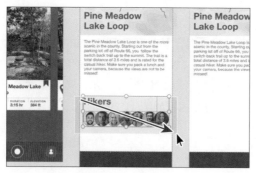

图 11.32

6. 选中新编组，按 Command+C（macOS）或 Ctrl+C（Windows）组合键，进行复制。

7. 使用鼠标右键单击 Hiker Detail – 1 画板，从弹出的菜单中选择"粘贴"，把编组粘贴到相对位置，如图 11.33 所示。

图 11.33

8. 按 Command+0（macOS）或 Ctrl+0（Windows）组合键，显示所有设计内容，如图 11.34 所示。

图 11.34

9. 选择"文件">"关闭"（macOS），或单击程序窗口右上角的"×"按钮（Windows），关闭所有打开的文件。

到这里，全书内容就学完了！希望大家能从这本书中学到很多东西，同时希望你们能继续学习和探索 Adobe XD 的不同用法。Adobe XD 前途光明！

第三方集成

可以把设计从 XD 导出到其他一些应用程序中，比如 Zeplin、Avocode、Sympli（仅 macOS）、Kite Compositor、ProtoPie。

下面的步骤演示了在 macOS 系统下如何把设计内容从 XD 导入到 Zeplin 中（在 Windows 下的导出步骤也是一样的）。

1. 在 XD 文件中，选择一个画板或图层，单击"文件">"导出">"Zeplin"。需要在当前系统中先安装好 Zeplin。

2. 在打开的对话框中，单击"导入"。为了替换 Zeplin 中拥有相同名称的屏幕，选择替换带有相同名称的屏幕。Zeplin 会以同一个屏幕新版本的形式进行添加，同时不会丢失你的笔记。

此时，画板被导入到 Zeplin 中。

注意：根据使用应用程序的不同，上面的步骤可能会略微有些不同。更多内容，请阅读所用的应用程序的文档。

——摘自 Adobe XD 帮助

11.4 复习题

1. 从 Adobe XD 导出资源时，可以选用哪些文件格式？
2. 导出 PNG 时，"用此大小进行设计"有什么用？
3. 导出资源之前，可以在哪里修改资源名称？
4. 导出 JPG 时，"品质"设置会产生什么影响？
5. 什么是插件？

11.5 复习题答案

1. 目前，导出资源时，可以选用的格式有 PNG、SVG、PDF、JPG。
2. 在为 Web、iOS、Android 导出 PNG 文件时，Adobe XD 会为每种资源生成多种尺寸。为此，Adobe XD 需要知道用户在设计时用的是哪种尺寸（画板是什么尺寸）。设计运行在 iOS 系统下的 App 时，可以选择 1x、2x、3x。如果保持文档创建时的默认尺寸不变（比如 iPhone X/XS：375×812），那么设计时使用的尺寸就是 1x。如果把画板尺寸改成了 750×1624，那就是使用 2x 尺寸进行设计。
3. 在 XD 的"图层"面板中，可以修改资源名称。"图层"面板中的资源名称就是导出时的资源名称。
4. 品质设置决定着图像的尺寸和质量。品质设置得越低，图像尺寸越小，同时图像质量越低。
5. 在 Adobe XD 中，可以使用来自 Adobe 和第三方开发者的插件与应用程序集成来增强设计流程，把复杂和重复的任务自动化，并实现 XD 与外部工具和服务的深度整合。